KB113010

이야기 한국 지리

지루한 지리가 재밌어지는 교양 필독서

이야기 한국 지리

최재희 지음

살림Friends

들어가는 글

'지리'는 공간에 수놓인 인간 생활의 모자이크를 읽는 과목

우리는 공간(空間) 속에 살아갑니다. 공간은 시간의 축과 더불어 우리의 사유를 형성하는 중요한 기본 형식입니다. 그럼에도 우리는 공간을 쉽게 잊곤 합니다. 호흡이 원활할 때는 폐의 존재를 잊고 있다가, 잠깐의 호흡 곤란에 그 소중함을 느끼는 것과 비슷한 이치입니다.

공간의 중요성은 다양한 사례에서 찾아볼 수 있습니다. 쾌적한 녹지 공간은 환자의 치유에 큰 도움이 됩니다. 수직적인 공간 구조보다 수평적인 공간 구조에서 창의력이 배가됩니다. 회색의 빌딩 숲보다 풍광이 아름다운 공간에서 혼란스러운 마음의 가닥을 잡을 수 있습니다. 이렇듯 우리의 사고와 생활 태도는 공간의 지배력에 놓여 있습니다.

공간은 환경(環境)이라는 용어로 바꿔 부를 수 있습니다. 우리를 둘러싼 산과 들과 강, 비와 바람, 도시와 촌락 등은 환경을 구성하는 핵심 요소입니다. 지리학에서는 이를 자연환경과 인문환경으로 구분해 놓습니다. 세계적 규모는 물론 마을 단위의 규모에서도 환경 요소는 제각각입니다. 다양한 환경 요소는 문화적 다양성으로 이어집니다. 그러니 앞마을과 뒷마을은 행정구역상 같은 도시일지라도 다른 특징을 지닐 수 있습니다. 이러한 공간적 차이에 대한 이해는 지리 공부를 통해 얻을 수 있습니다.

저는 지리 전공자입니다. 대학과 대학원에서 그간의 학문 성과에 대해 배우고 이를 실재의 공간에서 확인해 왔습니다. 이러한 일련의 과정은 저에게 상당한 매력을 안겨 주었습니다. 부족하게나마 공간에 수놓인 다양한 인간 생활의 모자이크를 읽어 볼 수 있었기 때문입니다. 그래서 욕심을 내었습니다. 일상의 공간에서 만난 관심거리를 지리학의 관점에서 연결 지어 보고자 노력했습니다. 저는 이러한 노력을 학교 현장에 적용해 보았습니다.

수업을 하다 보면 단순 암기에 대한 학습 부담과 지리 공부의 당위에 대한 질문을 많이 받습니다. 아이들에게 지리 교과는 이른바 실생활과 유리된 교과이자 시험을 위한 도구라는 인식이 지배적이었습니다. 문득 학부 시절 강의에서 배웠던 장 자크 루소가 떠올랐습니다. 루소는 '실제 생활과 동떨어진 추상화된 개념을 학습하는 것은 어른들의 관점에서나 중요하다'고 일갈하였습니다. 생각해 보면 학교, 집, 학원만을 오가는 아이들에게는 자신이 살고 있는 동네 말고는 피부에 와 닿을 리가 없습니다. 그러한 이유로 저는 지리 수업이 실제 생활에 기반을 둔 의미 있는 교과로 다가설 수 있기를 바랐습니다. 이 책에 들어간 소주제들은 그러한 실험의 과정을 통한 작은 결과물입니다.

이 책은 자연지리와 인문지리 파트로 나뉩니다. 앞서 말씀드린 자연환경과 인문환경을 두 개의 축으로 삼아 24개의 글을 엮었습니다. 24개의 조각 글은 2년 동안 〈고등독서평설〉이라는 잡지에 연재한 것으로, 한

국지리의 개념이 주를 이룹니다. 지리학은 '스케일의 학문'임을 감안하여 세계, 대륙, 국가, 지역의 스케일에서 전개할 수 있는 이야기를 주제로 삼고자 노력하였습니다. 또한 부족한 글솜씨와 얕은 공부의 한계를 보완하기 위해 많은 자료를 참고하여 내용적 오류를 줄이고자 노력하였습니다. 그럼에도 나타날 수 있는 내용적 오류는 독자께서 따뜻한 감성과 차가운 이성으로 독려해 주시기를 부탁드립니다.

부족한 책이 출간되기까지 참으로 많은 사람들의 도움을 받았습니다. 초고에 대한 학문적 오류를 검토해 준 가톨릭관동대학의 조헌 박사님, 부족하게나마 지리적 상상력을 발휘할 수 있는 기초 체력을 단련시켜 주신 교원대학의 오경섭·권정화 교수님, 지리에 대한 사랑으로 똘똘 뭉쳐 있는 지리교사모임 '지평' 선생님들께 깊은 감사의 말씀을 드립니다.

안팎으로 다듬어지지 않은 저의 성품을 사랑으로 감싸주신 할머니와 어머니, 아내와 두 아들 형준, 이준에게 깊은 존경과 고마움을 전합니다. 늘 따뜻하게 배려해 주시는 장인, 장모님께 감사함을 전합니다. 끝으로 얼마 전 많은 깨달음을 주시고 영원히 제 곁을 떠나신 아버님께 진한 그리움과 감사, 사랑과 존경의 마음을 담아 이 책을 바칩니다.

2016년 여름

최재희

차례

들어가는 글 5

제1부 환경을 살피다, 우리나라 자연지리

이순신의 든든한 지원군, 리아스식 해안 – 남해안의 형성 과정 13

분지는 삶터다! – 침식 분지의 형성 27

갯벌의 甲(갑), 순천만 갯벌 – 갯벌의 지리적 특징 43

같은 섬이지만 우린 달라! – 지형성 강수의 원리 55

산꼭대기 돌기둥의 비밀 – 무등산 주상 절리대의 형성 69

대관령, 그곳에 가면 – 고위 평탄면이 만든 힐링의 공간 83

대륙권의 청개구리, 역전 – 기온 역전 현상 95

두 얼굴의 섬, 임자도 – 지리로 풀어 보는 대파 이야기 107

All that Seok Ho – 석호의 형성 과정과 특징 117

'사막'을 만나러 바다로 가다! – 우리나라의 사구 발달 양상 131

황사의 모든 것 – 황사의 발생과 영향 143

남한산성의 지리학 – 산성(山城)의 입지와 흥망성쇠 155

제2부 사람을 만나다, 우리나라 인문지리

추사와 하멜이 제주도에 머문 까닭은? – 제주도의 위치 특성 173

안동에는 고등어가 나지 않는다? – 음식과 지리학의 만남 187

'행복한' 세종 도시의 탄생 – 행정 수도의 지리적 입지 특성 199

영동 와인 탄생의 지리적 비밀 – 영동 와인의 세계화를 위한 조건 211

시간에 따라 겹겹이 쌓이는 공간층, 신탄진 – 나루터 취락의 시공간적 변천 223

지리로 풀어 보는 과거의 운하 – 태안 가적 운하와 김포 굴포 운하 235

이중환, 강경에서 『택리지』를 놓다 – 조선 후기 하항 도시 249

신도안을 아시나요? – 풍수지리적 명당의 변천사 263

출발 KTX, 유토피아 or 디스토피아 – 철도 교통의 발달 277

'성장'하는 도시들의 티핑 포인트 – 실리콘 밸리와 방갈로르의 지리적 입지 특성 291

지리학의 프리즘으로 바라본 공간의 변화 – 득량만 303

〈독백탄〉, 지리 돋보기로 들여다보기 – 그림에서 읽어 내는 지리학 315

제1부

환경을 살피다, 우리나라 자연지리

1부에서 다뤄질 지리적 위치

❶ 남해안 ❷ 차령산맥 일대 ❸ 순천만 ❹ 제주도
❺ 무등산 ❻ 대관령 ❼ 대구 ❽ 임자도
❾ 경포호 ❿ 신두리 해안 사구 ⓫ 서울 ⓬ 남한산성

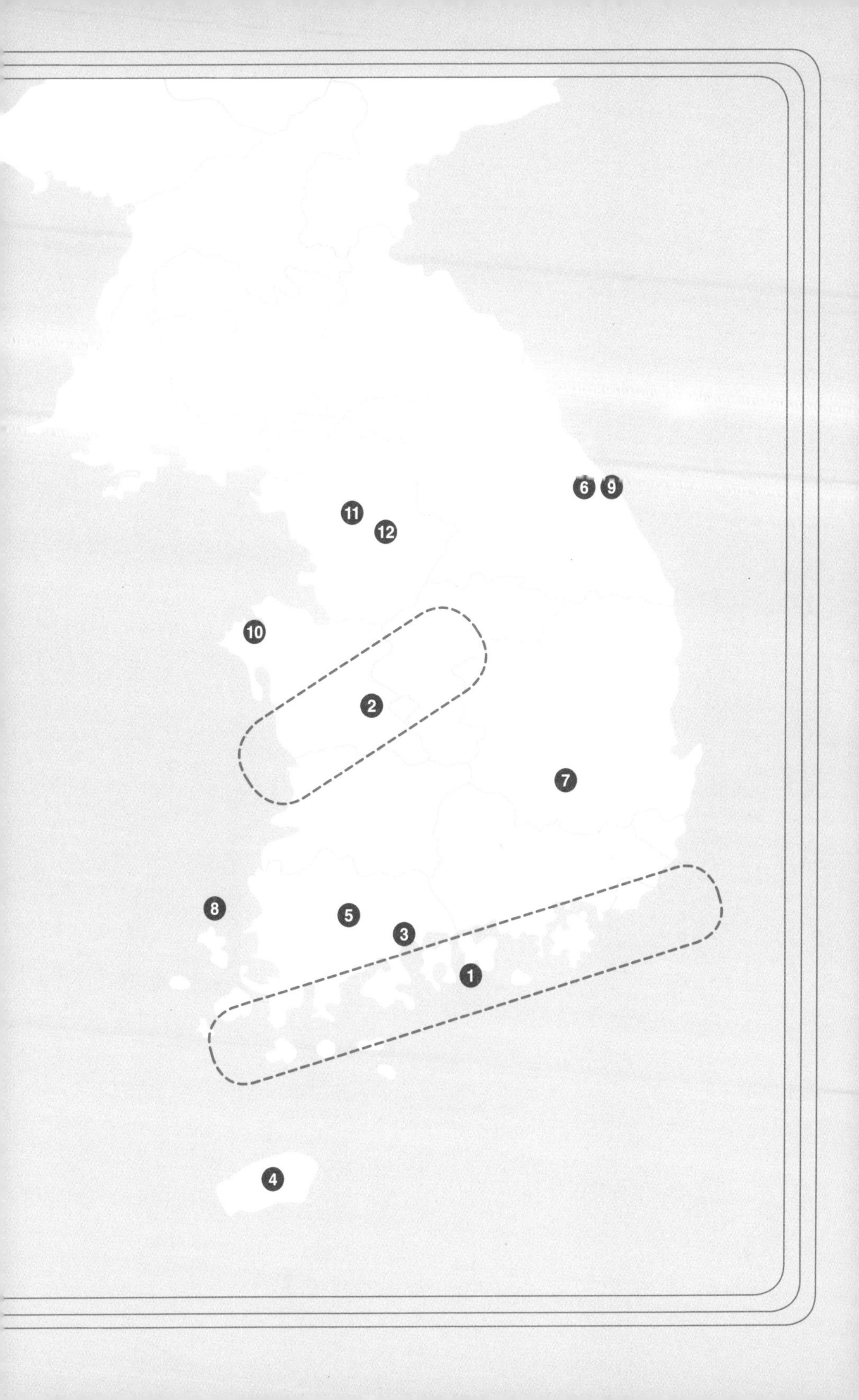
6
9
11
12
10
2
7
8
5
3
1
4

이순신의 든든한 지원군, 리아스식 해안

: 남해안의 형성 과정

1592년 음력 5월 7일, 거제도의 옥포만. 경상 우수사인 원균의 구원 요청을 받고 달려온 이순신은 일본의 도도 다카토라의 함대를 크게 무찔렀다. 아군은 별 피해 없이 적선 50척 가운데 40척 이상을 격침하는 대승리를 거둔 것이다. 이때 원균은 그가 거느리고 있던 70여 척의 배를 모두 잃고 겨우 6척만을 남겨 놓고 있었다. 그렇다면 이순신은 원균이 크게 패한 이곳 옥포만에서 어떻게 큰 승리를 거둘 수 있었을까? 지금부터 420년 전 임진왜란 속으로 들어가, 이순신의 전략과 리아스식 해안의 특징을 함께 살펴보자.

서슬 퍼런 비장함으로 간절히 기도하노라

: 이순신의 독백

임진년(1592) 6월 13일(음력 5월 4일) 새벽 2시, 거제도의 성리포(지금의 다대다 포항). 우리 수군은 전라 좌수영에서 거제도까지 한걸음에 달려왔다. 오랫동안 배에서 몸을 놀린 탓인지 그들의 얼굴엔 지친 기색이 역력했다.

'먼 뱃길을 마다하지 않고 이곳에 당도한 까닭은 단 하나. 내 나라를 넘보는 적군을 쫓아내기 위함이거늘. 언제 맞닥뜨릴지 모를 왜적들, 그들과의 전투 생각으로 머리가 아프구나.'

애써 잠을 청했다가 몸을 일으키기를 여러 번. 육신은 휴식에 고파 아우성이지만, 오롯하다 못해 비장한 그의 정신이 그것마저 허락하지 않았다. 전신을 감싸 도는 매서운 긴장감은 뜨거운 핏빛 향연이 한 치 앞으로 다가왔음을 알리는 전언이리라. 그는 수백 번을 매만지며, 갈고 닦아 온 단도를 다시 한 번 점검했다.

'내 사지의 일부와도 같은 칼. 네가 왜군의 목을 한칼에 베어 내 주기를…….'

이순신(1545~1598)은 경번갑[•]으로 갈아입고, 진지를 둘러보고자 막사를 나섰

• 쇠로 사방 6cm의 미늘을 만들고, 철사로 고리를 만들어 미늘과 쇠고리를 꿰어서 만든 갑옷.

다. 거센 바닷바람이 막사를 들쑤셨고, 집채만 한 파도가 군함의 허리를 넘나들었다. 초병에게 군수 장비와 군량을 꼼꼼하게 살피라 지시한 뒤, 진지 뒷산의 다대산성에 올랐다. 어둠을 가로지르며 한 걸음씩 내딛을 때마다 무수한 생각이 머릿속을 스쳤다. 소소한 옛 추억이 잠시 떠오르는가 싶더니, 금세 나라를 우환에 빠뜨린 왜구에 대한 분노로 몸서리가 쳐졌다. 근거 없는 자신감과 막연한 두려움이 십 수 번을 교차하는 동안, 어느덧 그의 발길은 산성의 입구에 다다랐다. 초병에게 상황 보고를 받고 곧바로 용성에 올랐다. 어둠 속으로 밀려오는 거센 바람을 마주한 채 어렴풋이 그려지는 다대포를 응시했다. 거칠게 산개하는 진회색의 물보라는 우리 군함의 위치를 가늠할 수 있도록 도왔다. 마흔여섯 척의 군함. 오랜 기간을 왜군들과 상대하기에는 턱없이 부족한 수였다. 수적 열세는 탁월한 전략과 전술로 극복할 수밖에 없는 법. 쫓기는 마음으로 실전의 상황을 거듭하여 전개해 보았다. 척추골을 따라 식은땀이 흘러내렸다. 한참이 지나서였을까. 난삽한 관념들 사이로 어슴푸레 심상 하나가 고개를 내밀었다. 그것은 '들쭉날쭉한 거제도의 형상'이었다.

'현재 우리는 적군의 위치조차 정확히 알지 못하고 있어. 언제 끝날지 모를 전투를 준비하기 위해서는 아군의 피해를 최소화해야 하는데……. 드나듦이 복잡한 해안의 장단점을 적극 활용할 수만 있다면 얼마나 좋을꼬.'

생각이 여기에 미치자 복잡하게 엉켜 있던 매듭이 하나둘씩 풀리기 시작했다. 머릿속으로 작전과 전술을 구체화하는 사이, 수평선 너머 새벽의 기운이 솟아오르고 있었다.

임진왜란과 이순신의 승리

1592년[임진년(壬辰年), 선조 25년] 4월. 치밀한 계획으로 무장한 왜군의 침입으로 당시 조선은 아비규환의 상황에 놓이게 되었다. 육군은 물론 수군 또한 이렇다 할 응전 한 번 없이 무너졌고, 불과 20여 일 만에 수도 한양을 넘겨주고 말았다. 한양을 넘어 평양과 함경도까지 잠식해 가는 왜군의 기세는 성난 파도마냥 그대로 조선을 삼킬 것 같았다. 설상가상으로 왜구의 침입에 대비해 온 수군의 상황도 별반 나은 것이 없었다. 4월 14일, 부산포에 당도한 왜군은 당시 경상도 해안의 방어를 책임지고 있던 경상 좌수영•과 우수영을 삽시간에 무력화시켰다. 전략적으로 중요한 요충지를 잃은 것이다. 조선군은 우왕좌왕하였고 전세는 크게 기우는 듯했다.

• 조선 시대 전라도·경상도 수군의 주진(主鎭)으로, 서울에서 보아 동편, 곧 좌편을 담당하던 최상부 군영을 가리킨다. 그리고 서편, 곧 우편을 담당하는 주진은 '우수영'이라 한다.

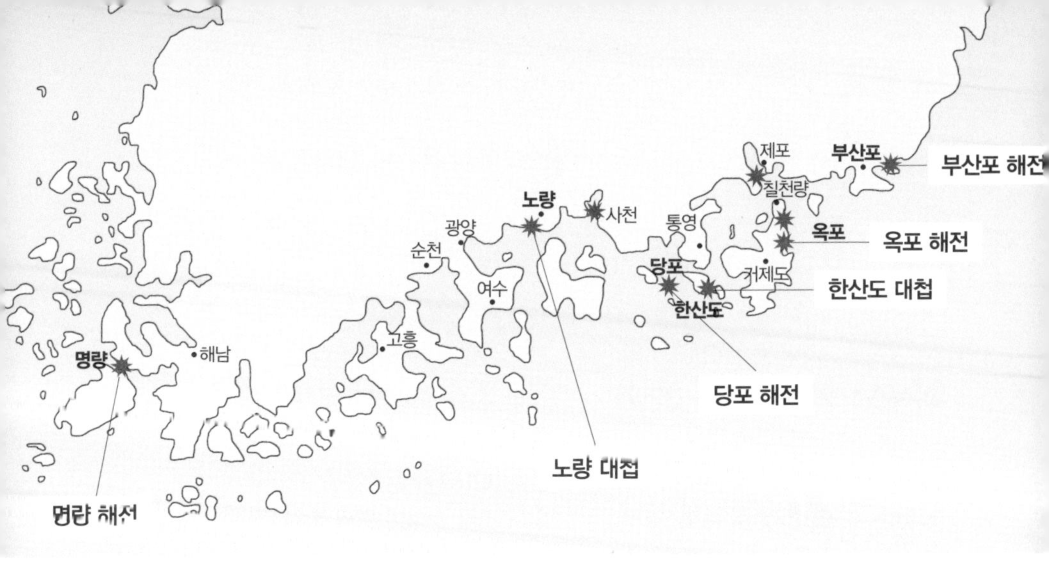

이순신 장군은 해안선이 복잡하고 섬이 많다는 남해안의 지리적 특성을 전략적으로 이용하여 연승을 거두었다.

이런 난세를 극복하고자 당시 전라 좌수영의 수군절도사• 였던 이순신은 급히 거제도로 출정하였다. 왜군에 대한 구체적인 정보가 부족한 상황이었지만 촉각을 다투는 전장의 긴박함을 외면할 수는 없었다. 경상도의 어디쯤엔가 왜군이 있을 것이라는 막연함, 다시 말해 적의 동태를 정확히 파악하지 못한 채 맞서야 하는 전투는 매우 불안할 수밖에 없었다.

하지만 결과적으로 이순신의 출정은 임진왜란의 판세를 뒤집을 수 있었던 중요한 전환점이 되었다. 거제도의 옥포 해전을 시작으로 임진왜란 3대 승리 중 하나로 꼽히는 한산도 대첩에 이르기까지, 이순신 함대는 연속하여 승전보를 올렸다. 이 승리는 바다를 통한 물자의 보급과 퇴로를 차단하는 데 큰 역할을 하였고 임진왜란의 전세를 순식간에 바꿔

• 조선 시대에, 각 도의 수군을 총지휘하는 일을 맡아보던 정3품 외관직(外官職) 무관.

놓았다. 이는 리아스식 해안의 지형 조건에 대한 이순신의 통찰이 있었기에 가능했다.

'리아스식 해안'이란 무엇인가

이순신의 함대가 도착한 거제도는 남해안의 수많은 섬 중 하나다. 남해안은 서해안과 마찬가지로 해안선의 드나듦이 복잡하여 '리아스식 해안'이라 불린다. 리아스식 해안이라는 말은 이베리아 반도 북서부의 해안인 '리아스'를 닮았다 하여 붙여진 이름이다. 리아스는 '바다와 만나는 작은 하구'를 뜻하는 '리아(ria)'라는 에스파냐 어에서 유래했다. 에스파냐 북서부의 해안에 리아가 반복적으로 나타나기 때문에 복수형인 리아스(rias)를 사용한 것이다. 이곳의 해안은 어떻게 드나듦이 복잡한 형상을 갖게 되었을까?

포털 사이트의 지도 기능을 실행하여 유럽으로 향하면, 주먹 모양으로 대서양을 향해 돌출해 있는 이베리아 반도를 만날 수 있다. 이때 인덱스를 이용해 '지형' 보기를 설정한 뒤 불필요한 정보를 체크 해제하면 오롯한 반도의 생김새를 살필 수 있다. 에스파냐와 포르투갈이 공존하는 이곳은 대부분이 고원이나 산맥으로 이루어져 있다. 반도의 북쪽에는 칸타브리아 산맥이 발달해 있는데, 여러분이 찾고 있는 리아스 해안은 칸타브리아 산맥과 대서양이 만나는 곳에 자리한다. 이곳을 좀 더 세밀히 관찰하면 동서 방향으로 뻗은 칸타브리아 산맥이 해안과 만나면

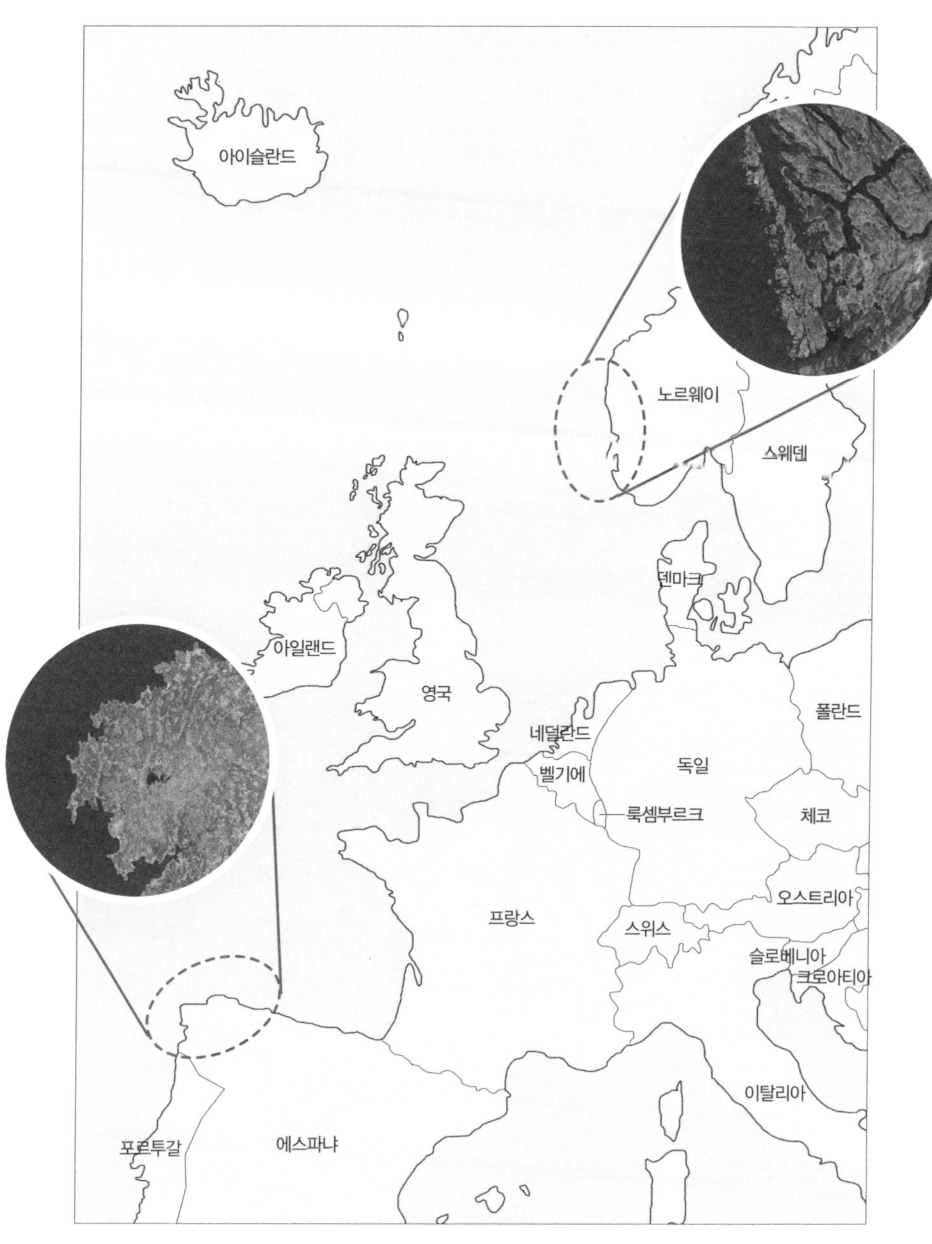

이베리아 반도의 리아스 해안과 스칸디나비아 반도의 피오르.
해안선의 드나듦이 복잡한 것을 확인할 수 있다.

서, 드나듦이 복잡한 해안선을 연출하고 있음을 알 수 있다.

리아스 해안이 이처럼 복잡한 이유는 후빙기 해수면 상승과 밀접한 관련이 있다. 과거 빙하기에는 세계적으로 현재보다 100m 정도 해수면이 낮았다. 고위도 지방으로 이동한 수증기가 빙하가 되는 바람에 바다로 유입되지 않자 전체적으로 해수면이 낮아진 것이다. 그렇다면 해수면이 낮았을 때 육지였던 곳은 어디일까? 이번에는 '위성' 탭을 클릭하여 위성사진으로 변환한 뒤 해양부에서 색깔이 옅은 지역을 찾아보자. 밝게 표현된 부분이 빙기 때 육지였을 가능성이 높은 지역이다. 그런 가정 아래 리아스 해안 일대를 살펴보면 빙기 때는 지금보다 육지가 넓었음을 알 수 있다. 이와 같이 얕은 대륙붕 지역은 대부분 후빙기 해수면이 상승하는 과정에서 바닷물에 의해 침수되어 만들어졌다. 즉 '리아스 해안'은 후빙기 해수면의 상승으로 산줄기 사이사이의 골짜기가 침수되어 만들어진 에스파냐 해안을 가리키는 명칭이고, '리아스식 해안'은 리아스 해안의 형상과 형성 과정에 준하는 해안을 통칭하는 용어임을 알 수 있다. 한반도로 지도를 옮겨서 이러한 조건과 맞는 곳을 찾아보면 가장 먼저 남서 해안을 꼽을 수 있다. 그래서 남서 해안을 리아스식 해안이라 부른다.

리아스식 해안의 형성 조건

이제 리아스식 해안이 어떠한 조건 아래 형성되는지 구체적으로 살펴보

자. 리아스 해안과 남서 해안의 공통점과 차이점을 비교하면 이들의 형성 조건을 파악할 수 있다. 앞서 말했듯이, 에스파냐의 칸타브리아 산맥은 동서 방향으로 비스듬히 발달하면서 대서양을 향해 뻗어 나간다. 여기서 특이한 점은 칸타브리아 산맥의 주요 산줄기가 비스케이 만과 평행하게 만나는 북부 지역은 해안선이 단조로운 반면, 교차하여 만나는 리아스 해안 일대는 해안선이 복잡하다는 것이다. 이는 한반도에서도 동일하게 나타난다. 함경·태백산맥 등의 산줄기와 평행하게 만나는 동해안은 해안선이 매우 단조로운 반면, 남서 해안은 차령·노령·소백산맥 등과 비스듬히 혹은 수직으로 만나 해안선이 복잡하게 나타난다. 이러한 사실은 해수면 상승 작용과 더불어 해안선과 산줄기의 교차 여부가 리아스식 해안의 발달을 결정짓는 중요한 요인임을 암시한다.

차이점도 알아보자. 혹시 단순히 리아스식 해안이라는 말 때문에 남서 해안을 리아스 해안의 일란성 쌍둥이로 예단하지는 않았는가? 눈썰미가 탁월한 사람은 눈치챘겠지만 두 지역의 가장 큰 차이점은 섬의 수다. 남서 해안은 리아스 해안보다 섬의 수가 압도적으로 많다. 이는 남서 해안에서 바다로 뻗어 나가는 연속된 산줄기가 리아스 해안에 비해 탁월하게 발달했음을 의미한다.

비슷한 예로 골짜기를 조각하는 과정과 모양이 다를 뿐 형성 과정이 동일한 '피오르•'를 살펴보자. 스칸디나비아 반도 서쪽 해안에서 관찰되

• fjord, 빙하에 의해 만들어진 해안으로, 신생대 제4기 빙기(氷期)에 해안에서 발달한 빙하가 깊은 빙식곡을 만들어 놓고 간빙기(間氷期)에 소멸하면, 그곳에 바닷물이 침입하였다가 해면이 다시 상승하면서 형성된다.

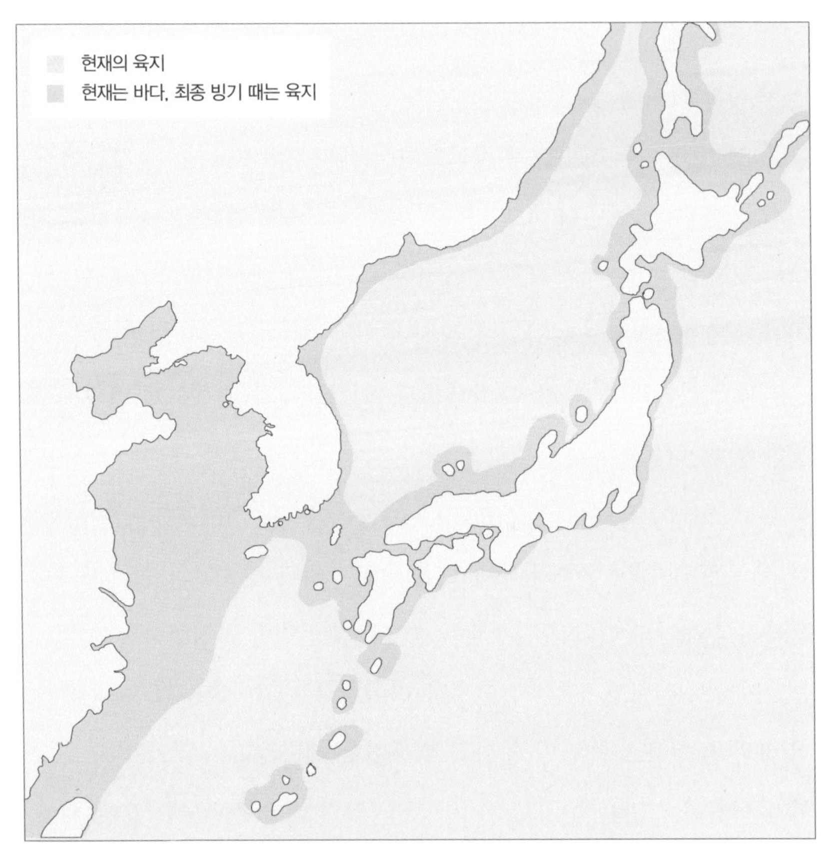

빙하기 이후 해안선이 높아지면서 당시 육지였던 곳이 지금은 바다가 되었다.
이것이 리아스식 해안의 탄생 비밀이다.

는 압도적인 섬의 수는 바다로 뻗어 나간 거대한 산맥의 산줄기가 침수되어 형성된 것이다. 해수면의 복잡성만을 놓고 볼 때, 남서 해안은 어원이 유래한 리아스 해안보다 오히려 형성 과정에서 차이점을 지닌 피오르 일대와 그 경관이 비슷하다. 이러한 차이를 발견하는 즐거움은 지리를 공부하는 또 다른 재미이다.

★★★★★

남서 해안은 대표적인 리아스식 해안?

리아스식 해안이 논쟁의 대상이 되기도 했습니다. 우리는 교과서에서 '우리나라 남서 해안은 대표적인 리아스식 해안'이라고 배웠는데, 이제는 너무 많이 개발되어 진정한 리아스식 해안은 그리 많이 남아 있지 않다는 게 그 요지였죠. 사전에 따르면 리아스식 해안은 '하천에 의해 침식된 육지가 침강하거나 해수면이 상승해 만들어진 해안'을 말합니다.
보통 해안선의 굴곡이 심하고 수심이 깊지 않으며 갯벌이나 습지가 발달하죠. 그런데 현재 인천·경기 지역의 경우, 리아스식 해안을 대부분 개발해 자연 해안선은 1%도 채 남아 있지 않다고 해요. 123.9km의 해안선 가운데 자연 해안선은 1.1km에 불과하다는 거죠. 이렇듯 리아스식 해안을 개발해 공장이나 농토로 만들기보다 관광 자원으로 활용하는 건 어떨까요? 그 가치는 우리가 상상하는 이상이 되리라고 감히 예상해 봅니다.

리아스식 해안의 마술, 해안 지형과 프랙털

이제 국가 스케일에서 한 단계 좁혀 지역에 초점을 맞춰 보자. 거제도는 남해안에서도 산줄기의 체적이 큰 편에 속하기 때문에, 해수에 침수되는 과정에서 반도류(해남·고흥·여수반도)를 제외하고 가장 큰 섬으로 남았다. 그런데 해수가 골짜기를 메우면 구체적으로 어떤 지형이 만들어질까? 전혀 어울릴 것 같지 않은 사례로 쉽게 접근해 보자.

생활에서 '스마트함'을 추구할 때 빠지지 않는 것이 스마트폰의 '지도' 관련 애플리케이션이다. 맛집부터 지하철과 버스의 도착 시간까지, 그 쓰임새가 얼마나 유용한지 모른다. 여러분 가운데 스마트한 물건의 소유자가 있다면 지금부터 다음 순서에 따라 이를 조작해 보자. 우선 스마트 기기를 꺼내 손바닥에 올려놓고 지도 애플리케이션을 실행한다. 맛집이나 교통편을 검색하는 대신 남해안 스케일의 위성사진을 띄워 놓고 거제도에 집중하자. 액정 화면에 손을 얹고 엄지와 검지를 부드럽게 움직이면 지도는 확대와 축소를 반복하며 자유롭게 스크롤된다. 그런데 최대한 확대한 뒤 다시 돌아가기를 수차례 반복하다 보면, 확대한 지점과 축소된 지점이 이상하리만치 닮아 있다는 사실을 알아차릴 수 있다. 분명히 한 지역을 확대·축소했을 뿐인데 이전과 비슷한 유형의 패턴이 반복되는 것이다.

이렇게 특정한 패턴이 스케일에 상관없이 반복적으로 나타나면서 전체와 부분이 자기 유사성을 지니는 현상을 '프랙털(fractal)'이라 한다. 다시 말해 특정한 부분이 전체의 합이 되기도 하지만, 부분의 합이 전체가 되기도 하는 묘한 마술이 펼쳐지는 것이다. 여러분이 방금 스마트 기기를 가지고 실행했던 스케일의 변주는 남해안의 지형 특징을 이해하는 데 매우 유용하다. 남해안에는 바다를 향해 돌출한 부분(곶, 串)과 육지를 향해 움푹 들어간 부분(만, 灣)이 스케일에 상관없이 무수히 반복해 나타나기 때문이다. 특히 거제도는 이러한 특징이 두드러지는데 이순신은

프랙털을 형상화한 그림. 프랙털은 해안선뿐만 아니라 나무, 구름 등 자연계 곳곳에서도 확인할 수 있다.

이를 경험과 육감으로 통찰하여 전술에 적극 활용하였다.

이순신의 첫 승리, 옥포 해전의 지리적 재구성

그 당시 이순신은 오랜 시간 전라 좌수영의 수군절도사로 근무한 경험을 바탕으로, 비슷한 지형 조건을 지닌 거제도 일대 해역에 어렵지 않게 적응했을 것이다. 우리나라의 남서 해안은 해안선의 드나듦이 복잡한 것은 물론 섬이 많아 다도해를 이룬다. 또한 돌출부와 만입부가 스케일의 변주에 따라 무수히 반복되는 독특한 구조를 지닌다.

이순신이 다대포에 정박하면서 가장 두려웠던 것은 적의 위치를 모른다는 점이었다. 하지만 그들도 우리 수군의 위치를 모르기는 마찬가지였다. 이때 이순신은 오히려 익숙한 지형 조건을 이용하면 적은 수의 병력으로도 큰 성과를 거둘 수 있음을 깨달았다. 그는 곶을 지나면 만을 만나고, 만을 지나면 다시 곶을 마주하는 지형을 최대한 활용하면서, 소규모의 척후선(정찰하는 배)을 이용해 적의 위치를 탐색했다. 이는 한곳에서 다른 쪽이 육안으로 관찰되지 않는 곶과 만의 지형 특징 덕분에 가능한 일이었다.

다대포에서 직선거리로 20km를 숨죽이며 이동하던 이순신의 함대는 옥포에 왜선 26척이 정박해 있음을 알았다. 옥포는 지금까지 거쳐 왔던 곳들보다 훨씬 규모가 큰 만이었지만, 곶과 곶이 만나는 입구가 좁다는 점은 큰 호재였다. 이순신은 입구를 막고 급습하면 분명 큰 승리를 엮을

다도해 국립공원의 모습. 많은 섬들은 빙하기 이후 해수면이 높아지면서 생겨난 것이다.

수 있을 것이라 판단하였고 이는 완벽히 적중했다. 옥포에서의 전투는 일본 함대를 거의 전멸시킨 완벽한 승리였다. 전투가 없는 날에도 늘 전시에 대비하고, 완벽한 계획 아래 작전을 수행하기로 유명했던 이순신. 그가 얼마나 오랫동안 이와 같은 해안에서의 전술을 고민해 왔는지 엿볼 수 있는 첫 번째 승리였다.

지금까지의 이야기를 간략히 정리해 보자. 후빙기 해수면 상승은 리아스식 해안을 만들었고, 남해안의 산줄기는 거제도를 낳았다. 이어 거제도의 복잡한 곶과 만의 형상은 이순신의 전략을 낳았고, 전략의 첫 시험장인 옥포에서의 승리는 조선을 구했다. 역사적으로나 지리적으로 그곳은 거룩하고도 절묘한 바다였다. 만약 전장이 동해였다면 이순신은 지금과 전혀 다른 모습으로 기억될지도 모를 일이다.

분지는 삶터다!

: 침식 분지의 형성

화강암이 전 국토의 20% 이상을 덮고 있는 우리나라는 화강암으로 이루어진 분지가 많다. 서울의 사대문 안을 비롯해, 남한에만 줄잡아 100개가 넘는 화강암 분지가 존재한다. 일반적으로 분지는 여름에는 덥고 겨울에는 추위가 심한 기후 특성을 나타낸다. 하지만 산으로 둘러싸여 외적 방어가 쉽고 천재지변의 피해가 덜해서, 예로부터 사람들이 모여 도시를 이룬 곳이 많다. 서울을 비롯한 우리나라 전통 도시들이 대부분 큰 강을 낀 분지 지형에서 발달한 것은 그런 이유에서이다. 그렇다면 과연 분지는 어떤 과정을 거쳐 형성되었을까? 한반도 분지 형성의 비밀을 파헤쳐 보자.

음성 꽃동네 가는 길

: 형준이의 일기

우리 가족에게는 독특한 '사명서'가 있다. 한 달에 하루는 내가 아닌 남을 위해 헌신하는 것! 그래서 매월 마지막 주 토요일에는 온 가족이 음성 꽃동네를 찾는다. 아버지는 육체적인 힘을 필요로 하는 곳에 일손을 보태시고, 어머니는 음식 재료를 다듬거나 설거지를 하는 등 주방 일을 거드신다. 나는 주로 치매에 걸린 어르신의 말동무가 되거나 세 살 미만의 유아를 돌보는 일을 맡는다. 2년 넘게 해 온 봉사 활동이지만 싫증은커녕 빨리 그날이 오기를 손꼽아 기다린다. 나는 왜 목이 빠지도록 오늘을 기다리는 것일까? '나, 정말 훌륭한 것 같아.'라는 나르시시즘• 적 환상을 느끼기 때문일까? 솔직히 그런 심리적 보상이 없다면 거짓말이겠지만, 작은 정성이 어려운 이웃에게 보탬이 될 수 있다는 보람이 더 큰 이유인 것은 분명하다.

봉사를 위한 채비를 마치고 기분 좋게 차에 올랐다. 구름 한 점 없는 화창한 날씨 탓인지 창문으로 스며드는 햇살이 제법 따가웠다. 앞좌석의 어머니는 황

• 자기 자신을 사랑하거나 자기 자신이 훌륭하다고 여기는 일. 그리스 신화의 미소년 나르키소스에서 유래한 말.

급히 보조 거울을 들어 자외선 차단제를 덧바르신 뒤 햇빛 가리개를 설치하셨다. 평소에 공공연히 '햇빛은 악의 축'이라 말씀하셨던 어머니. 그 덕분에 뽀얀 피부만큼은 연예인 빰친다. 나는 그런 어머니와 달리 차창 밖을 흥미롭게 관찰하는 버릇이 있다. 길 가는 사람의 패션 감각에 점수 매기기, 스쳐 지나는 차들의 이름 맞히기, 간판에 씌어 있는 생소한 단어 검색하기 등 알고 싶은 것이 많아 잠시도 가만히 있지 않는다. 이런 부산스러운 성격 덕에 깨달은 점이 있다면 나는 참 무지하다는 것! 세상에는 공부할 게 너무나 많다. 하지만 오늘만큼은 모든 안테나를 접고 창밖으로 전개되는 아름다운 경치에 주목하기로 했다.

그동안 의식하지 못했던 청아한 풍광이 한눈에 들어왔다. 신탄진 IC로 향하는 갑천변 고속화 도로에서는 확 트인 시야 덕분에 기분이 무척 상쾌했다. 주변을 둘러보니 생각보다 큰 산들이 멀리서 나를 에워싸는 듯 포근한 느낌마저 들었다. 처음 느끼는 야릇한 기분이었다.

신탄진 IC를 지나 경부 고속도로로 접어들자 금세 시야가 좁아지면서 답답함이 느껴졌다. 그렇게 한참을 달려 중부 고속도로에 들어서자 다시 시야가 넓어졌다. 야트막한 구릉마저 높게 느껴질 정도로 너른 공간이 파노라마처럼 펼쳐졌다. 눈을 올려 멀리 바라보니 대전에서와 마찬가지로 웅장한 산세가 나를 감싸고 있었다. 하지만 증평 IC에 이르러서는 또다시 어둠의 장막이 드리워졌고 진천 농다리를 지나서야 탁 트인 개방감이 느껴졌다.

꽃동네에 이르는 동안 지금까지의 경치 변화를 골똘히 생각해 보았다. '산으로 둘러싸였다, 평지가 펼쳐졌다…… 비슷한 지형이 계속 반복되네.' 스마트폰으로 지나온 경로를 살펴보니 대전, 청주, 오창, 증평, 진천 등이 열을 지어 분

포하고 있었다. 이들의 공통점은 산지 사이에 마치 구멍처럼 뚫린 공간이라는 점이었다. 아버지께 여쭤 보니 우리가 통과한 곳들은 모두 '분지'라고 말씀해 주셨다. 대구가 분지에 이루어진 도시란 건 알고 있었지만 우리나라에 이토록 분지가 많았던가?

분지, 제대로 알고 있나요?

'만유인력의 법칙'은 뉴턴(I. Newton, 1642~1727)의 저서 『프린키피아(principia)』(1687)에 소개된 물리학 용어로 우리에게 잘 알려져 있다. 이 법칙이 유명한 이유는 보이지 않는 중력을 수학적으로 증명했기 때문인데, 사실 이를 실제로 증명할 수 있는 사람은 극히 드물다. 어떤 사람이 만유인력의 법칙을 '질량이 있는 물체에 보편적으로 작용하는 힘에 대한 법칙'이라 정의했다면 그럭저럭 괜찮은 답변일 것이다. 하지만 그가 수학적으로 증명할 수 없다면? 만유인력의 법칙을 완벽히 이해하지 못했다고 봐야 옳다. 알맹이 대신 껍질을 취했기 때문이다.

'분지(盆地)'라는 용어도 이와 비슷하다. 분지는 일기 예보나 지명에 자주 등장하기 때문에 비교적 널리 알려진 지리학 용어가 되었다. 초등학교 4학년 『사회』 교과서는 '지형의 종류'를 다룰 때 분지를 언급하며 '주변이 산으로 둘러싸인 평야'라고 정의한다. 중등 과정에서는 분지가 푄 현상의 원리와 접목되어, 대구가 극서지(여름철 가장 더운 곳)인 이유를 과학적으로 이해할 수 있다. 하지만 이러한 정의로는 대구가 왜 분지의 형태를 갖게 되었는지 설명할 수 없다. 다시 말해 '형태상의 이점을 이용한 전통 취락의 입지', '방어상의 유리함' 등은 설명할 수 있지만 근본을 따져 물을 수는 없는 것이다.

본질을 통찰하기 위해서는 그것의 뿌리를 추적하여 의미를 '제대로' 파헤쳐야 한다. 만유인력의 법칙을 제대로 알려면 물리학의 기초부터 접근해야 하듯, 분지의 본질을 알기 위해서는 우선 그 형성 과정을 이해해야 한다. 분지에 대한 이해가 피상적인 수준에 머물러 있다면 타임머신을 타고 지질 시대로 거슬러 올라야 한다. 혹시 아는가? 공룡보다 흥미로운 무언가가 우리를 기다리고 있을지도!

★★★★★

분지! 참 애매합니다

분지란 무엇일까요? 다들 알고 있듯이 '해발 고도가 더 높은 지형으로 둘러싸인 평지'를 말합니다. 그렇다면 분지는 어떻게 만들어졌을까요? 아마도 이 물음에 명쾌하게 답할 수 있는 사람은 그리 많지 않을 거예요. 분지가 형성되는 과정은 정말로 다양하기 때문입니다. 따라서 분지를 설명하기 전에 한 가지 우리끼리 정할 게 있어요.

사실 분지는 어떤 과정을 거쳐 만들어졌는지에 상관없이 현재의 모양을 기준으로 붙이는 명칭이랍니다. 그러니 결과적으로 '주변이 산으로 둘러싸여 있는 모양'을 지니고 있으면 모두 분지라고 할 수 있죠. 따라서 여기서는 교과서가 언급하고 있는 화강암과 편마암의 차별 침식에 의한 '침식 분지'에 국한하여 설명하겠습니다. 이 점을 꼭 기억하기 바랍니다.

침식 분지를 이해하려면?

침식 분지에 대한 제대로 된 이해는, 침식 분지가 오늘의 모습을 갖게 된 이유를 곰곰이 따져 보는 것에서 출발한다. 먼저 흰 종이에 주변이 산으로 둘러싸인 가상의 분지를 그려 놓고 부지런히 손을 놀리며 다각도로 고민해 보자. 셜록 홈스가 현장에 남겨진 단서를 통해 범인을 추적하듯 현재의 모습을 통해 형성 과정을 역추적해 보는 것이다. 그러다 보면 흩어져 있던 생각의 줄기가 실타래 엮듯 하나로 수렴되면서 몇 가지 조건들이 의식의 수면 위로 떠오를 것이다.

첫째, 침식 분지는 주변이 산으로 둘러싸여 있어야 한다. 그러기 위해서는 산이 병풍처럼 솟아오르거나 지표의 특정 부위가 움푹 들어가야 한다. 둘째, '침식'으로 만들어진 분지이므로 침식에 관련된 메커니즘이 포함되어 있어야 한다. 셋째, 환경 조건이 동일하다면 한 부분만 움푹 파이기는 힘들기 때문에 주변과 중앙을 구성하는 암반의 성질이 달라야 한다. 이러한 조건들을 종합하여 하나의 문장으로 정리하면 '침식 분지는 암석의 차별 침식•에 의해 형성된 움푹 파인 지형이다.'라는 결론에 이른다. 침식 분지를 제대로 이해하기 위해서는 암석의 유형에 따른 차별 침식의 메커니즘에 대한 이해가 필요한 것이다.

그렇다면 '암석의 차별 침식'은 정확히 무엇을 의미하는가? 한반도 전역에서 쉽게 관찰할 수 있는 대표적인 두 암석, 화강암과 편마암의 풍화 특성을 바탕으로 암석의 차별 침식을 알아보자.

먼저 화강암을 살펴본다. 암석은 형성 원인에 따라 화성암, 퇴적암, 변성암으로 구분된다. 화성암은 마그마가 식어 만들어진 암석을 통칭하는 표현으로, 크게 관입암과 분출암으로 나뉜다. 여기서 관입(貫入)은 지각

• 지역에 따라 지표면의 단단한 정도가 달라서 서로 다르게 침식하는 일.

의 갈라진 틈을 따라 마그마가 침입해 들어가는 것을 뜻하는 용어다. 그러니 마그마가 지표 바깥으로 분출하지 못한 채 지하에서 굳으면 관입암이 되고, 지표 또는 지하의 얕은 곳까지 올라와 굳으면 분출암이 된다. 격렬한 화산 활동이 있었던 중생대에는 '지질 구조선•'을 따라 마그마의 관입이 매우 활발하게 일어났는데, 관입암에 속하는 화강암은 대부분 바로 이때 형성되었다.

화강암은 석영, 장석, 운모로 구성되어 있으며 물리적·화학적으로 쉽게 풍화되지 않는다. 하지만 많은 단층선이 지나거나 절리(갈라진 틈)의 밀도가 높은 지반의 경우, 촉매인 물이 스며들면 풍화에 약한 장석·운모의 구조는 쉽게 와해된다. 게다가 한 번 구조가 와해되면 연쇄적인 붕괴가 촉발되어 깊이 풍화되는 경향을 지닌다.

다음은 변성암에 속하는 편마암이다. 편마암에 녹아 있는 지르코늄(방사성 연대 측정에 사용되는 원소)을 이용해 생성 연대를 측정하면 평균 19~20억 년의 나이가 산출된다. 지구의 나이를 대략 46억 년으로 잡을 경우 절반에 해당하는 '초고령'인 셈이다. 게다가 이들의 분포 범위도 한반도의 절반 정도에 육박한다. '지천에 널린 게 편마암'이라

화강암은 단단하고 빛깔이나 무늬가 아름다워 주로 건축이나 토목용 재료, 비석 재료로 쓰인다.

• 지구 내적인 힘을 통해 생긴 지반의 갈라진 틈의 배열.

는 소리다.

편마암은 대체로 화강암에 비해 물리적·화학적 풍화에 약하며, 점토질의 퇴적암이 높은 온도에서 변성의 과정을 거쳐 형성된다. 편마암은 기본적인 토대가 퇴적암인지라 오랜 변성 과정을 거쳤는데도 퇴적암의 기본 성질인 '편리(片利)'를 간직하고 있다. 세월의 깊이가 이마의 주름살로 남듯, 띠 모양의 수평 퇴적층인 편리가 암반에 잔존하는 것이다. 지표면과 평행한 광물 입자들의 편리 구조는 수분의 깊숙한 침투를 억제한다. 또 점토로 구성된 퇴적암이 근간이기 때문에 풍화되어 산출되는 물질은 화강암에 비해 입자가 작다. 이러한 풍화 물질은 토양의 공극(토양 입자 사이의 틈)을 메워 수분의 공급로를 확실히 막아 준다. '편리 구조'와 '미립 풍화물'이라는 이중 바리케이드가 촉매인 수분의 침투를 억제하는 셈이다.

편마암은 암석의 화학적 구성, 변성될 때의 온도와 압력 등 복합적인 상호작용을 받아 생성되었다.

결국 암석의 성질만을 놓고 볼 때 화강암과 편마암의 풍화 특성은 '차별적'이라 할 수 있다. 이와 같은 특성은 지표 경관 곳곳에서 다양한 결과로 나타나며 침식 분지는 이들의 차별 침식에 의해 형성된 대표적인 지형이다.

차령산맥 일대의 숨은 진주, 침식 분지

지금까지 살펴본 내용을 사례 지역에 대입해 볼 차례다. 앞서 주변이 산으로 둘러싸일 수 있는 조건으로 산의 융기보다는 침식에 무게를 뒀고, 산과 분지로 구분된 기반암의 풍화 특성이 다를 것이라고 예상했다. 이를 만족시킬 수 있는 암석으로는 한반도에서 쉽게 관찰할 수 있는 편마암과 화강암을 들었다. 특히 화강암의 경우 절리 밀도가 높다면, 암석의 특성상 풍화 속도에서 편마암과 큰 차이를 보인다는 것을 확인했다. 자, 이제 침식 분지 형성의 비밀을 풀어 줄 차령산맥 일대로 이동해 보자.

차령산맥 일대는 태백산맥과 분리되어 충청남도의 보령과 서천까지 연속적으로 이어진, '지체 구조(지각을 이루는 암석의 특징)'상 경기 지괴에

차령산맥의 웅장한 전경.

해당하는 오래된 땅이다. 기반암은 주로 변성암인데 그중에서도 편마암의 비중이 높다. 다시 말해 편마암은 이 일대를 이루는 커다란 '밑그림'이라고 할 수 있다. 차령산맥 일대의 대략적인 프로필을 알았으니 좀 더 세부적인 내용에 대해 살펴보자.

차령산맥 일대의 산지 및 분지의 방향은 '북동-남서'다. 산맥을 중심으로 널따란 체적을 두루 관찰하다 보면 곳곳에서 일차함수 그래프 모양으로 발달한 북동-남서 방향의 연속된 골짜기를 관찰할 수 있다. 이 선은 중생대 대보 조산 운동• 시기, 한반도를 둘러싼 다양한 지각판이 서로 힘자랑을 하는 와중에 생긴 상흔으로, 이름은 '지질 구조선'이다. 중생대에는 대보 조산 운동을 비롯한 다양한 지각 변동이 있었고, 이 지질 구조선을 따라 대규모의 마그마가 관입하여 화강암이 되었다. 지하에서 굳어 형성된 화강암에는 이후 다양한 지각 변동으로 인해 절리가 발달하였다. 여기까지 정리하면 '차령 산지 일대의 북동-남서 방향으로 발달한 지질 구조선을 따라 마그마가 관입되어 화강암이 되었다.'고 표현할 수 있겠다.

다음으로 차령 산지 일대의 밑그림이 편마암인 것과 중생대 마그마가 관입하여 화강암이 형성된 것이 어떤 상관이 있는지 살필 차례다. 먼저 궁금한 것은, 땅속에 있어야 할 화강암을 우리가 직접 눈으로 관찰할 수 있다는 점이다. 그 이유는 무엇일까? 의외로 간단하다. 오랜 시간의

• 중생대 쥐라기부터 백악기 초까지 한반도에서 일어났던 가장 큰 지각 변동. 화산 활동과 습곡 작용을 동반한 대규모 조산 운동이었다.

침식 분지 형성 과정

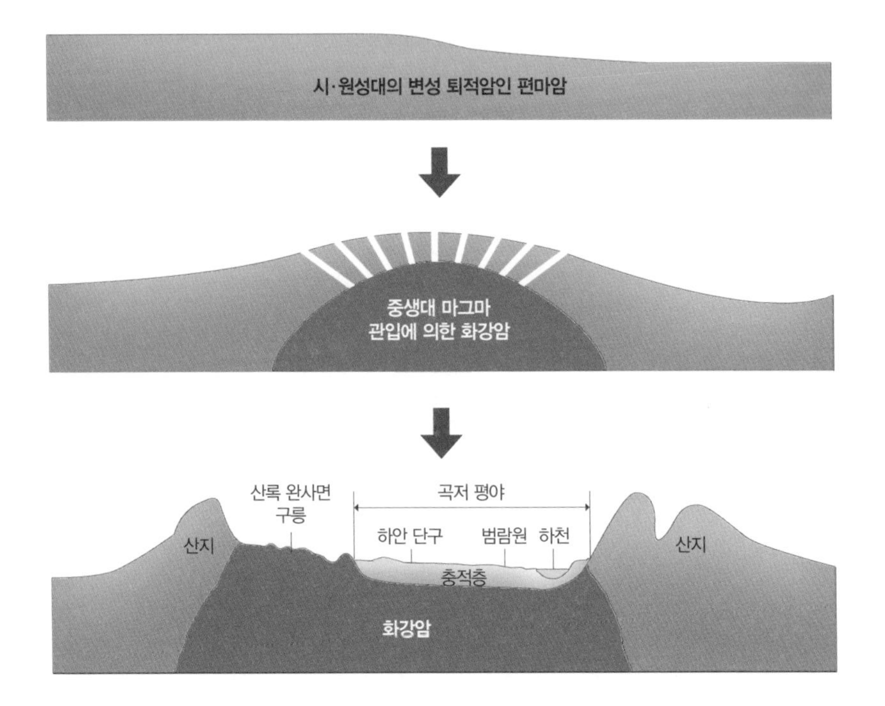

풍파를 견뎌 오면서 침식되었기 때문이다. 억겁의 세월 동안 진행된 풍화는 중생대에 관입한 화강암을 겉으로 드러나게 했다. 화강암이 노출된 이후 편마암과 화강암의 차별 침식이 진행되어 깊이 풍화되는 성향의 화강암은 분지 바닥으로, 얕게 풍화되는 성향의 편마암은 산지로 남게 되었다.

주목할 만한 것은 화강암이 지질 구조선을 따라 관입했기 때문에 그것의 관입 방향 역시 북동-남서라는 점이다. 이는 차령산맥 일대에 연속적으로 발달한 화강암 분지의 배열을 살펴보면 확인할 수 있다. 북동-남서의 방향으로 순서대로 읊어 보면 제천 분지, 충주 분지, 청주 분지, 논산 분지의 순이다. 이러한 양상은 차령산맥과 소백산맥 사이에 북동-남서 방향으로 발달했던 지질 구조선을 따라 화강암이 관입한 결과로 나타난 것이다.

연속적으로 발달한 침식 분지의 의미

차령산맥과 소백산맥 사이에 연속적으로 발달한 침식 분지들은 과거부터 지역의 중심지나 곡창 지대로 큰 역할을 하는 곳이다. 제천은 죽령 너머 조정(서울)으로 향하던 길목이었고, 충주 역시 문경새재 너머 발달했던 중부 내륙의 핵심 거점이었다. 청주 분지(미호 평야)는 충북 최대의 곡창 지대로써 일대의 식량 공급에 큰 역할을 하였고, 대전 분지는 근대 교통이 발달하면서 충청의 중심지로 발돋움하였다. 논산 평야 역시 미곡과 더불어 다양한 상품 작물을 재배하는 곳이 되었다. 이들은 화강암이 분지 바닥, 편마암이 주변 산지라는 공통점을 지니며 '차별 침식'의 메커니즘을 통해 현재의 모습을 지니게 되었다.

이 지역들이 오랜 생활 터전으로써 그 역할을 톡톡히 한 이유는 무엇일까? 이것 역시 지형학적으로 해석할 수 있다. 차별 침식이 진행되면서 화강암을 기반암으로 하는 분지 바닥에는 자연스럽게 하천이 유도되었다. 하천은 편마암 지대보다 낮아진 화강암 지대를 흐르며 골짜기를 만들고, 주변 일대를 침식하거나 퇴적시키며 넓은 범람원을 만들어 놓았

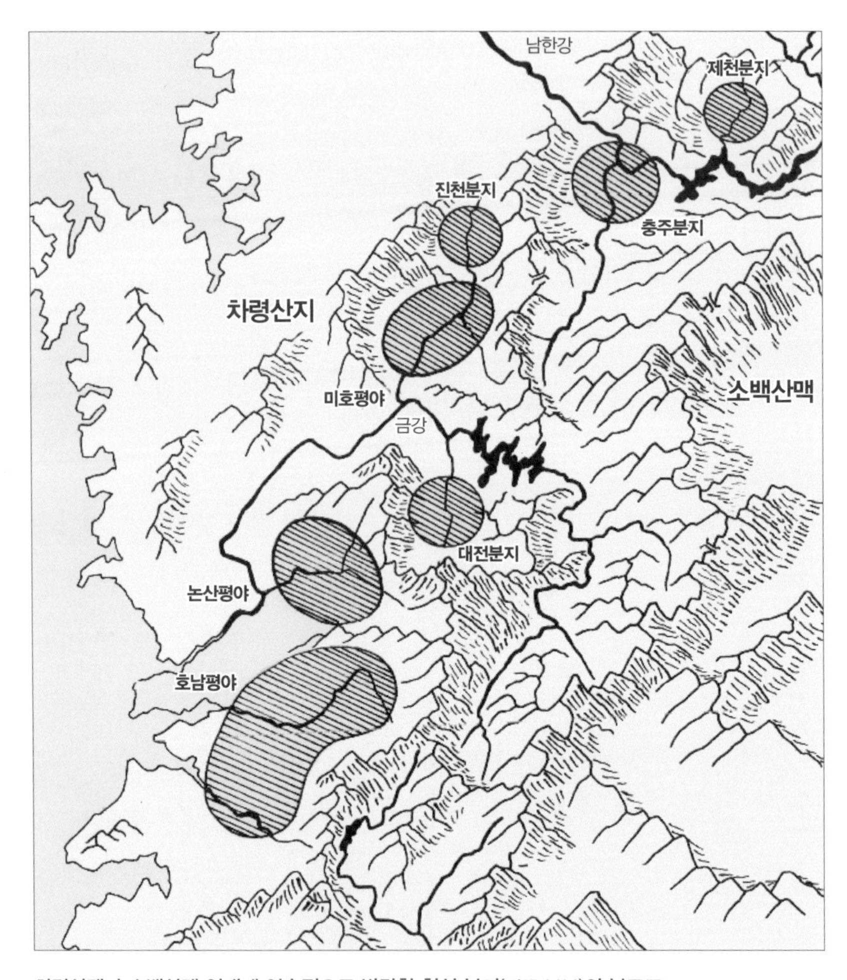

차령산맥과 소백산맥 일대에 연속적으로 발달한 침식 분지(빗금 부분)의 분포도.

다. 이렇게 조성된 넓은 분지 바닥과 그것을 병풍처럼 둘러싼 산지는 분지가 되어 사람들이 살기에 매우 안성맞춤인 곳이 되었다.

역사를 거슬러 올라가 보라. 대규모로 물을 관리하거나 넓은 간척지를 효율적으로 관리하는 일 등은 일제 강점기에 들어서 시작된 것, 그 이전에 으뜸으로 여겼던 입지는 배산임수(背山臨水)의 조건을 갖춘 곳이었다. '차가운 북서 계절풍을 막을 수 있는 산을 등지고, 농사를 지을 수 있는 너른 들판과 물이 있는 곳'은 선조들이 선호하는 공간이었다.

조선 후기 인문지리학자 청화산인(靑華山人) 이중환(1690~1752, '청화산인'은 이중환의 호)은 다음의 조건을 만족하는 곳을 최고로 삶터로 여겼다.

> 무릇 살터를 잡는 데는 첫째, 지리가 좋아야 하고 다음으로 생리(生利, 생활에 필요한 물자나 방법)가 좋아야 하며, 다음으로 인심이 좋아야 하고, 또 다음은 아름다운 산과 물이 있어야 한다. 이 네 가지에서 하나라도 모자라면 살기 좋은 땅이 아니다.

이중환의 조건을 침식 분지에 고스란히 대입해 본다면?

> 무릇 침식 분지는 최고의 삶터다. 배산임수의 조건을 갖추어 지리가 탁월하고, 물길이 놓여 있어 물자 교환이 좋고, 아름다운 산과 물이 공존하여 풍광이 훌륭하기 때문이다.

어떤가? 고을 사람들의 마음씨를 논하는 '인심' 부분을 제외하면 대부분 침식 분지의 장점과 유사하다는 것을 알 수 있다.

침식 분지는 산지의 비중이 높은 한반도에서 더할 나위 없이 소중한 생활공간이다. 또한 차령산맥 일대에 연속적으로 발달한 침식 분지들은 영호남과 경기를 잇는 핵심 거점에서 새로운 국책 사업의 기반으로 진화 중이다. 암석의 풍화 특성을 바탕으로 한 차별 침식의 메커니즘은 결과적으로 인간에게 매우 의미 있는 것이었다.

갯벌의 甲(갑), 순천만 갯벌

: 갯벌의 지리적 특징

인천 국제공항을 통해 우리나라를 찾는 외국인들이 공항을 빠져나와 처음 마주하는 풍경은 영종 대교 아래 넓게 펼쳐진 갯벌이다. 개중 태어나서 갯벌을 처음 보는 사람은 놀라움을 감추지 못하고 비명을 지르기도 한다. 이처럼 갯벌은 전 세계적으로 몇 군데 되지 않는 매우 소중한 자연환경이다. 그중에서도 순천만의 갯벌은 생태가 잘 보전된 지역으로 유명하다. 이번에는 세계 최고의 갯벌, 순천만을 찾아 그 지리적 환경을 살펴보자.

지리를 만나는 시간

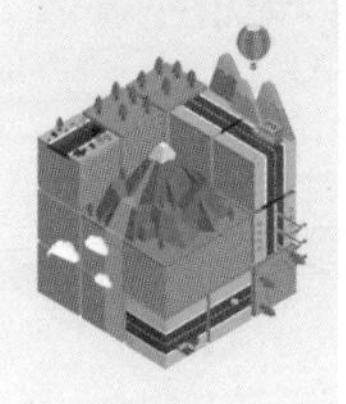

king of 지리

▶프로필 ▶쪽지 ▶친구 신청

카테고리 ▲

- 지리 + 여행
- 지리 + 사회
- 지리 + 역사
- 지리 + 음악
- 지리 + 세계사
- 지리 + 환경
  - 황사
  - 자연환경
  - 인문환경
- 지리 + 리빙
- 지리 + 미술
- 지리 + 맛집
- 지리 + 음식

방문자 통계

오늘 55 전체 410,121

이웃 블로거 ▼

공지 단언컨대 댓글은 당신의 인격, 그 자체입니다.

지리 + 환경 > 자연환경

생태 도시 '순천' 방문기

모처럼 가족이 함께 순천만에 다녀왔어요. 아내와 아이들이 무척 가고 싶어 한 곳이죠. 서울에서 다섯 시간 정도를 달려 도착한 순천만은 마침 '국제 정원 박람회'가 진행 중이었습니다. 역시 우리나라에서 알아주는 '생태 도시'답더군요. 순천시는 세계의 생태 수도라 불리는 독일 프라이부르크 시와 협약을 맺고, 다양한 생태 관련 분야 연구를 주도하고 있습니다.

숙박지로 이동하던 중 우리의 시선을 잡아끄는 것이 있었으니, 바로 드넓은 순천만 갯벌! 웅장한 산지 사이에 쏙 들어가 있는 순천시와 그 앞에 드리워져 있는 갈대 군락, 갯벌의 모습은 다시 생각해도 잊을 수 없는 풍경이네요.

댓글 13 | 엮인 글 26

└ **병만족장** 좋은 곳에 다녀오셨군요. 고추장으로 유명한 순창과 헷갈리는 사람이 많았는데 요즘은 아무래도 순천이 대세네요.

HOME BLOG PHOTO 방명록

다녀간 블로거 ▲

DJ 빈이
궁궁귀요미
민서엄마♡
진격의송로

최근 덧글 ▼

↳ **여자만** 과거에는 벌교나 여수에 갈 때 지나는 길목에 불과했는데 지금은 많이 달라졌나 봐요? 참, 낙안 읍성도 근처에 있지요?

↳ **남자만** 얼마 전까지만 해도 순천은 정말 눈에 띄는 게 없는 동네였죠. 그런데 이제는 생태 도시라니……. 역시 생태탕은 참 맛있죠?

↳ **제발그만** 으악, 이런 개그 싫어요! 그리고 아이디가 '여자만', '남자만'이 뭐예요? 여자, 남자 모두 친하게 지내요!

↳ **사진만** 여자만은 순천만을 감싸고 있는 지명이에요. 남자만이 실제로 있는지는 모르겠지만……. 아무튼 저처럼 사진 찍는 사람들에게는 순천만의 낙조가 제법 유명했습니다. 다시 한 번 그 노을을 카메라에 담고 싶네요.

↳ **쥔장** 순천만에 다시 한 번 가 보시길 권합니다. 정말 좋아졌어요. 그나저나 우리나라에 순천만처럼 예쁜 갯벌이 어디에 또 있나요? 여행 고수님들의 답변 부탁드립니다.

갯벌 중의 갯벌, 순천만

육지와 가까운 바닷속 땅은 주기적으로 모습을 감추었다가 드러낸다. 그리고 우리는 그 땅을 갯벌이라고 부른다. 갯벌은 바다의 민낯과 같아서 매우 천천히 그 모습을 보여 준다. 그래서일까? 갯벌이 연출하는 경치는 큰 감동을 선사한다. 여기에 낙조(落照, 지는 해 주위로 퍼지는 붉은빛)까지 덧입혀지면 형언할 수 없는 아름다운 풍광이 펼쳐진다. 우리나라 서해안과 남해안에서는 그런 멋들어진 광경을 어렵지 않게 만날 수 있다. 서천, 부안, 신안 및 순천의 갯벌은 세계적으로 널리 알려져 있으며 그중에서도 제일 주목을 받는 곳이 전라남도 순천만이다.

세계 습지 보호 기구 '람사르(Ramsar) 총회'가 지구에서 가장 온전하게 보존된 연안 습지로 선정한 순천만 일대는 아름답고 고즈넉하다. 특히 순천만으로 유입되는 이사천과 순천동천 하구 일대는 거대한 갈대 군락이 장관을 이룬다. 또 유선형의 갯고랑 사이에는 계절마다 형형색색의 옷을 갈아입는 칠면초가 바다를 수놓는다. 이처럼 순천만에는 국내 최

순천만의 갈대숲 모습. 순천만의 길이는 약 58.7km로 보성군, 고흥군, 여수시, 순천시와 접해 있다.

대 규모의 갈대 군락지와 양질의 갯벌이 절묘하게 어우러져 있다. 이 중에서도 화포 해변과 와온 해변 일대는 아름다운 풍경 사진을 담을 수 있는 명소로 유명하다.

하지만 달리 생각하면 순천만의 갯벌은 무수히 많은 갯벌 가운데 하나다. 굳이 순천만 갯벌이 특별대우를 받아야 할 이유가 선뜻 떠오르지 않는다는 뜻이다. 대체 순천만이 세계적인 관심을 받는 까닭은 무엇일까? 단순히 경치가 아름답기 때문일까?

아무래도 순천만 갯벌의 특수성을 알기 위해서는 다른 지역과의 '차이'를 통해 해당 지역의 본질을 밝혀내는 작업이 필요할 듯하다. 그렇기 때문에 지리학적 접근을 통해 순천만 갯벌 지역의 특수성을 살펴보도록 한다.

우리나라 갯벌의 특징

우리가 주목하고자 하는 바는 순천만의 멋진 경관, 넓게 펼쳐진 갈대 군락, 양질의 갯벌 등이다. 이 가운데 경관의 아름다움을 판단하는 일은 개인차가 존재하니 논외로 하고, 갈대 군락과 양질의 갯벌에 관해서만 연구해 보는 게 좋겠다. 흥미로운 사실은 갈대와 갯벌, 두 가지 주제를 하나의 답으로 풀어낼 수 있다는 점이다. 바로 순천만 일대를 구성하는 물질! 그렇다면 순천만 일대의 물질은 어디에서 유입되는 것일까? 이해를 위해 남해안의 퇴적 양상을 간단히 살펴보자.

남해안은 해안선의 출입이 굉장히 심해서 반도와 만이 서로 교차하는 모습을 보인다. 그리고 대부분의 반도는 'ㅅ' 자 모양이나 'ㄴ' 자 모양으로 나타난다. 다르게 묘사하면 남해안의 만들은 항아리에 갇힌 모

남해안의 윤곽은 대부분 'ㅅ'자나 'ㄴ'자 모양임을 확인할 수 있다.

양새다. 이러한 이유로 남해안의 주요 만입부는 내부와 외부의 물질이 교류하기에 상당히 불리하다. 그래서 남해안으로 공급되는 물질은 대개 내부에 있는 배후 산지에서 비롯된다. 그런 데다 순천만은 '여자만'이라는 커다란 항아리 안에 들어가 있는 작은 항아리의 모양새다. 그러니 순천만 갯벌을 이루는 물질은 대부분 배후 산지에서 공급되었다고 볼 수밖에 없다. 이쯤 되면 자연스레 순천만의 배후 산지가 어떤 곳인지 궁금해질 것이다.

참고로 항아리에 갇힌 모양의 바닷물은 외부의 오염 물질을 막아서 청정 해역을 만드는 데에 순기능을 하지만 물질이 순환하는 데에는 역기능을 한다. 이는 서해와 확연히 다른 점이다. 서해안은 내륙의 하천과 바다, 심지어 중국의 대하천이 내놓은 물질까지 퇴적되는 양상을 보인다.

★★★★★

갯벌의 형성 과정

밀물과 썰물의 차가 큰 우리나라의 서해와 남해는 갯벌의 발달이 두드러진 편입니다. 그런데 왜 서해와 남해는 다른 지역에 비해 유독 조수(潮水) 간만의 차이가 크게 나타나는 걸까요? 그 답은 해수면의 변화에 있습니다. 후빙기 때 서해와 남해 일대는 해수면이 100m 정도 상승했습니다. 이때 잠긴 육지는 천체의 움직임에 민감하게 반응하여 밀물과 썰물의 차이가 큰 편이죠.
여기에 동쪽이 높고 서쪽이 낮은 '경동 지형' 덕분에 서해와 남해로 흐르는 하천이 많아 비교적 많은 물질이 해안으로 공급되었습니다. 이 물질들은 조수의 흐름을 따라 해안에 재배치되었고 결국 넓은 갯벌로 탈바꿈했죠. 이렇듯 갯벌은 적지 않은 자연사적 의미를 담고 있는 공간입니다.

순천만 배후 산지의 비밀

순천만 일대의 산세는 제법 험준한 편이다. 높이 884m의 조계산과

729m의 계족산 등은 해안에 인접한 산지치고 상당한 규모다. 일대의 기반암은 편마암계가 주를 이루며 간간이 화강암류가 분포한다. 이처럼 산지 앞에 바다가 있는 격이라 바다는 산지가 뱉어 내는 물질을 고스란히 받을 수밖에 없다. 그렇다면 편마암과 화강암 계열의 암석이 풍화되면 어떤 물질을 내어놓을까?

우리나라의 지체 구조를 형성하는 주요 암석은 편마암, 화강암, 퇴적암• 이렇게 세 가지다. 학자들의 연구에 따르면 보통 편마암과 퇴적암은 풍화할 때 미립의 점토를, 화강암은 조금 더 큰 조립의 모래를 공급한다. 그래서일까? 서해는 다양한 기반암을 통과하는 큰 하천이 많아서 점토질과 사질이 혼합되어 나타난다.

반면에 순천만은 지척에 미립 물질을 공급하는 편마암 산지가 있다 보니 갯벌에서 점토의 비중이 압도적으로 높다. 편마암 산시가 공급한 미립의 풍화 물질은 계족산 태생의 순천동천과 유치산 태생의 이사천을 따라 해안으로 이동한다. 그리고 두 하천은 순천 시가지의 끄트머리에서 만나 해안가에 물질을 내려놓는데 이곳이 곧 순천만 갯벌이다.

그런데 편마암 산지는 순천만에 갯벌만 형성한 것이 아니다. 편마암 산지에는 염기성 물질이 많아서, 풍화된 물질 속에 식물의 생장에 필요한 영양 염류가 풍부하게 함유되어 있다. 순천만 일대의 드넓은 갈대 군락은 바로 이러한 편마암 배후 산지의 영향을 받아 형성된 것이다. 반대로 화강암의 풍화 물질은 산성이 강해서 식물의 생장에 악영향을 끼친다.

• 순천만의 경우 '유천층군'이라는 중생대의 퇴적 변성암이 분포한다.

지역 비교를 통해 본 순천만

본디 우리나라의 주요 갯벌은 밀물과 썰물의 차이가 큰 서해에 많았다. 과거 서해의 갯벌에 기대어 살던 사람들은 부족한 농지를 확보하기 위해 소규모 간척지를 만들곤 했는데 오늘날에 비하면 미미한 수준이었다. 본격적인 갯벌 간척이 이루어지기 시작한 건 일제 강점기를 지나면서부터다. 그리고 해방 이후 진행된 급격한 산업화와 도시화는 상당한 규모의 갯벌을 소멸시켰다. 우리가 익히 알고 있는 시화, 옥구, 서산 A·B, 새만금 간척지 등은 모두 갯벌을 담보로 얻은 땅이다. 이런 맥락에서 상대적으로 갯벌 보전에 유리했던 지역이 남해안이다. 여기서 잠시 애초의 문제 제기를 상기해 보자. 남해안에는 순천만과 비슷한 환경 조건을 지닌 곳이 많은데 왜 굳이 순천만 갯벌만 전 세계적인 관심을 받고 있는 것일까?

쉬운 이해를 위해 순천만과 가까운 광양만을 사례로 들어 보자. 광양

순천만 일대의 모습. 동천, 이사천, 옥천천 등 여러 하천이 순천만으로 유입되면서 미립 물질이 쌓였다.

만의 자연환경은 여러모로 순천만과 닮았다. 광양만은 여수반도와 남해도 사이의 만입부에 위치하며, 주요 하천으로는 편마암 기반의 백운산(1,222m)을 거쳐 남쪽으로 흐르는 동천과 서천을 들 수 있다. 그리고 이들은 순천동천이나 이사천과 마찬가지로 미립 물질을 운반하여 광양만 앞에 드넓은 갯벌을 만들어 놓았다. 광양만 갯벌과 순천만 갯벌은 발생 배경이 똑같은 셈이다. 하지만 두 갯벌의 쓰임에는 결정적 차이를 유발하는 변수가 있다. 바로 국가 하천으로 지정된 섬진강의 유입이다.

섬진강은 인접한 하동군을 통해 광양만과 만난다. 섬진강이 변수로 작용하는 이유는 광양만에 화강암의 풍화 물질, 즉 모래를 내어놓는 데 있다. 섬진강 주변에는 남원, 구례, 곡성 분지 등 모래를 공급할 수 있는 화강암 지대가 많다. 그래서 섬진강 하구에는 모래와 점토가 혼합된 갯벌이 나타난다. 그리고 이러한 모래 갯벌은 점토 갯벌에 비해 간척이 용이해서 결국 광양 제철소의 입지로 낙점되어 매립되고 말았다. 섬진강 때문에 비슷한 배후 산지와 해안 지대를 둔 두 갯벌의 쓰임새가 180도 달라져 버린 것이다.

★★★★★

순천만을 보고 배우다

우리나라 순천만의 갯벌 생태계가 처음 세계에 알려지게 된 건 1992년, 브라질 리우데자네이루에서 개최된 유엔 환경 개발 정상 회의를 통해서입니다. 그로부터 5년 뒤 우리나라는 습지 보호를 기치로 내세운 '람사르 협약' 101번째 회원국이 되었고, 현재 13개의 습지가 람사르 협약에 등록되어 있죠. 순천만 갯벌은 2006년 1월 람사르 협약의 보호를 받는 습지로 등록되었으며, 2008년에는 순천에서 람사르 총회를 개최하기도 하였습니다.

이처럼 잘 보존된 갯벌 생태계가 세계적인 주목을 받자 전국 곳곳에서 순천만의 뒤를 잇기 위한 노력이 이어지고 있어요. 금강 하류의 서천 갈대밭, 시화호의 생태 공원 등은 개발을 지양하고 생태를 보전하려는 긍정적인 변화의 결과물이라고 할 수 있습니다.

시대의 변주곡은 순천만을 부르고

우리나라는 빠른 도시화와 산업화를 거쳐 현재에 이르렀다. 지금은 자연환경 파괴를 막기 위해 각종 규제를 누지만 몇 십 년 전만 해도 배고픔을 탈출하는 것이 급선무여서 환경 문제에 관심을 두는 사람은 거의 없었다. 앞서 얘기한 광양만, 사천만, 남동 연안의 공업 벨트 지역은 환경 보호의 가치보다 경제 개발의 논리가 더 중요하게 여겨졌던 자리다. 그런데 여수반도를 사이에 두고 광양만과 마주한 순천만 일대는 그런 시대적 흐름을 수용하지 못했다. 되짚어 봐도 순천만 일대는 늘 조연이었을 뿐 역사의 전면에 부각된 경우가 극히 드물었다. 하지만 전화위복(轉禍爲福)이라고 했던가? 별 볼 일 없이 남겨졌던 순천만 갯벌은 오늘날 세계인이 동경하는 자연환경의 보고로 다시 태어났다.

21세기에 접어들면서 '생태'는 시대적 화두가 되었다. 그야말로 녹색

국제 정원 박람회.

의 향연이라 할 만하다. 세계 도처에서 촉발되는 범지구적 환경 문제는 이러한 흐름을 더욱 부추겼다. 그리고 '지속 가능성'에 큰 무게를 두는 시대적 분위기는 그간 산업화 논리에서 벗어나 있던 순천만 갯벌을 전면에 부각시켰다. 훼손되지 않은 갯벌 생태계는 돈으로 살 수 없는 높은 가치를 인정받았으며 순천은 최고의 생태 관광지로 거듭나게 되었다. 현재 순천만 일대에서는 자연 생태 공원과 국제 습지 센터가 들어서고 국제 정원 박람회가 개최되는 등 굵직굵직한 환경 운동이 진행되고 있다. 이쯤 되면 순천만 갯벌의 선순환적 변화가 소외받을 수밖에 없었던 남다른 지리적 배경에서 비롯된 것이라고 할 수 있지 않을까?

같은 섬이지만 우린 달라!

: 지형성 강수의 원리

우리나라는 계절별·연도별·지역별로 강수량의 편차가 심하고, 국토의 65%가 산악 지형인 데다 하천의 경사가 급해 수자원을 이용하는 데 극히 불리한 조건을 갖고 있다. 따라서 우리나라는 물 부족 국가로 분류되어 있는 실정이다. 우리나라 강수의 특징을 알아보고, 각 지역별로 강수량의 편차가 심한 까닭은 무엇인지 살펴보자.

나는 섬이다!

사회자 : 전국 각지에서 모인 섬 여러분, 정말 반갑습니다! 오늘 우리나라 최고의 섬을 뽑는 자리에 이렇게 열띤 성원을 보내 주셔서 진심으로 감사합니다. 그럼 먼저 제 소개를 할까요? 작년 전국 섬 경연 대회에서 1위를 차지한 '독도' 인사 올립니다!

관 중 : 우와~ 독도! 독도! 도옥~ 또!

사회자 : 우레와 같은 함성을 들으니 기분이 좋군요. 오늘 정말 멋진 경연이 펼쳐질 것으로 예상됩니다. 그럼, 이제부터 본격적으로 경연을 시작하겠습니다. 오늘 경연의 주제는 '내가 우리나라 최고'입니다. 자신의 장점을 사람들에게 잘 어필하여 투표에서 최다 득표를 얻은 후보가 대상으로 선정됩니다. 지난 3개월간 치열한 경선을 치른 결과, 다섯 후보가 최종 결선에 오르게 되었습니다. '기호 1번 제주도, 2번 울릉도, 3번 거제도, 4번 석대도, 5번 백령도'입니다. 번호를 잘 기억하셨다가 자신이 가장 마음에 드는 후보 두 명을 표기하셔서 앞쪽에 마련된 투표함에 넣어 주시면 되겠습니다. 그럼, 이제부터 순서에 따라

각 후보의 연설을 들어 보도록 하죠.

제주도 : 안녕하세요. 기호 1번 제주도입니다. 지난해 아쉽게 2위를 차지했던 저, 모두 기억하시죠? 오랫동안 1위를 수성했던지라 지난해 2위라는 결과는 저에게 큰 충격이었습니다. 그래서 저는 다시 1위 자리를 탈환하고 싶습니다. 해서 여러분을 깜짝 놀라게 할 새로운 아이템을 준비해 왔습니다. 전국의 수많은 섬 중에 세계 자연 유산으로 등재된 섬은 저밖에 없다는 사실은 잘 아시죠? 하지만 이제 5년이 넘어 식상하실 것 같아 새로운 인증 마크, 바로 세계 7대 자연 경관 인증서를 가지고 왔습니다. 하하하. 저 말고 세계 인증 마크를 받은 섬이 누가 있더라? 하하하.

울릉도 : 안녕하세요. 기호 2번 울릉도입니다. 울릉도 하면 맛 좋은 오징어나 호박엿 같은 먹거리만 생각하시는데, 제가 오늘 그러한 고정관념을 단번에 깨뜨려 줄 새로운 무기를 들고 나왔습니다. 바로 '우리나라 최다설지'라는 기상청 인증 마크! 여기 다섯 후보 중에 하루 동안 150cm의 적설량을 기록한 섬이 있을까요? 후후.

거제도 : 안녕하십니까! 기호 3번 거제도입니다(대성 박력!). 이번 경선에서 저에게 보여 주신 열띤 성원에 힘입어 국가 경제 발전에 기여했던 조선 산업을 뒤로하고, 저 또한 새로운 아이템을 가지고 나왔습니다. 기상청 인증 '우리나라 최다우지'입니다. 그동안 기호 1번 제주도가 이 인증을 통해 여러 번 1위

를 차지한 이력이 있지만 이번만큼은 저에게 기회가 온 것 같군요. 연 강수량 2,000mm를 넘긴 섬이 저 말고 또 있을까요?

석대도 : 안녕하세요. 변변치 못한 저를 결승에 오를 수 있도록 도움을 주신 여러분, 진심으로 감사합니다. 저는 그리 많이 알려지지 않은 섬이지만 저만의 강력한 무기가 있기에 결승에 오르지 않았나 싶습니다. 그것은 바로 '모세의 기적'으로 불리는 바닷길! 1년 중 가장 물이 많이 빠질 때 저는 섬이 아닌 육지가 됩니다. 상상이 되시나요? 섬이 육지가 된다는 사실이요. 한번 와 보시면 아시겠지만 바닷길이 열려 걸어서 섬에 갈 수 있다는 사실은 색다른 경험을 드릴 것으로 확신합니다!

백령도 : 안녕하세요. 기호 5번 백령도입니다. 저는 그동안 제가 가진 다양한 군사적·지정학적 가치를 가지고 승부해 왔습니다. 하지만 저도 새로운 인증 마크를 하나 받은 게 있어 소개 올립니다. 바로 기상청 인증, '우리나라 최소우지' 마크입니다. 비가 적게 오는 게 무슨 자랑이냐는 분도 계시겠지만 사방이 바다인데도 비가 적게 온다는 사실이 무척 흥미롭지 않으십니까? 그 이유를 말씀드리면 저의 박식함에 표심이 저에게로 향할 것이라 믿습니다!

소중한 물의 원천, 강수 현상

"비나이다, 비나이다, 천지신명께 비나이다."

옛 할머니들은 장독대에 정화수를 떠 놓고 이런 주문을 되뇌곤 했다. 삶에 우환이 있거나 사람의 힘으로 해결하기 힘든 난관에 부딪칠 때, 주술적 행위를 통해 마음의 위안을 삼은 것이다. 이러한 모습은 형식만 다를 뿐 개인을 넘어 국가적인 위기 상황에서도 비슷하게 작용했다. 특히 농경을 기반으로 살아가는 사회에서는 앞선 주술 행위가 기우제의 형식으로 발현되기도 했다. 우리나라는 가뭄이 잦은 탓에 조정이 앞장서 기우제를 올렸고, 인디언들은 비가 내릴 때까지 계속해서 기우제를 올린 것으로 유명하다. 물을 얻기 위한 주술 행위는 인류의 생존을 위한 강력한 염원이었던 셈이다.

세계적으로 식량 생산이 절정에 이른 지금도 인류는 담수의 안정적인 공급을 위해 치열하게 노력하고 있다. 하지만 인간의 노력만으로 갈수기에 완벽하게 대비하기란 쉬운 일이 아니다. 제아무리 많은 시설을 만들어 흐르는 물을 가두어도 가뭄의 기간이 늘어나면 모든 노력이 공염불로 돌아가고 만다.

이처럼 소중한 물을 얻는 가장 손쉬운 방법은 강수다. 강수는 이슬, 장마, 소나기, 안개, 서리, 눈 등의 형태로 시기와 정도를 달리하여 우리 삶에 찾아온다. 하지만 세계의 모든 지역에 동일한 양의 강수 현상이 나타난다는 것은 불가능에 가깝다. 해양과 육지의 비중, 태양 복사 에너지의 수열량(受熱量, 어떤 물질이 바깥으로부터 받아들이는 열의 양)에 따른 강수 패턴에서 큰 차이를 보이기 때문이다. 어떤 곳은 1년에 비 한 방울 오지 않는가 하면, 어떤 곳은 10,000mm가 넘게 오기도 한다. 이러한 차이는 생명의 분포에 영향을 미쳐 거주 가능한 지역과 그렇지 않은 지역의 기준이 되기도 한다. 결과적으로 생존에 매우 중요한 의미를 갖는 강수의 지역 차는, 동식물과 인류에게 그리 달가운 현상은 아니라고 할 수 있다.

강수, 그때그때 달라요

강수는 물의 형태로 내리는 강우, 눈의 형태로 내리는 강설뿐만 아니라 서리나 안개 등으로 지표에 도달하는 모든 수증기를 총칭하는 말이다. 하지만 앞서 이야기했듯 생존에 절대적으로 중요한 강수의 양이 지역별로 차이가 크다는 데서 모든 문제가 발생한다.

우리나라는 연 강수량이 1,300mm 정도로 다른 지역에 비해 비교적 많은 양을 기록하고 있다. 여름철에 연 강수량의 절반 가까이가 집중적

우리나라 연평균 강수량

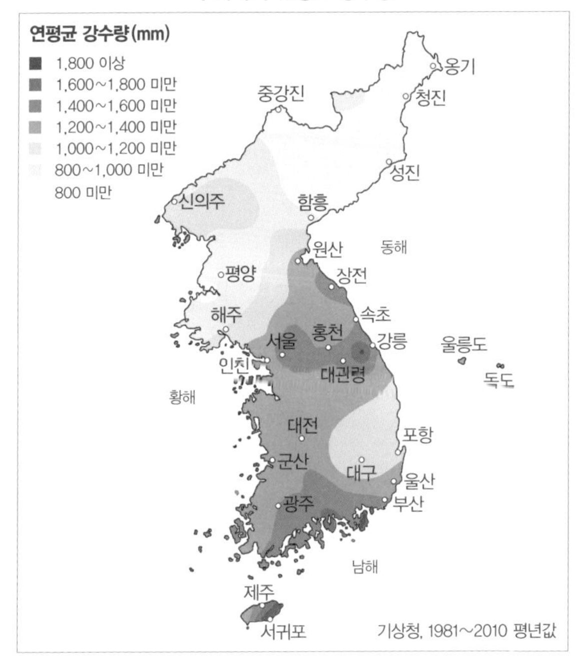

으로 내린다는 문제점이 있지만 물을 관리하는 능력이 발달하면서 일정 부분 어려움을 해결한 상태다. 이제 우리나라 연 강수량을 측정하는 방법을 알아보자. 우리나라는 전국에 40개의 기상 관측소가 있다. 이들에서 취합된 강수 데이터의 평균값이 바로 연 강수량이 된다. 따라서 어느 지역은 강수량이 1,300mm보다 월등히 많지만 어떤 곳은 평균에 못 미치기도 한다.

지리는 평균값이 갖는 근본적인 한계에 주목하여 지역별로 왜 강수량이 차이를 보이는지에 관심을 갖는다. 이러한 관점에서 일정 기간 동안의 강수량으로 판단하는 다우지와 소우지는 지리학의 주요 관심사라 할 수 있다. 그렇다면 다우지와 소우지는 무엇을 기준으로 판별할까? 확실한 잣대는 없으나 일반적으로 연 1,500mm 이상이면 다우지, 1,000mm 이하면 소우지로 구분한다. 이렇게 다우지와 소우지를 결정짓는 데는 다양한 요인들이 복합적으로 작용하지만 절대적 비중을 차지하는 요인은 '지형'이라 할 수 있다. 지형은 우리가 인지하고 있는 대부분의 산을 의미한다. 산이 강수의 많고 적음과 어떠한 관련이 있는지 지금부터 살펴보도록 하자.

강수의 원리

강수가 형성되기 위해서는 대기 중의 수증기가 액체 상태로 변하는 응결이 필요하다. 대기 중에서 응결이 일어나면 구름이 형성되고, 지표 가까이에서 일어나면 서리나 안개가 된다.

한참 수증기를 빨아들인 상태라 몸이 제법 무거운 대기 중의 구름을 머릿속에 떠올려 보자. 이 구름은 높은 산맥을 만나면 강제로 상승한다. 그리고 무거운 몸을 이끌고 힘겹게 산 사면을 타고 오르다 보면 '단열 변화'라는 물리적 변화를 겪는다. 다시 말해 기온이 낮아지면서 이슬점에 빨리 도달하게 되는데, 이런 과정이 수증기의 응결을 돕고 이내 비를 내리게 하는 것이다. 이 같은 일련의 과정을 '지형성 강수'라고 표현한다. 우리나라 다우지에는 대부분 이 원리에 의해 비가 많이 내린다. 예컨대 다습한 공기 덩어리가 태백 산지에 가로막혀 강제 상승하는 한강 중상류 지역, 다습한 남서 기류가 유입하여 소백 산지에 가로막히는 지리산 일대 등은 대표적인 다우지이자 지형성 강수의 전형적인 사례다.

이제 지형성 강수라는 돋보기로 남한의 세 꼭짓점, 백령도, 제주도, 울릉도를 살펴보자. 흥미진진한 사실이 우리를 기다리고 있다.

바람받이와 바람그늘 지역의 차이점은? ★★★★★

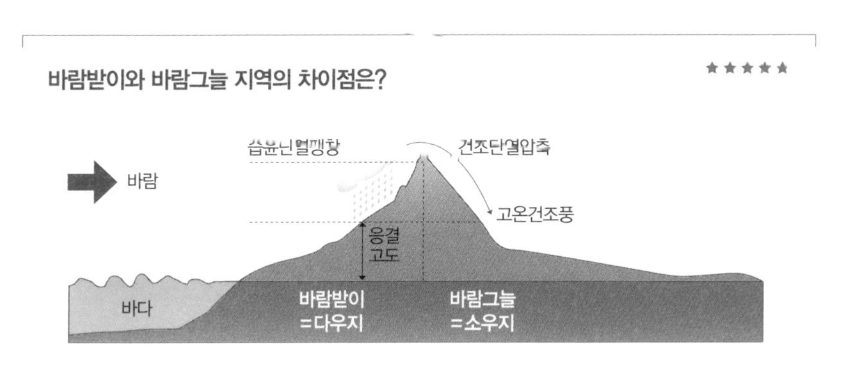

여름철 다습한 남서 기류가 다가올 때, 제주시와 서귀포시 중 어느 곳에 비가 더 많이 내릴까요? 지형성 강수를 적용하면, 직접 강수를 마주하는 사면에 위치한 서귀포시에 더 많은 비가 내릴 것이라 예상할 수 있어요. 이처럼 다습한 공기를 직접 받는 '바람받이' 사면은 반대편의 '바람그늘' 지역보다 예외 없이 강수량이 많다는 특징을 지닌답니다.

제주도, 울릉도, 백령도, 삼형제의 이야기

우리나라 사람들이 이름을 알고 있는 섬은 그다지 많지 않다. 예를 들어 서해상에 놓인 위도, 자은도, 상태도 등은 지역민을 제외하곤 아는 사람이 드물다. 반대로 백령도, 제주도, 울릉도를 모르는 사람은 거의 없다. 제주도는 '특별 자치도'로써의 위상과 더불어 천혜의 자연환경을 지닌 화산·관광의 섬 등으로 관심을 한 몸에 받고, 울릉도는 독도와 가까운 지리적 이점과 오징어라는 지역 특산물을 기반으로 그 입지를 단단히 다져 왔다. 백령도는 얼핏 보면 북한의 섬으로 착각할 정도로 서해상 깊숙이 자리하여 어업과 군사적으로 큰 의미를 지닌 곳이다.

세 섬의 공통점이라면 우리나라 변방에 위치하여 지리적 이점을 지닌다는 것이다. 그런데 이러한 지리적 위치 덕분인지 '강수'라는 변수를 대입하면 흥미로운 결과가 나온다. 최근의 기후 데이터를 살펴보면 제주도는 최다우지, 울릉도는 최다설지, 백령도는 최소우지에 이름을 올리고 있다. 강수량의 극값을 모두 섬이 차지하게 된 셈이다. 이러한 결과를 어떻게 풀이해야 할까? 앞서 언급했던 지형성 강수의 원리를 섬에 하나씩 대입해 보자.

우선 섬이라는 지리적 조건이 지닌 수분 공급의 탁월성에 주목할 필요가 있다. 섬은 사방이 바다와 면해 있기 때문에 수분의 공급에서 내륙과는 큰 차이를 보인다. '강수'라는 기상학적 현상에 초점을 맞춰 보면 내륙은 해양이나 호수에서 이동해 온 저기압이 아니면 비를 구경하기 힘든 지리적 한계를 지닌다. 반면에 섬은 수증기 공급에 매우 유리하다. 따라서 같은 조건이라면 내륙보다는 섬에 보다 많은 비가 내린다.

이러한 맥락에서 먼저 최다우지인 제주도를 살펴보자. 제주도는 오랜 기간 최다우지로써의 위용을 잃지 않은 곳이다. 제주도는 남해상에 위치한 최남단의 섬으로, 여름철 다습한 기류가 한반도에 유입할 때 제일 먼저 마중 나가 인사를 하는 곳이다. 곧 따뜻한 남쪽에서 공급되는 수증기를 여과 없이 받아들이는 위치에 해당한다. 이렇게 유입된 다습한 공기는 남한 최고봉 한라산(1,950m)에 가로막혀 제주도에 많은 양의 비를 뿌린다.

다음으로 울릉도를 살펴보자. 울릉도는 기상 관측 이래 우리나라 최다설지의 위상을 유지해 온 섬이다. 과거처럼 하루 적설량이 150.9cm에 이르는 살인적인 강설의 빈도는 줄었지만 지난 10년 동안 연평균 253.4cm의 눈이 내렸다. 1년의 1/7에 가까운 52.1일(서울 23.7일) 동안 눈발이 날린다고 하니 눈의 고장이라 불릴 만하다.

울릉도에 눈이 많이 오는 이유 또한 지형성 강수의 원리로 풀어 볼 수 있다. 섬이라는 점은 제주도와 비슷하지만 상대적으로 위도가 높은 탓에 기본적으로 춥다는 사실이 첫 번째 이유다. 다음으로 고려할 수 있는 것은 울릉도에 유입하는 바람이다. 겨울철 시베리아 고기압에서 출발한 서풍 계열의 바람이 태백산맥을 넘어 동해상을 지나면서 수분을 충전한 뒤 가파른 울릉도에 부딪쳐 강제로 상승한 결과 눈이 내리게 된다. 간혹 시베리아 고기압이 동해상까지 세력을 확장해 한반도 북동쪽에서 바람을 일으키곤 하는데 이때에도 울릉도를 거쳐 가기 때문에 같은 원리에 의해 많은 눈이 내린다. 가파르고 높은 지형 조건이 울릉도를 '남한의 설국'으로 만들어 준 셈이다.

마지막으로 백령도로 떠나 보자. 백령도는 섬임에도 불구하고 남한의 최소우지라는 불명예를 안게 됐다. 기상청에 따르면, 백령도의 연평균 강수량은 825.6mm에 불과하다.• 이는 같은 서해상에 위치한 강화도의

• 백령도의 경우 2000년도에 관측소가 신설되었다. 따라서 제시된 자료는 2000~2010년까지 10년 동안의 평균값이다.

연평균 강수량 1,346.7mm을 떠나 세계 평균인 880mm에도 미치지 못한다. 백령도는 섬이라는 장점을 지녔는데도 왜 강수량이 적은 걸까? 다양한 원인이 있지만 지형성 강수가 적용되지 않는 지형 조건을 가장 큰 단점으로 볼 수 있다. 섬 전체의 평균 고도가 150m 내외로, 지형성 강수가 유발되기에는 너무 낮기 때문이다. 제주도의 한라산(1,947m), 울릉도의 성인봉(984m) 등과 비교하면 지형성 강수가 유발되기엔 턱없이 부족한 고도라는 점을 알 수 있다. 결국 섬이라는 동일한 환경 조건을 지녔는데도 강수량의 편차가 크게 나타나는 이유는 '지형의 기복'이 적지 않은 영향력을 행사하기 때문으로 풀이할 수 있다.

제주도의 연평균 강수량은 어떻게 측정할까? ★★★★★

최근 기상청이 발간한 『한국의 기후도』에 따르면, 지난 30년(1981~2010)을 평균한 결과 우리나라 최다우지는 거제도(2,007.3mm)로 나타났습니다. 오랫동안 1위를 지켜왔던 제주도를 밀어낸 거죠. 사실 거제도 일대가 본래 강수량이 많은 지역이라 이 결과는 그다지 특별하지 않습니다. 그보다는 지역에 따라 강수량의 편차가 큰 제주도의 상황이 더 흥미로워요. 일반적으로 기후 데이터는 관측소를 통해 수집하는데 제주도의 관측소는 어디에 위치해 있을까요? 한라산 꼭대기, 아니면 제주시? 둘 다 아닙니다.

제주도의 관측소는 한라산을 기준으로 동(성산), 서(고산), 남(서귀포), 북(제주) 해안에 설치되어 있습니다. 이 가운데 북쪽과 남쪽에 있는 제주시와 서귀포시의 데이터를 평균해 제주도의 연평균 강수량을 결정하죠. 한편 거제도에는 관측소가 1개만 있다고 해요. 최근 30년의 데이터로 볼 때, 제주도의 연평균 강수량은 1,710.3mm입니다. 제주시가 1,497.6mm인 데 반해 서귀포시는 1,923mm고요. 그리고 가장 강수량이 많았던 동쪽 성산의 경우 1,966.8mm이니 거제도와 큰 차이가 나지 않는다는 것을 알 수 있죠. 참고로 알아두세요.

세계 최다우지, 지형성 강수의 걸작!

마지막으로 지형 조건에 의해 유발되는 강수의 결정체, 인도의 '아삼(Assam)' 지방에 대해 살펴보자. 강수량이 많은 지역의 경우 두 가지 조건을 충족시켜야 한다. 하나는 수분이 원활하게 공급될 수 있는 환경, 다른 하나는 무거워진 습윤 공기를 강제로 상승시켜 비를 내리게 할 수 있는 지형 조건이다. 이 둘을 적절히 혼합하고 있으면 다우지가 될 가능성은 매우 높다. 그렇다면 세계에서 이런 조건이 맞물려 최다우지가 된 곳은 어디일까? 여름철 수해 뉴스에서 빠지지 않고 거론되는 지역, 바로 아삼 지방이다.

아삼 지방은 여름철 열대 몬순(계절풍)이 남서 방향에서 유입하는 지역이다. 앞서 제시한 두 가지 조건에 아삼 지방을 대입해 보자. 적도 부

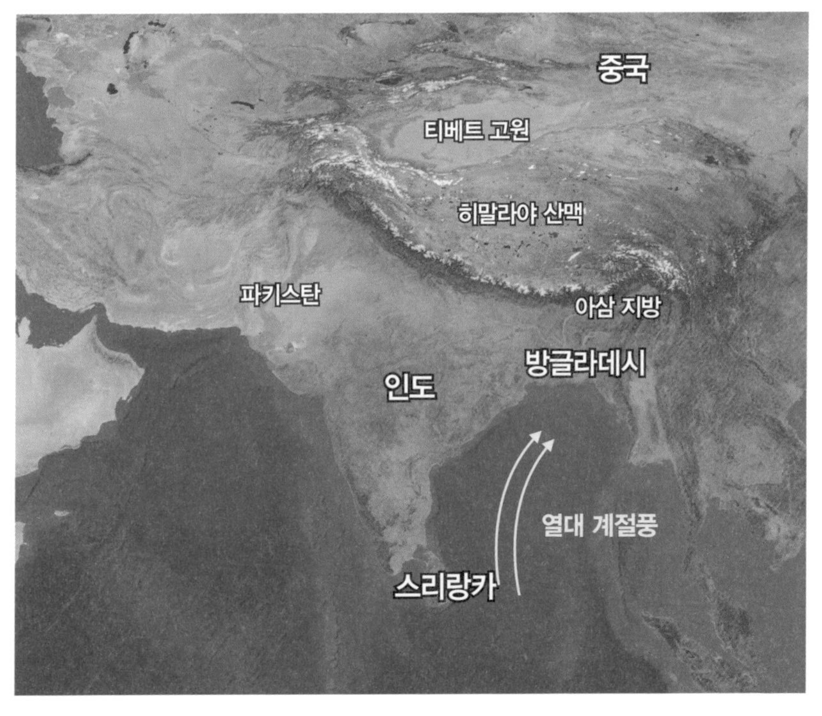

습기를 가득 머금은 계절풍은 히말라야 산맥을 만나 아삼 지방에 엄청난 양의 비를 내리게 된다.

근의 열대 해상에서 만들어진 거대한 양의 비구름이 유입한다는 점으로 볼 때 수분이 원활하게 공급될 수 있는 환경 조건은 충분히 만족스럽다. 다음으로 생각할 것은 아삼 지방의 뒤를 든든하게 받치는 히말라야 산맥이다. 세계의 지붕으로 불리는 8,000m급 고봉이 줄지어 늘어선 히말라야 산맥이 바로 아삼 지방의 배후 산지가 되는 셈이다. 8,000m급 산지를 문지방 드나들 듯 자유롭게 넘어갈 수 있는 구름은 없다. 이 때문에 아삼 지방은 막대한 양의 수증기가 유입되는 여름철이면 홍수로 몸살을 앓는다.

결국 아삼 지방은 히말라야 산맥을 배후 산지로 둔 덕분에 세계 최다우지라는 달갑지 않은 타이틀을 얻게 되었다. 하지만 막대한 강수량이 역으로 아삼 지방의 주요 소득원인 차 재배 및 벼농사를 가능하게 만들어 준다는 점도 생각해 볼 필요는 있다.

산꼭대기 돌기둥의 비밀

: 무등산 주상 절리대의 형성

신이 다듬어 놓은 듯 정교한 모양의 검은 돌기둥이 병풍처럼 펼쳐진 해안, 검은 기둥에 파도가 부딪혀 만들어 내는 하얀 포말…… 아마도 어디선가 한 번쯤 본 듯한 풍경이 아닐까 싶다. 이렇듯 주상 절리가 그려 낸 풍경은 정녕 이곳이 인간의 세상인지 의심하게 만들 정도로 아름답고 웅장하기 그지없다. 그런데 해안에만 있는 줄 알았던 주상 절리가 산꼭대기에 있다면 어떨까? 하얀 파도 대신 두둥실 흰 구름이 걸려 있다면? 무등산 입석대는 산꼭대기에 형성된 주상 절리대로, 우리가 알고 있는 상식을 과감히 깨부수고 있다.

무등산 주상 절리 돌기둥에 기대서서

:『무량수전 배흘림기둥에 기대서서』 오마주

무등산 기슭 입석대(무등산 정상 1,017m 지점에 있는 돌기둥의 무리)의 한낮, 인기척이 끊어진 주변에는 오색 초원이 그림처럼 깔려 초겨울 안개비에 촉촉이 젖고 있다. 여러 단으로 구성된 돌기둥들이 그리움에 지친 듯 나를 반기는데, 그 호젓하고도 웅장한 아름다움은 말로 표현하기가 어려울 정도다. 나는 무등산 입석대 돌기둥에 기대서서 사무치는 고마움으로 이 아름다움의 뜻을 몇 번이고 자문자답했다.

무등산 주상 절리 돌기둥은 중생대에 탄생한 우리나라 유일의 산정 주상 절리다. 다각 기둥과 굵기, 서로의 위치가 갖는 조화로움, 간결하면서도 역학적인 모양새 등은 마치 천지 신공을 받든 석공의 노력으로 탄생한 듯한 느낌을 자아낸다. 돌기둥 하나하나가 갖는 비례의 상쾌함이 이를 데가 없다. 멀찍이서 바라봐도, 가까이서 쓰다듬어 봐도 무등산 주상 절리 돌기둥은 의젓하고도 너그러운 자태이며 근시안적인 신경질이나 거드름이 없다. 주상 절리 돌기둥이 지닌 이러한 지체야말로 자연의 신비가 주는 참멋, 즉 인간이 섣불리 따라 할 수 없는 자연의 경외에 다름 아니다. 무등산 돌기둥에 걸터앉아 먼 곳을 바라보면, 멀리 서해 바다를 시작으로 너른 호남 들판을 거쳐 광주 시내에 시선이

닿는다. 웅장하게 펼쳐진 국토의 파노라마를 감상하노라면 그곳에 기대어 사는 인간의 오만이 모두 부질없음을 느끼게 된다. 그림보다 더 곱게 겹쳐진 자연과 인간의 모자이크는 모두 이 주상 절리 돌기둥을 향해 마련된 듯싶다. 이 대자연 속에 이렇게 아늑하고도 눈 맛이 시원한 시야를 감상했던 한국인, 이 자리를 점지해서 자신의 느낌을 통해 주상 절리 돌기둥을 한층 그윽하게 빛냈던 뛰어난 관찰의 소유자, 그 한국인, 지금 우리의 머릿속에 빙빙 도는 그 큰 이름은, 바로 고경명이다. 다음은 고경명•의 무등산 기행기, 『유서석록(遊瑞石錄)』에서 발췌한 글이다.

> 석양에 입석암(立石庵)에 닿으니 양사기[중국 명(明)나라 전기의 관리]의 시에 이른바 십육봉장사(十六峯藏寺)라는 곳이 여기로구나 싶다. (중략) 암자 뒤에는 괴석이 쭝긋쭝긋 죽 늘어서 있어서 마치 진을 친 병사의 깃발이나 창검과도 같고, 봄에 죽순이 다투어 머리를 내미는 듯도 하며, 그 희고 곱기가 연꽃이 처음 필 때와도 같다. 멀리서 바라보면 벼슬 높은 분이 관을 쓰고 긴 홀(조선 시대에 벼슬아치가 임금을 만날 때에 손에 쥐던 물건)을 들고 공손히 읍하는 모습 같기도 하다. 가까이서 보면 철옹성과도 같은 튼튼한 요새다. 투구 철갑으로 무장한 듯한 그 가운데 특히 하나가 아무런 의지 없이 홀로 솟아 있으니, 이것은 마치 세속을 떠난 선비의 초연한 모습 같기도 하다. 더욱이 알 수 없는 것은 네 모퉁이를 반듯하게 깎고 갈아 층층이 쌓아 올린 품이 마치 석수장이가 먹줄을 튕겨 다듬어서 포

• 조선 중기 선조 때의 문인·의병장. 임진왜란 때 금산싸움에서 왜군과 싸우다가 전사하였다.

개 놓은 듯한 모양이다. 천지개벽의 창세기에 돌이 엉켜 우연히 이렇게도 괴상하게 만들어졌다고나 할까. 신공(神工) 귀장(鬼匠)이 조화를 부려 속임수를 다한 것일까. 누가 구워 냈으며, 누가 지어부어(쇠를 녹여 부어) 만들었는지, 또 누가 갈고 누가 잘라 냈단 말인가.

조선 중기를 살아가던 고경명은 입석대를 바라보면서, 어떠한 연유로 거대한 돌기둥들이 산꼭대기에 있을 수 있는지 깊이 감탄하였다. 과연 그 이유는 무엇일까?

주상 절리는 '柱狀節理'

주상 절리는 우리에게 비교적 친숙한 용어가 되었다. 자연이 빚은 요상한 돌기둥의 모습은 보는 사람에게 신비함을 넘어 경외감을 준다. 엿가락처럼, 때론 국수처럼 줄줄이 엮여 있는 돌기둥은 큰 것에서부터 작은 것까지 규모도 다채롭다. 오랜 세월 강한 비바람을 견뎌 오면서 본래의 모습은 잃었지만 오늘날 우리가 마주하는 주상 절리는 여전히 아름다운 자태를 뽐내고 있다.

지리 수업 시간에 주상 절리라는 단어를 처음 들었을 때 어떠한 느낌이었는지 궁금하다. 현재 우리가 사용하는 지형학 용어 중 상당수는 일본에서 한 번 걸러진 것들이라 단번에 뜻을 짐작하기가 쉽지 않다. 감입 곡류, 해식애, 용식 작용, 하안 단구 등과 같은 용어는 지형의 형성 과정을 포함하고 있는 용어다. 이 때문에 이해가 더욱 어려운 편이라고 할 수 있다. 하지만 한자어라는 점에 착안하여 용어를 음절 단위로 풀어 보면 생각보다 쉽게 이해할 수 있다. 예컨대 주상 절리는 기둥 주(柱), 모양 상(狀), 마디 절(節), 다스릴 이(理)가 합쳐진 용어다. 이를 조합하면 주상 절리라는 단어는 기둥 모양으로 쪼개진 돌을 형상화한 것임을 알 수 있다. 자연에서는 기둥 모양으로 정교하게 다듬어진 돌기둥을 관찰하기 쉽지 않다. 따라서 정과 망치를 이용하여 일일이 다듬은 듯한 인상을 주는 주상 절리는 재미있는 눈요기가 된다.

주상 절리의 본고장, 화산 지형

우리나라에서 주상 절리가 잘 발달한 곳으로는 제주도, 울릉도, 한탄강 유역의 용암 대지 등을 꼽을 수 있는데 이들은 모두 화산 지형이라는 공통점을 지닌다. 하지만 주상 절리가 화산 지형에서만 나타나는 것은 아니다. 앞서 이야기했듯 모양을 형상화한 용어이기 때문에 화산과 관련이 없더라도 모양새만 갖추고 있으면 주상 절리라 부른다. 그럼에도 불구하고 주상 절리가 유독 화산 지형에서 잘 발달하는 데는 그만한 이유가 있다.

지하의 기반암이 녹아 형성된 마그마는 지표로 나오면서 빠르게 식는다. 반 액체 상태인 마그마는 고체가 되는 과정에서 부피가 수축한다. 이때 수축 면의 중심에서 각 꼭짓점의 거리가 동일한 육각형 모양의 절리가 만들어지는데, 이것이 지표에 노출되어 기둥처럼 떨어져 나가면 비로소 주상 절리가 탄생한다. 여기서 주목할 것은 주상 절리의 발달에는 마그마의 급격한 냉각이 필수라는 점이다. 그러기 위해서는 지하에서

1,000℃ 정도로 가열된 마그마가 지표 밖으로 분출되어야 하므로 결국 주상 절리의 발달은 분출암의 대표 주자인 화산암과 관련이 깊다.

현무암의 가장 큰 특징 중 하나인 송송 뚫린 구멍은, 마그마가 식으면서 가스가 빠져나간 흔적이다.

주상 절리의 대다수는 용암이 끈적끈적하지 않아 멀리 이동할 수 있는 현무암질 용암에서 발달한다. 현무암질 용암이 굳으면 현무암이 되므로, 바꿔 이야기하면 현무암이 있는 곳에서 주상 절리의 관찰이 쉽다는 말이 된다. 실제로 우리나라의 대표적인 주상 절리는 현무암을 기반암으로 하는 경우가 많다. 화산 활동을 통해 분출하는 용암에는 안산암질, 조면암질, 유문암질 등과 같이 종류가 다양한데도 유독 현무암질 화산암에서 주상 절리가 잘 발달하는 이유는 무엇일까? 답은 현무암의 유동성에서 찾을 수 있다.

용암은 흐르는 성질을 갖고 있어서 해안이나 인근의 하천에 비교적 쉽게 닿을 수 있다. 용암은 지표 밖으로 분출되는 과정에서도 냉각이 이루어지지만 이처럼 해안이나 하천을 만나면 더욱 빠르게 냉각된다. 따라서 유동성이 큰 현무암질 용암이 물을 만나게 되면 더욱 이상적인 육각형의 주상 절리로 재탄생하곤 한다. 제주도의 해안 폭포나 한탄강 일대의 주상 절리 역시 이런 과정을 거쳐 형성된 것으로 풀이할 수 있다.

그렇다면 우리나라의 모든 주상 절리가 현무암으로 이루어져 있을까? 이 대목에서 지금까지의 상식을 깨는 사례를 하나 만나 보도록 하자. 주상 절리를 산꼭대기에서 선보이는 무등산이 그 주인공이다.

우리나라 최대의 주상 절리대 

제주도 남쪽 해안에는 바다에서 솟아오른 거대한 돌기둥, 곧 주상 절리가 병풍처럼 늘어서서 독특한 해안 풍경을 선사하는 곳이 있습니다. 천연 기념물 제443호로 지정된 '지삿개 바위'가 바로 그곳이에요. 지삿개 바위는 우리나라 최대의 주상 절리대로, 다른 높이의 크고 작은 사각형 또는 육각형 돌기둥 바위들이 1.75km에 이르는 해안을 따라 깎아지른 절벽을 이루고 있죠. 돌기둥 사이로 파도가 부딪쳐 하얀 포말이 부서지는 모습은 말로 다 형용할 수 없을 정도로 아름답고 웅장해요. 특히 파도가 심한 날에는 파도의 높이가 무려 10m 이상 용솟음치는 장관을 연출하죠. 제주도에 가면 잊지 말고 꼭 들러 보세요!

산꼭대기에 웬 주상 절리?

산 정상과 주상 절리는 사뭇 어울리지 않는 한 쌍이다. 그럼에도 불구하고 무등산의 정상 부근에는 단일 규모로는 국내 최대의 주상 절리가 발달해 있다. 게다가 산 정상 부근에서 주상 절리가 발달한 곳도 무등산이 유일하다. 이것을 어떻게 풀이해야 할까?

주상 절리는 주로 지하의 마그마가 지표에 노출되면서 빠른 냉각과 수축을 통해 만들어지며 주로 현무암질 용암에서 잘 발달한다고 했다. 그렇다면 무등산 정상에 나타나는 주상 절리도 화산암과 관련이 있는지, 현무암질 용암인지 살펴볼 필요가 있다.

지금까지 연구된 바에 따르면 무등산의 주상 절리는 약 7,000만 년 전에 탄생하였고, 현무암이 아닌 석영 안산암질로 이루어졌다. 이는 제주도나 한탄강의 주상 절리가 20만 년 정도의 연륜을 지닌 현무암질 용암인 것과 대조적이다. 같은 주상 절리지만 무등산 주상 절리는 이들과 연대와 암질에서 차별적이라는 점을 먼저 기억해 두자.

무등산 일대에서 나타나는 암석은 중생대 백악기(약 8,500만~4,500만 년 전)에 생성되었으며 대부분이 화산암이다. 이 시기 한반도는 일본 열도와 분리되기 이전의 상황이라 유라시아 판과 태평양판의 경계에 놓여 있었다. 이 때문에 현재 한반도의 남부 지방은 화산 활동이 매우 활발했고 그 결과 무등 산지의 대부분이 탄생할 수 있다. 용암의 분출에 따른 주상 절리의 발달을 예측해 볼 수 있는 대목이다.

그런데 여기서 한 가지 의문이 남는다. 1,100m나 되는 무등산 꼭대기에 어떻게 주상 절리가 나타날 수 있느냐는 점이다. 여기에는 두 가지의 추론이 가능하다. 하나는 저지대에서 주상 절리가 형성된 이후 지반의 융기로 인해 고도가 높아졌다는 것이고, 다른 하나는 무등 산지가 형성

무등산 주상 절리의 모습. 무등산은 유네스코 세계 지질공원 인증 후보 중 하나다.

되는 과정에서 현재의 주상 절리를 만든 용암이 꼭대기에 관입된 뒤 주변보다 풍화에 견디는 능력이 탁월하여 산지로 남았다는 추론이다. 이러한 가정을 바탕으로 지리 시간에 공부한 한반도의 형성 과정을 머릿속에 떠올리면서, 산꼭대기 주상 절리의 탄생 비밀에 한 발짝 더 다가서 보자.

가장 높은 주상 절리의 탄생 비밀

지금으로부터 약 1억 년 전인 중생대 백악기에는 한반도 남부 지방에서 거대한 화산 활동이 일어났고, 그 뒤 약 4,500~8,500만 년을 전후한 시점에서 지금의 무등 산지가 탄생했다. 그 당시 무등산 일대는 지표보다 낮은 함몰 지대였을 것으로 추정된다. 그래서인지 이곳은 주변보다 많은 용암이 집적되어 두꺼운 화산층을 이루고 있다.

이렇게 중생대 말기에 형성된 화산암은 지금까지 지속적인 풍화를 받아 왔다. 오늘날 우리에게 화산 지형으로 친숙한 제주도가 약 150만 년 전부터 형성되었다는 점을 놓고 볼 때 무등산은 매우 이른 시기에 형성된 화산임을 짐작할 수 있다. 나이가 많다는 것은 세월의 풍파로부터 자유로울 수 없었음을 의미한다. 제주도의 한라산(1,950m)이 무등산(1,187m)에 비해 고도가 높다는 사실은 어쩌면 당연한 일인지도 모른다. 하지만 세월의 무게를 감안하더라도 주변에 비해 무등산의 고도가 높다는 점은 궁금증을 자아낸다. 지리산 서쪽 호남 지방에서 가장 높은 산이 바로 무등산이기 때문이다.

무등산이 주변에 비해 꽤 높은 이유는 무엇일까? 이쯤에서 한반도의 형성 과정으로 돌아가, 오늘날 한반도에서 비교적 높은 산지로 인식되는 곳들이 어떤 과정을 통해 형성되었는지 따져 볼 필요가 있다. 한반도는 중생대 말 백악기 이후 유라시아 판과 태평양판의 상호 작용, 히말라야 산맥을 탄생시킨 인도와 아시아 대륙의 충돌 등과 같은 지구조 운동에서 완벽히 자유롭지 못한 땅이다. 이때의 충격은 당시 한반도와 붙어 있던 일본 대륙을 밀어내 동해를 만들었고, 이 과정에서 작용한 힘이 오늘날 태백산맥, 함경산맥, 소백산맥 일대를 들어올렸다. 신생대 3기에서 4기에 걸쳐 이루어진 이와 같은 일련의 흐름이 '경동성 요곡 운동'이다. 하지만 여기서 생각할 것이 하나 있는데 이러한 융기의 과정이

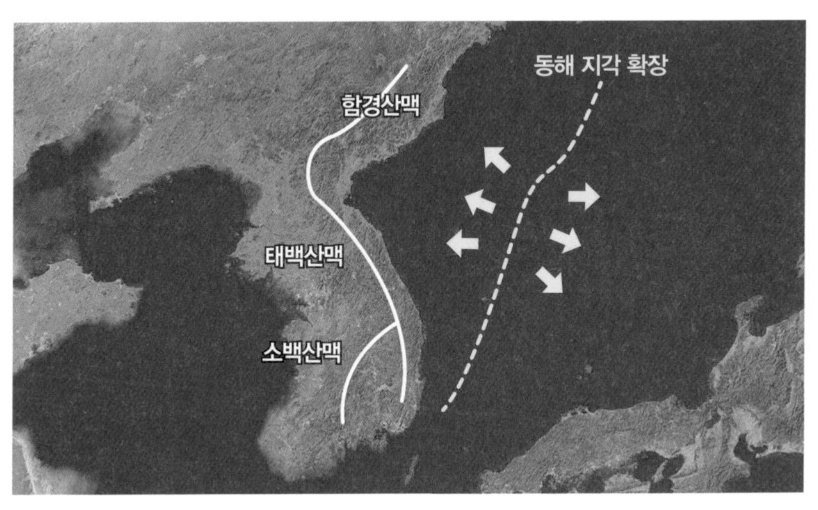

신생대 제3~4기에 있었던 경동성 요곡 운동의 영향으로 한반도의 등뼈라고 불리는 산맥들이 생겨날 수 있었다.

단지 태백산맥이나 소백산맥에 국한되지 않는다는 사실이다.

경동성 요곡 운동 이후로도 한반도는 오늘날까지 지속적으로 융기하는 과정에 있다. 융기 양의 정도 차만 존재할 뿐 모든 땅덩이가 상승하는 추세에 있는 것이다. 그중에서도 태백 산지나 소백 산지 일대는 융기의 중심축에 해당한다. 소백산맥의 지리산(1,915m)과 태백산맥의 설악산(1,708m)이 남한에서 가장 높다는 사실은, 모두 융기의 중심축에 놓여 있다는 방증이다. 그러니 지리 산지와 가까운 남원·구례 일대의 산이 상대적으로 거리가 먼 광주 무등산보다 규모와 고도가 높아야 당연하다. 하지만 실상은 그렇지 않다. 왜 그럴까?

이제 앞서 언급했던 석영 안산암에 주목해 보자. 석영 안산암은 석영과 안산암이 합성된 용어로 석영과 안산암의 성질을 모두 가졌다는 뜻이다. 여기서 문제가 되는 것은 단단하기로는 둘째가라면 서러운 석영이다. 석영은 경도가 차돌과 같기 때문에 이것이 함유된 암석은 풍화에 매우 강한 면모를 지닌다. 무등 산지 일대에 석영 안산암이 혼재되어 있다는 것은 상대적으로 주변에 비해 풍화에 강하다는 뜻이 된다. 이는 주변보다 높은 산지의 형성에 큰 도움을 주었다.

이제 지금까지의 내용을 정리해 보자. 무등 산지가 만들어지던 7,000만 년 전, 풍화에 강한 석영 안산암질 용암이 분출하여 입석대 주변에 관입하였고 주상 절리가 되었다. 그 뒤 무등산 일대의 화산은 수천만 년 동안 풍화를 받아 깎여 왔다. 그러는 와중에 신생대 경동성 요곡 운동을 통해 한반도가 전반적으로 융기하는 과정에서, 이곳은 지리산 일대만큼은 아니지만 비교적 지속적인 융기를 받게 된다. 주변과 융기

입석대 형성 과정

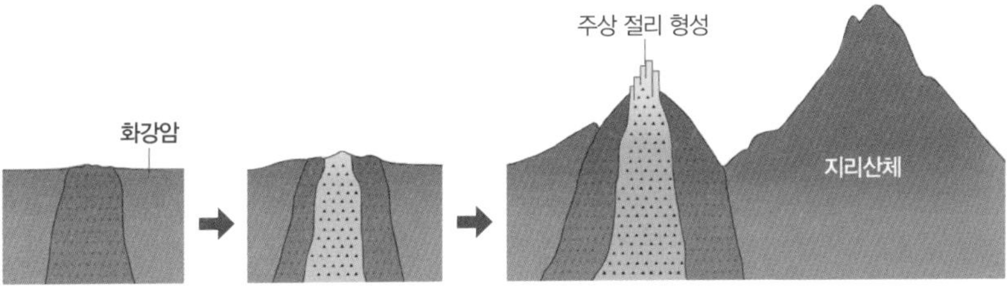

주상 절리 형성

화강암

지리산체

무등산 화산암 분출

석영 안산암질 암맥 관입

융기 후 풍화침식에 의한 해체

량에서 큰 차이가 없었으나, 석영 안산암질 암석은 풍화에 매우 강해 주변보다 높은 고도로 남게 되었다. 요컨대 산꼭대기의 주상 절리는 중생대의 화산 활동과 신생대의 경동성 요곡 운동 그리고 풍화에 강한 암질이 복합적으로 작용하여 만든 합작품이다. 만약 무등산 주상 절리대가 상대적으로 풍화에 약한 현무암질 용암이었다면 지금과 같은 장관을 연출하기는 어려웠을 것이다.

같은 화산암 산지이지만 우린 달라요

마지막으로 비교 지역의 관점에서 무등산과 금오산(976m)의 흥미로운 차이점에 대해 알아보자. 금오산은 무등산과 마찬가지로 중생대 백악기에 기반암을 뚫고 올라온 마그마가 관입하여 만들어진 산이다. 금오산은 무등산보다 소백산맥 융기 축에 가까이 있는데도 해발 고도가 낮다. 그 이유는 구성암질의 차이 때문이라 할 수 있다. 그런데 같은 화산암을 기반으로 하는 지역인데도 더욱 뚜렷하게 대비되는 부분이 있으니, 그건 바로 '식생의 밀도'다. 우리는 산을 분류할 때 산세와 토양이 덮인 상태를 고려하여 토산(土山)과 석산(石山)으로 구분한다. 이런 맥락에서 같은 화산암이지만 무등산은 토산이고 금오산은 석산의 형태를 띤다. 이러한 차이는 위치의 특성을 기반으로 한 '기후'와 관련이 깊다.

지도를 펼쳐 광주광역시 동편에 자리한 무등산을 찾아보자. 무등산은 눈 산행이 유명할 정도로 겨울철에 비교적 많은 눈이 내린다. 서해를 지나온 불안정한 수증기가 무등산에 부딪쳐 자주 강설이 되기 때문이다. 그런데 눈과 산지의 식생 밀도는 무슨 관련이 있을까? 곰곰이 생각해보면 눈처럼 지속적으로 수분을 공급할 수 있는 조건도 드물다. 겨울철의 눈이 봄철까지 지속적으로 융설수(눈 녹은 물)를 흘려보내기 때문에 갈수기에도 꽤 좋은 보습 효과를 누리는 이점이 있다.

반면에 금오산의 위치는 어떠한가? 서쪽으로는 험준한 소백 산지, 동쪽으로는 태백 산지에 가로막혀 있는 고립국 형상이다. 남쪽의 수분을 공급받는 것도 거리가 멀어 매우 어렵다. 따라서 금오산 일대는 무등산과는 달리 겨울철 눈으로 인한 보습 효과를 누릴 수 없다. 이러한 환경적 영향은 식생과 풍화 작용에 영향을 미쳐 석산의 발달을 유도한 것이다.

복잡한 자연의 현상을 단편화된 몇 가지 사실로 설명할 수는 없다. 하지만 이러한 차이를 만든 답을 찾아가는 과정을 통해 지역에 대한 이해는 더욱 선명해진다. 요컨대 비교하고 대조하고 유추하는 과정은, 지역을 이해하는 지리학에서는 매우 중요한 방법이라 할 수 있다.

대관령, 그곳에 가면

: 고위 평탄면이 만든 힐링의 공간

몸과 마음이 아플 때 우리는 여행을 떠난다. 자신을 추스르고 새로운 기운을 얻기 위해 도시를 떠나 자연의 품으로 들어간다. 그리고 그렇게 푸른 산과 맑은 공기, 정다운 새소리를 듣다 보면 다시 현실과 마주할 힘이 솟아오른다. 여러분은 어떠한가? 이번에는 힐링 여행의 대명사로 떠오르고 있는 대관령의 지리적 조건에 대해 알아보자.

지리를 만나는 시간

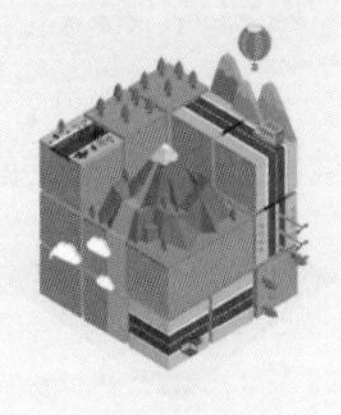

king of 지리

▶프로필 ▶쪽지 ▶친구 신청

카테고리 ▲

- 지리 + 여행
- 지리 + 사회
- 지리 + 역사
- 지리 + 음악
- 지리 + 세계사
- 지리 + 환경
  - 황사
  - 자연환경
  - 인문환경
- 지리 + 리빙
- 지리 + 미술
- 지리 + 맛집
- 지리 + 음식

방문자 통계

오늘 55 전체 410,121

이웃 블로거 ▼

공지 단언컨대 댓글은 당신의 인격, 그 자체입니다.

지리+여행 >대관령

우리나라의 알프스, 대관령

2016년 4월 24일

영화 <The Sound of Music>을 기억하시나요? 알프스 산맥의 푸른 초원과 설경을 배경으로 만들어진 이 영화는 개봉하자마자 전 세계인의 마음을 사로잡았어요. 특히 O.S.T.였던 <Edelweiss>는 아름다운 선율로 영화의 가치를 더욱 높여 주었죠. 전 세상살이가 힘들거나 도시가 지겹게 느껴질 때면, 이 영화를 다시 찾습니다. 얼마나 자주 보았는지 열 손가락으로 세어도 모자랄 정도예요. 그런데 우리나라에도 알프스와 비슷한 자연환경을 가진 곳이 있다는 사실, 알고 있나요? 맞아요! 바로 대관령입니다! 돌아오는 주말에는 대관령에 가서 <Edelweiss>를 들어야겠어요.

댓글 13 | 엮인 글 22

↳ **유럽여행** 4박 5일 일정의 알프스 여행을 저렴한 가격으로 모십니다. 관심 있으신 분들은 010-4163-××××로 연락주세요.

↳ **요들레이효** 쯧쯧. 이런 광고 글은 언제쯤 사라지려나. 그

HOME BLOG PHOTO 방명록

다녀간 블로거 ▲

DJ 빈이
궁궁뀌요미
민서엄마♡
진격의솔로

최근 덧글 ▼

나저나 알프스 여행 가고프다. 요즘 들어 마음이 울적하고 기분도 우울한데, 나도 힐링이 필요하요들레이효~

ㄴ **사진작가** 대관령은 '정말 여기가 우리나라야?' 하는 의문이 생길 정도로 멋지더군요. 양 떼와 거대한 풍차, 넓은 초원…… 다시 가고 싶네요. 강추! 요들레이효님, 굳이 알프스까지 가지 않으셔도 될 듯합니다. 참, 풍차 날개를 손가락으로 잡는 설정 샷을 찍어도 재미있어요.

ㄴ **하이디** 저도 얼마 전에 다녀왔어요~! 옅은 안개가 끼어서 몽환적인 분위기가 나더군요. 안개가 끼나, 비가 오나, 눈이 오나, 바람이 부나~♪ 계절을 막론하고 아름다운 경관을 만끽할 수 있는 대관령! 강추, 아니 원츄합니다!

ㄴ **레골라스** 대관령이 정말 그렇게 멋진가요? 스키 타러 몇 번 들렀지만, 인근의 목장이 그렇게 멋진 줄은 미처 몰랐네요. 다음에 프로도랑 한 번 가 볼게요.

힐링이 필요한 당신, 떠나라!

최근 행복한 공간에 대한 논의가 활발하다. 심리적으로 안정을 주는 공간이 사람을 긍정적으로 변화시킨다는 게 그 이유다. 실제로 회색의 콘크리트 아파트와 직장, 학교에 갇혀 있다 보면 갑갑한 도시 생활에 번민을 느끼기 쉽다. 이때 다음과 같이 상상을 해 보면 어떨까? 통나무로 지어진 집을 나서 아름다운 가로수 길을 걷는다. 멀리 푸른 잔디와 아름드리 낙엽수가 펼쳐져 있고, 그 옆에 담쟁이덩굴로 둘러싸인 르네상스식 건물이 서 있다. 그곳이 바로 나의 일터 또는 학교다. 가까이 다가가자 하얀 털을 가진 큰 개가 컹컹, 꼬리를 흔들며 나를 반긴다. 생각만으로도 행복이 충만해지지 않는가? 이처럼 현대 도시인들은 물질적으로는 윤택한 삶을 누리면서도 마음의 치유, 즉 '힐링(healing)'에 꾸준한 관심을 보이고 있다.

그런 의미에서 '한국의 알프스'라 불리는 대관령은 여러분에게 추천하고 싶은 치유의 공간이다. 파란 하늘과 지평선이 맞닿은 그곳에서는

대관령의 삼양목장 전경.

사시사철 청량한 바람이 여러분의 머리칼을 휘날린다. 대오를 맞춰 늘어선 거대한 풍력 발전기와 목가적 풍경을 자아내는 양 떼, 알프스를 연상시키는 아름다운 설경 등은 그 자체로 생경하다. 대관령에는 이렇게 동화에나 나올 법한 경관이 푸른 초원 위에 펼쳐져 있다. 그렇다면 강원도 여행의 백미로 꼽히는 대관령 경관에는 어떤 지리적 비밀이 숨어 있을까?

STEP 1. 지형 조건

우선 알아 두어야 할 것은 대관령의 해발 고도가 높다는 점이다. 대관령은 예부터 영서 지방과 영동 지방을 연결하는 핵심 고개였다. 이 고개는

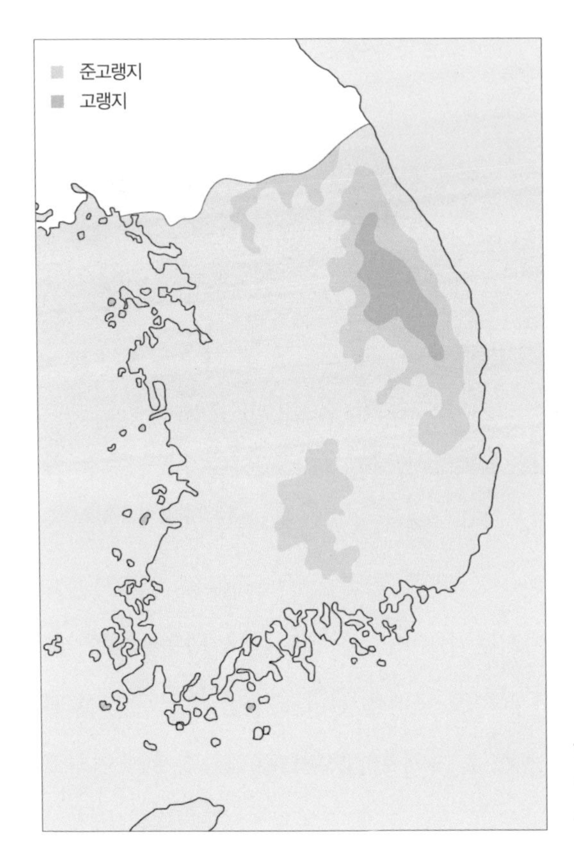

한반도의 고랭지 분포 모습. 고랭지는 지대가 600m 이상 높고 평균적으로 서늘한 곳을 뜻한다.

조선 시대 이전부터 교통량이 상당했으며, 고위 관리에서부터 장사꾼까지 다양한 사람이 대관령을 거쳐 강릉에 이르렀다. 대관령에 올라서면 푸른 동해가 한눈에 내려다보인다는 것도 중요한 매력 포인트다. 송강 정철, 겸재 정선, 단원 김홍도 등은 이러한 매력에 사로잡혀 대관령과 관련된 작품을 남겼다.

대관령의 아름다운 경치는 고위 평탄면이라는 지형적 특징에서 기인하는 바가 크다. 여기서 고위 평탄면(高位平坦面)이란 '높은 곳에 자리한 평평한 땅'을 뜻한다. 그런데 대부분의 산지에 비교적 평평한 땅이 존재하지만, 그러한 곳을 모두 고위 평탄면이라고 부르지는 않는다. 대관령처럼 일정 면적 이상 평탄함이 이어져야만 비로소 고위 평탄면이라는 이름을 얻을 수 있다. 한 가지 더 주의할 점은 평탄면이라고 해서 마치 대패로 나무를 깎아 놓은 것처럼 매끄럽지는 않다는 것이다. 대관령도 기복이 적은 구릉들이 연속적으로 이어서 있다.

우리나라 고위 평탄면의 탄생 과정은 다음과 같이 정리할 수 있다. 한반도는 오랜 세월 동안 침식되면서 평탄화 과정을 거쳤다. 이후 신생대 제3기(약 6,500만 년 전) 이후에 지반이 융기하면서 평탄한 지대가 높은 고도로 솟아올랐다. 현재 태백 산지에 있는 높은 산은 대부분 이 같은 과정을 거쳐 형성되었다. 얼핏 보아도 매우 간단하다. 그런데 여기서 한 가지 의문이 생긴다. 그때 융기한 태백 산지 중에서 왜 유독 대관령 일대만 완만한 고위 평탄면으로 발전한 것일까? 인근의 설악산이 높고 거대한 화강암 암반을 드러낸 것과는 무척 대조적이다. 이를 어떻게 설명해야 할까?

대관령 일대는 대관령에서 진부에 이르는 동서 방향의 구조선과 한강 상류 지역의 하천을 유도하는 남북 구조선이 교차하는 화강암 지역이다. 구조선이 지나는 화강암 지역은 물의 침투가 용이해 쉽게 풍화되는 성향을 지닌다. 이는 오늘날의 대관령 분지, 다시 말해 고위 평탄면이 될 수 있는 간접적 요인으로 작용했다. 설악산 일대도 대관령처럼 화강암으로 이루어져 있지만, 완만해지지 못하고 바위산으로 잔존해 있는 이유는 이러한 간접적 조건을 갖추지 못했기 때문이다. 이렇게 고지대에 자리한 평탄면의 희소성은 독특한 기후 조건으로 이어져 이른바 치유 공간의 기초가 되었다.

STEP 2. 기후 조건

앞서 말했듯 대관령 일대는 해발 고도가 높다. 그리고 해발 고도가 높은 곳에서는 눈과 안개가 흔히 발생한다. 대관령은 어떠한가?

대관령 일대는 겨울철마다 대설 주의보 명단에 빠지지 않고 이름을 올린다. 이는 대관령 동쪽, 즉 영동 지방의 대설과 무관하지 않다. 영동 지방이 다른 지역보다 눈이 많이 내리는 까닭은 해안과 인접해 있는 데다 동쪽의 산지가 서쪽보다 훨씬 가파르기 때문이다. 겨울철에는 만주 동쪽이나 오호츠크 해 주변에서 차가운 고기압이 발달하며, 그로 인해 발생한 습한 북동 기류가 동해안을 찾는다. 그리고 가파른 태백 산지의 동쪽 사면을 따라 강제 상승하면서 눈구름이 된다.

여기서 명확하게 짚고 넘어갈 부분은 대관령이 영동 지방에 속하는가 하는 문제다. 대관령은 태백 산맥의 동쪽 사면에서 20km 정도 떨어진 내륙에 위치한다. 이 정도의 거리면 영동 지방에서 만들어진 눈구름의 영향에서 충분히 벗어날 수도 있다. 하지만 대관령에는 영동 해안 지방 못지않게 많은 눈이 쏟아져 내린다. 그것은 대관령의 지형이 동해상의 공기를 수렴할 수 있는 개방형 분지이기에 가능한 일이다. 즉 앞서 언급한 고위 평탄면이 동서로 개방되어 있다는 얘기다.

대관령은 태백 산지에 비해서 상대적으로 고도가 낮다. 다른 산지가 1,200~1,300m의 높이를 자랑하는 반면, 대관령은 600~800m의 골짜기가 이어져 있다. 따라서 눈구름이든 비구름이든 동서 방향으로 유입하는 기류의 상당수가 대관령을 거치는 일이 빈번하다. 그리고 이러한 구름들은 대관령에서 산안개가 된다. 대관령은 내륙 지역에 위치하여 일교차로 인한 복사 안개의 발생 빈도가 높지만, 산안개의 통과에 따른 안개 일수도 많은 지역이다. 대관령에서는 보통 사흘에 한 번 꼴로 안개가 발생한다.

이에 기상학계에서는 영동 지방인 강릉과 내륙 지방인 대관령의 강설 패턴을 비교·분석하기도 했다. 관련 자료에 따르면 대관령 일대를 통과하는 기압의 강도가 강하면 대관령 쪽에, 약하면 강릉 쪽에 더 많은 눈이 내리는 것으로 알려졌다. 우리는 두 지역의 강설 패턴보다는 강설량에 주목하여 영동 지방과 대관령 모두 다설지에 해당한다는 사실만 이해하면 된다.

2011년 겨울에 내린 엄청난 폭설로 인해 영동 지방이 눈으로 뒤덮인 모습이 선명하다. ⓒ기상청

STEP 1+2. 치유의 경관

지금까지 대관령이 갖는 독특한 지형 및 기후 조건에 대해 설명했다. 이제 남은 것은 이 두 조합이 만들어 낸 치유의 공간으로써 대관령을 살펴보는 일이다. 서두에 언급했던 세 가지 풍경, 초원과 목장과 설경이 '힐링 대관령'을 설명하는 키포인트다.

먼저 드넓은 초원과 목장을 이야기해 보자. 오늘날의 대관령은 대규모 목장이 들어서면서 유명세를 얻기 시작했다. 1972년 세워진 '삼양 목장'은 여의도 면적의 7.5배에 이르는 2,000ha의 대규모 초지대를 자랑한다. 비록 인간이 인위적으로 조성하긴 했지만 그 규모에 있어서만큼은 놀라움을 감추기 어렵다.

물론 인간이 이처럼 높은 산지에 인공 초원을 조성할 수 있었던 것은 대관령이 고위 평탄면이기 때문이다. 하지만 조금 더 구체적으로 따지자면 고위 평탄면은 목장의 터를 제공하였을 뿐 실제로 초본(지상부가 연하고 물기가 많아 목질을 이루지 않는 식물을 통틀어 이르는 말)을 자라게 한 것은 대관령의 기후 조건, 즉 알맞은 습도 조건이다.

대관령의 동쪽 사면에서는 동해 바다의 습한 공기가 산지와 마주치면서 산안개가 빈번히 발생한다. 계절에 상관없이 자주 등장하는 이 안개는 대관령의 습도 조건을 알맞게 유지시키는 기능을 하며, 초본류 식물에게 안성맞춤의 서식 공간을 제공한다. 참고로 연중 습윤한 편서풍의 영향을 받는 영국에서 축구와 테니스가 발달한 이유도 초본의 서식 환경과 밀접한 관련이 있다.

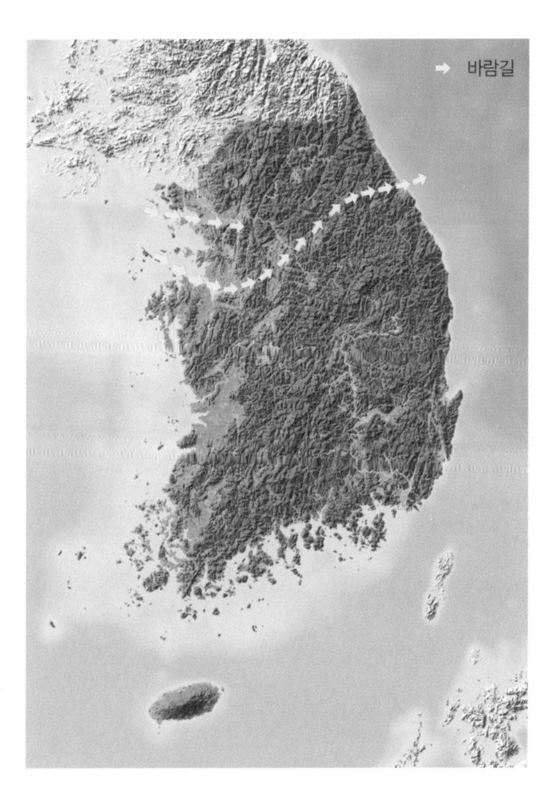

서해에서 유입된 바람이 중부 지방을 지나 동해로 빠져나가는 경로.

다음은 풍력 발전에 관한 이야기다. 대관령의 연평균 풍속은 그 빠르기가 우리나라에서도 손꼽히는 수준이다. 백두대간의 주능선을 따라 배치된 풍차 50여 기(연간 약 25만kw의 전기를 생산)의 위용은 보는 이를 압도한다. 날개를 포함한 풍력 발전기의 높이가 100m에 달하는 것도 대단하지만, 무엇보다도 4~5m/s(순간 최대 25m/s)로 꾸준히 불어오는 바람과의 마찰음이 압권이다.

대관령은 태백 산지 사이에 자리한 좁은 골짜기로써 서쪽이든 동쪽이든 유입된 공기가 빠르게 통과할 수 있는 바람 골에 해당한다. 특히 서풍 계열의 바람이 탁월한데, 그 이유는 기본적으로 중위도에 위치하여 편서풍의 영향을 받는 데다, 겨울철에는 거센 북서 계절풍이 더해지기 때문이다. 또한 수도권에 유입된 바람은 상대적으로 낮은 자리인 여주, 원주, 횡성, 대관령을 통과해 동해상으로 빠져나간다. 그러니 풍력 발전을 하기에는 더할 나위 없이 좋은 조건을 지닌 셈이다.

마지막 키포인트는 설경이다. 대관령은 영동 지방과 더불어 눈이 많이 내리는 지역으로 유명하다. 덧붙여 생각해 볼 점은 2018년 동계 올림픽의 개최지가 대관령(평창군)이라는 것이다. 동계 올림픽 개최지의 선결 조건은 누가 뭐래도 눈이다. 하지만 눈이 많다고 해서 무조건 올림픽 개최지가 될 수는 없다. 한 번 내린 눈이 얼마나 오랫동안 녹지 않고 유지되는가, 넓은 스포츠 시설을 수용할 만한 공간이 있는가도 중요한 문제다. 대관령은 고위 평탄면이라는 독특한 지형 조건을 가져 평지에 비해 기온이 낮다. 그래서 눈이 내리면 잘 녹지 않을뿐더러 충분히 넓은 설원을 제공한다.

요컨대 하늘과 맞닿은 초원, 풍차, 설경이 자아내는 치유의 경관은 대관령의 지형 및 기후 조건이 절묘하게 어우러진 결과다. 최근 가파르게 증가하고 있는 일대의 관광 수요는 대관령의 지역성을 반영한 부산물일 따름이다.

대류권의 청개구리, 역전

: 기온 역전 현상

1952년 12월 4일, 영국 런던에는 앞을 분간할 수 없을 정도로 짙은 스모그가 서서히 깔리기 시작했다. 스모그는 12월 10일까지 계속되어 사건 발생 후 3주 동안 4,000여 명이 죽었고, 그 뒤 만성 폐질환으로 8,000여 명이나 목숨을 잃었다. 당시 영국은 석탄을 연료로 사용했는데, 때마침 나타난 기온 역전 현상으로 연기 속 아황산가스가 지면에 머물면서 런던 시민에게 치명적인 영향을 미친 것이다. 이번에는 기온 역전 현상이란 무엇이며, 우리 삶과 어떤 관계가 있는지 알아보자.

떠올리고 싶지 않은 이야기

: 1952년 12월 9일, 런던에 사는 마이클의 일기

평소 같으면 활짝 기지개를 켜고 맞았을 아침 햇살이지만 요즘은 그럴 생각이 별로 없다. 물론 아침 햇살을 구경한 지도 오래되었다. 아침에 일어나서 제일 먼저 하는 일은 밤새 썼던 마스크를 머리맡의 새것으로 갈아 쓰는 것. 하루 10개 정도의 마스크를 번갈아 가며 닷새 넘게 쓰고 있다. 갑갑하여 벗어던지고 싶은 마음이 굴뚝같지만 내겐 스모그의 경고를 무시할 정도의 배포가 없다.

하얀 마스크를 귀에 걸치고 창가로 가 독가스와 같은 잿빛 안개가 사라졌기를 고대하며 커튼을 열어젖혔다. 어두운 잿빛 스모그로 가득한 거리, 창밖을 바라보며 다시 한 번 절망했다. 정말이지 끝을 알 수 없는 사막 한가운데를 걸어가는 느낌이다. 태어나서 지금까지 꽤 많은 안개를 봐 왔으나 이토록 오랫동안 지속된 적은 없었다. 매일같이 쏟아져 나오는 사망자 속보, 끊임없이 이어지는 장례 행렬에도 이젠 무덤덤할 뿐이다.

창밖을 내다봤다. 대낮인데도 거리를 지나는 사람이 거의 없다. 간혹 사람이 보이기도 하지만 안색이 무척 어둡다. 종종걸음으로 목적지를 향하는 움직임, 우왕좌왕하는 차들, 마스크에 의존한 채 거리를 순찰하는 경찰관 등 평소엔 느낄 수 없었던 불안한 기운이 도처에서 감지되었다. 특히 거리의 사람들은 갑갑한 우리에 갇힌 실험용 쥐처럼 불안에 떠는 모습이 역력했다. 지금 이곳의 바깥 공기는 매우 좋지 않다. 나 또한 그들과 한 도시에 머물고 있지만 실내에 있다는 것만으로도 위로가 될 정도다. 판단하건대 이 순간 런던은 나치의 가스 실험실보다 나을 것이 없어 보인다.

여러 가지 생각들이 머릿속을 어지럽힌다. 도대체 왜 이런 두려운 상황을 맞이해야만 하는가? 우리가 무엇을 잘못했는가? 어린이와 노약자와 병상에 있는 환자들의 죽음을 누가 보상할 수 있는가? 부아가 치밀어 오른다. 어째서 바람 한 점 불지 않는지 그리고 왜 안개는 사라지지 않는지, 신의 저주가 내린 것만 같다. 흔한 바람 한 점이 이렇게 소중하게 다가올 줄은 꿈에도 몰랐다.

언론에서는 이 모든 것이 석탄을 사용했기 때문이라는데, 석탄 없이 어찌 인간이 살아갈 수 있단 말인가? 다시 석기 시대로 돌아가라고? 게다가 석탄 때문이라는 건 말도 안 된다. 지금까지 오랫동안 석탄의 혜택을 누려 왔지만 아무 문제도 없지 않았는가? 밤낮을 가릴 것 없이 집이나 발전소의 굴뚝에서 검은 연기가 분출되었지만 다음 날이면 사라지지 않았던가? 그렇다면 왜 지금만 문제가 되는 것일까? 도대체 왜…….

기온의 일반적인 성질

사람은 기온에 민감하다. 변온 동물처럼 외부의 기온에 따라 체온을 변화시키지는 않지만 환경적으로 주어진 기온에 적응하며 살아간다. 그렇다면 기온을 표현한 우리말에는 어떤 것들이 있을까? 북반구 중위도에 위치해 사계절이 뚜렷하다는 점 때문인지 '춥다, 덥다, 서늘하다, 시원하다' 등 그 수가 제법 많다. 아열대에서부터 냉대에 이르는 기후의 스펙트럼은 기후 요소 중 기온이 가장 크게 작용한 결과다. 물론 강수, 바람, 습도 등 다양한 요인이 복합되어 나타난 대기의 종합 상태를 단순히 기온으로만 설명하기엔 무리가 있다. 그럼에도 불구하고 인류의 생활에서 기온이 차지하는 비중은 상당하다.

그렇다면 기온은 어디서 어떻게 측정할까? 기상청은 지표에서 약 1.5m 높이의 백엽상에서 기온을 측정한다. 지표에서 기온을 측정하지 않는 이유는 지표면이 인류의 호흡 무대가 아니기 때문이다. 게다가 지표면은 복사열의 영향을 직접적으로 받기 때문에 조건이나 장소에 따라 그 값이 다른 경우가 많다.

따지고 보면 지표면과 백엽상의 온도 차는 그다지 크지 않다. 하지만 고도차가 큰 지표면과 산 정상을 비교하면 이야기는 달라진다. 다시 말해 고도가 상승하는 만큼 기온은 점점 낮아지게 된다. 지구를 둘러싼 대기는 지표에서부터 순서대로 대류권·성층권·중간권·열권 이렇게 모두 4개의 층으로 구분된다. 이 가운데 인간에게 '날씨(기상)'라는 선물을 제공하는 것은 대류권뿐이다. 대류권은 지표면에서 높이 약 10km까지로, 고도가 높아짐에 따라 100m당 평균 0.65℃가 낮아진다. 고도의 상승에 따른 기온의 하강은 대류권 내에서 대류 현상을 일으키는 핵심 원인인데 그 결과 구름이 발달하고 구름을 통해 강수가 유발된다. 예컨대 대류권 위 성층권은 대기가 안정되어 있기 때문에 강수 현상이 일어나지 않는다.

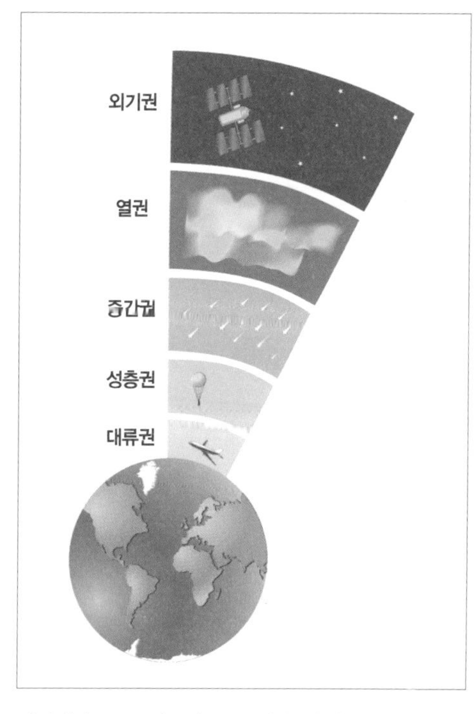

대기권의 구조. 지표면으로부터 높이 올라갈수록 대기의 밀도는 작아지는데 그 이유는 지구의 중력이 약해지기 때문이다.

그렇다면 대류권에서 고도가 상승할수록 기온이 낮아지는 이유는 무엇일까? 파장이 짧은(자외선) 태양 복사 에너지를 받은 지구는 끊임없이 긴 파장(적외선)의 지구 복사 에너지를 내보낸다. 이때 지구로부터 방출된 긴 파장의 에너지는 대기를 구성하는 이산화탄소 등에 흡수되어 이를 가열시킨다. 그런데 지표면과 가까운 곳의 공기는 중력의 영향을 받아 밀도가 높다. 공기 밀도가 높으면 그만큼 많은 양의 지구 복사 에너지를 흡수하게 된다. 따라서 지표면에서부터 고도가 올라갈수록 기온이 낮아지는 것이다. 다시 한 번 기억하자. 일반적으로 고도가 올라갈수록 기온은 낮아져야 정상이다. 그렇지 않으면 비정상이다.

기온이 역전을 한다고?

고도가 올라갈수록 기온은 낮아지는 게 일반적이다. 하지만 고도가 올라갈수록 기온이 낮아지지 않고 올라가는 경우도 종종 발생한다. 이러한 현상을 '기온 역전'이라 부른다. 야구 경기에서 9회 말 투 아웃, 투 스트라이크 스리 볼의 상황이라면 지고 있는 팀은 이 경기를 질 것이라 생각하게 된다. 그런데 간혹 환상적인 역전 홈런이 터지면서 기적과 같은 일이 벌어지기도 한다. 이처럼 역전이라는 말은 '형세가 뒤집힌다는 뜻'으로 운동 경기나 실생활에서 자주 사용된다. 이와 마찬가지로 기온 역전도 고도가 올라갈수록 오히려 기온이 상승하는 현상을 표현하기 위해 만든 용어다. 기온 역전은 지표면과 상층 대기 모두에서 발생할 수 있지만 인간 생활에 영향을 주는 것은 지표면에서뿐이다.

그렇다면 기온은 왜 역전하는 걸까? 이 현상을 제대로 알기 위해선 태양 복사 에너지와 지구 복사 에너지의 차이점을 이해해야 한다. 우선 태양 복사 에너지를 살펴보자. 지구는 태양으로부터 지속적인 복사 에너지를 받는다. 하지만 지구는 자전을 하기 때문에, 특정 지역이 태양과 마주할 수 있는 시간은 낮으로 제한된다. 태양이 활동하는 시간은 둥근 지구의 특성상 한정되어 있는 셈이다.

반면에 지구는 그렇지 않다. 낮 시간은 물론이고 밤에도 계속해서 긴 파장의 복사 에너지를 방출한다. 태양으로부터 공급받은 에너지를 내보내는 역할은 지구의 열적 평형에 매우 큰 도움을 주는 고마운 현상이다. 하지만 밤 시간 동안 지구가 일방적으로 에너지를 내보내면 지표의 기온은 급격히 낮아진다. 이렇게 대기와 지표면이 냉각되는 현상을 '지구 복사에 의한 냉각', 즉 '복사 냉각(radiation cooling)'이라 부른다. 복사 냉각으로 인해 짧은 시간에 지표가 냉각되면 지표 근처의 공기는 그 위의 공기보다 기온이 더욱 낮아지게 된다.

그럼 지표면의 기온이 복사 냉각에 의해 내려가면 반드시 역전 현상이 발생할까? 사실 그렇지는 않다. 만약 바람이 불어서 대류 현상이 일어난다든지 일교차가 심하지 않다면 복사 냉각이 기온 역전 현상으로 연결되지는 않는다. 일반적으로 공기는 차가울수록 밀도가 높아서•, 복사 냉각이 활발히 일어나면 냉각된 고밀도의 공기는 지표면에 단단히

• 이는 '밀도 = 질량/부피'라고 했을 때 기온이 높은 공기는 분자 운동이 활발하여 부피가 커지기 때문에 밀도가 낮아지게 됨을 생각하면 이해가 쉽다.

버티고 있게 된다. 이렇게 복사 냉각으로 대기가 안정되면 공기의 대류 현상이 일어나지 않아 기온 역전 현상이 더욱 심해질 수밖에 없다. 한편 일교차가 큰 봄가을이나 겨울철에도 역전층은 활발하게 발달한다. 일교차가 크면 지표면은 밤에 기온이 급격히 떨어지지만 상층부 대기는 그보다 천천히 떨어지기 때문이다.

분지 지형은 역전의 명수

이제 사고를 좀 더 확장하여 기온 역전 현상이 잘 나타나는 지형 조건에 대해 살펴보자. 앞서 말한 조건을 고려했을 때 이를 잘 만족시키려면 어떠한 형태의 지형이어야 할까? 초등학교 시절부터 귀에 못이 박히도록

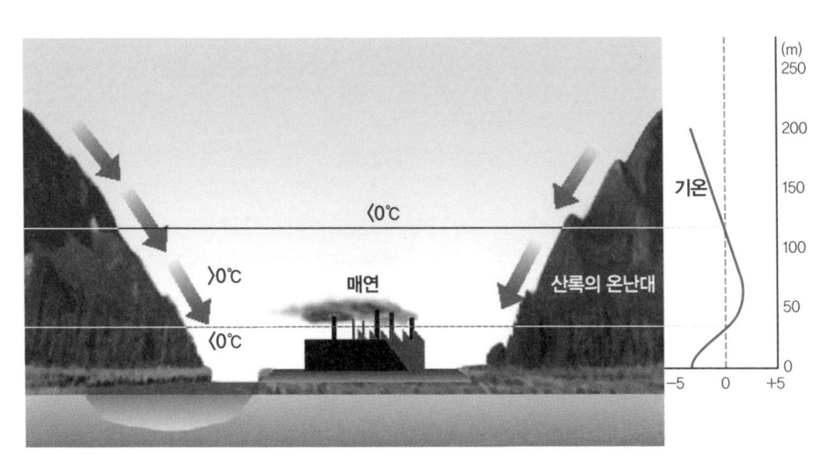

분지나 골짜기 지역의 기온 역전 현상으로 인해 공장의 매연이 찬 공기를 뚫고 나가지 못해 지표에 정체되면서 스모그가 발생한다.

들었던 용어인 '분지'가 떠올랐다면 여러분의 지리적 감수성은 높은 수준이라고 말할 수 있겠다. 기후 현상을 이야기하다가 갑자기 분지라는 지형 용어를 꺼낸 이유는 기후가 지형에 민감하게 반응하기 때문이다. 마치 아기의 조그만 변화에도 엄마는 민감하게 반응하여 알아채는 것처럼 말이다. 분지는 사방이 산으로 둘러싸여 있는 움푹 파인 와지(움푹 패어 웅덩이가 된 땅)다.

여느 지역과 마찬가지로 분지는 낮 시간 동안에는 고도에 따라 정상적인 기온 분포를 보인다. 하지만 중앙이 움푹 파인 독특한 형태로 인해 밤이면 산 정상부의 차가운 공기가 산지 사면을 타고 내려와 분지 바닥으로 모인다. 특히 앞서 말한 조건을 모두 갖춘 경우라면 냉기류의 기세는 하늘을 찌를 것이다. 이런 상황에서 역전층이 발생하지 않기를 바라는 것은 해가 서쪽에서 뜨기를 바라는 것과 같다. 따라서 분지에서는 일교차가 상대적으로 작은 해안이나 평야 지대에 비해 기온 역전이 자주 발생한다.

기온 역전과 인간 생활

이쯤에서 기온이 역전되었으면 되었지, 그게 우리랑 무슨 상관이 있냐고 반문하는 사람이 있을지도 모르겠다. 그렇다면 앞서 강조한 이야기를 떠올려 보자. 고도가 올라감에 따라 기온이 낮아지는 것이 정상이라면 반대는 비정상이다. 기온의 비정상으로 인해 어떤 피해가 발생하게 되는지 지금부터 알아보자.

1952년 스모그에 휩싸인 런던의 모습.

기온 역전 현상이 발생하는 곳을 '역전층'이라 한다. 기온 역전을 만드는 여러 조건을 만족한 상태에서 역전층이 형성되면 공기가 매우 안정되어 쉽게 움직이지 않는다. 역전층의 가장 큰 특징은 공기 간 교류, 즉 대류가 발생하지 않는다는 점이다. 만약 역전층 안에 다량의 오염 물질이 포함되어 있을 경우에는 인간이 그 오염원을 호흡해야 하는 불편한 상황이 발생한다. 자동차 배기가스, 공장 매연 같은 오염원에 대한 근본적인 차단이 없다면 역전층 내의 오염도가 급속히 가속되어 안구나 호흡기 질환을 일으킬 가능성이 크다. 1952년 영국 런던과 1973년 미국 로스앤젤레스에서 발생했던 거대한 스모그 피해는 야간에 형성된 기온 역전 현상이 오염 물질을 역전층 내에 억제시키면서 도시민의 건강을 심각하게 위협했던 대표적인 사례다.

분지의 바닥에서 농사를 짓는 농부에게도 역전층은 외면하고 싶은 불청객이다. 애써 가꾼 농작물이 냉기류의 집적으로 인해 서리 피해를 입게 되기 때문이다. 바람개비 등을 설치하여 대기를 교란시키거나, 역전 층을 피해 산 중턱에 과수원을 만드는 것 등은 기온 역전을 피하기 위한 나름의 자구책인 셈이다. 최근에는 도심의 고층 빌딩으로 둘러싸인 저지대에서도 역전 현상이 나타난다는 사실이 밝혀져 이에 대한 연구가 이루어지고 있다.

★★★★★

역전 현상의 주역, 도시의 빌딩 숲

고층 빌딩은 흔히 '성공의 상징'으로 여겨집니다. 도시가 개발될 때는 늘 고층 빌딩부터 우후죽순처럼 들어서곤 하죠. 하지만 계획 없이 들어선 고층 빌딩이 도심 환경에 악영향을 미친다는 사실을 알고 있나요? 그 대표적인 것이 기온 역전 현상입니다. 거대한 빌딩(200m 내외) 숲이 인공 분지를 만들면 밤새 기온 역전 현상이 일어나 도시민의 쾌적한 삶과 건강을 위협하는 거죠. 한편 기온 역전뿐 아니라 풍속 역전 현상도 큰 문제가 되고 있어요. 북한산 중턱 해발 455m의 순간 최대 풍속이 초속 11.9m이던 날, 서울 강남 한복판에는 태풍급(초속 17m 이상) 강풍이 불었다고 해요.

이처럼 도심 상공의 강한 바람이 빌딩과 빌딩 사이의 좁은 공간을 통과하면서 풍속이 급격하게 높아지는 현상을 '빌딩풍(building wind)'이라 부릅니다. 현재 외국에서는 빌딩을 지을 때 풍해(風害) 영향 평가를 거쳐 건물 높이를 제한한다고 하네요. 이제는 우리도 건물을 높이는 데만 몰두할 게 아니라 높은 건물이 환경에 어떤 영향을 미치는지 관심을 가져야 할 듯합니다.

사고 다발 지역의 불편한 진실, 기온 역전

마지막으로 퀴즈 하나를 풀어 보자. '2006년 서해 대교 29중 추돌 사고, 2009년 진천 49중 추돌 사고, 2010년 충북 청원군 35중 추돌 사고, 2011년 제주 29중 추돌 사고, 2011년 남논산 IC 부근 90중 추돌 사고'의 공통점은 무엇일까? 바로 안개 때문에 발생한 교통사고라는 점이다.

안개는 기온이 이슬점 온도 이하로 내려가면 대기 중의 수증기가 응결해 생긴다. 그리고 지표 부근의 기온 하강은 복사 냉각을 통해 이루어진다. 이 말은 기온 역전 현상이 발생하면 안개의 발생 빈도가 높아짐을 의미한다. 특히 역전층을 메운 오염 물질은 수증기를 응결시키는 응결핵 역할을 하기 때문에 안개가 발생할 수 있는 최적의 환경을 만들어 준다.

기온 역전 현상으로 안개가 발생하면 가시거리가 무척 짧아져 교통사고의 발생률을 높인다. 도로교통공단의 보고서를 살펴보면 친근하게만 느껴졌던 안개가 정말 무섭게 다가온다. 지난 3년간 안개 낀 날의 교통사고는 전체의 0.24%에 불과하지만, 치사율은 11.2명으로 맑은 날보다 3.7배 정도나 높았다. 따라서 기온 역전 현상으로 안개가 자주 발생하는 고속도로의 경우에는 반드시 적절한 대책 마련이 필요하다.

기온의 역전 현상은 운동 경기에서의 역전처럼 짜릿하거나 통쾌하지 않다. 기온에서의 '역전'은 사전적 정의 중 다음이 더욱 어울리는 것 같다. '전세가 뒤집히는' 역전이 아닌, '일이 잘못되어 좋지 않게 벌어져 가는' 역전 말이다.

두 얼굴의 섬, 임자도

: 지리로 풀어 보는 대파 이야기

섬에서 농사를 짓기란 보통 어려운 일이 아니다. 물을 모으기 힘든 데다 염분을 머금은 거센 해풍이 작물에 해를 입히기 때문이다. 하지만 오히려 그러한 지형 조건을 이용해 국내 최고의 특정 작물 생산지로 거듭난 곳이 있다. 바로 대파로 유명한 전라남도 신안군 임자도이다.

지리를 만나는 시간

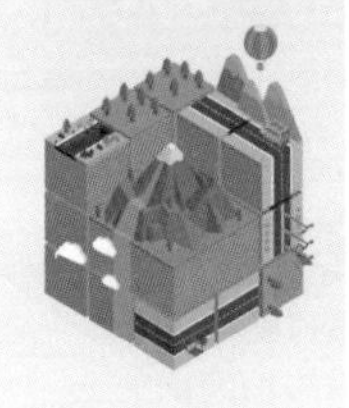

king of 지리

▶프로필 ▶쪽지 ▶친구 신청

카테고리 ▲

- 지리 + 여행
- 지리 + 사회
- 지리 + 역사
- 지리 + 음악
- 지리 + 세계사
- 지리 + 환경
  - 황사
  - 자연환경
  - 인문환경
- 지리 + 리빙
- 지리 + 미술
- 지리 + 맛집
- 지리 + 음식

방문자 통계

오늘 55 전체 410,121

이웃 블로거 ▼

공지 키보드 워리어 접속 금지!

지리+리빙 > 대파

그 섬에 가고 싶다

2016년 4월 24일

거대한 풍차와 원색의 튤립이 이국적인 풍경을 자아내는 곳. 네덜란드의 이야기가 아니다. 전남 신안군 푸른 바다에 위치한 임자도 풍경이다. 지금 임자도는 튤립 천지다. 대광 해수욕장 인근 튤립 공원과 진리 나루터에서 공원까지 7km 길에 심은 300만 송이가 꽃망울을 활짝 터뜨렸다. 빨강, 노랑, 파랑, 보라, 주황 등 색색의 꽃이 바닷바람에 하늘거리며 고운 자태를 뽐내고 있다. 신안군은 19일부터 28일까지 진행되는 튤립 축제와 개화 시기가 딱 들어맞아 10만 명 이상의 관람객이 섬을 찾을 것으로 예상하고 있다……

- 고지리 기자, <살림일보> 2016년 4월 18일자

댓글 11 | 엮인 글 3

↳ **임자♥** 어제 임자도에 다녀왔어요. 우리나라 같지 않던데요? 멋져 부러~!

↳ **패왕현아** 원츄!

↳ **흔한원빈** 저희 집이 전라도 광주인데, 여기서 정말 가깝

HOME BLOG PHOTO 방명록

다녀간 블로거 ▲

DJ 빈이
궁궁귀요미
민서엄마♡
진격의솔로

최근 덧글 ▼

네요. 주말에 한번 들러 볼까나?

ㄴ **임자♥** 꼭 가 보세요~ 백사장이 매우 넓고 무엇보다도 시원한 바람이 계속 불어서 기분이 좋습니다! 예쁜 튤립은 말할 것도 없고요

ㄴ **타이거즈V11** 임자도는 나으 고향이지라잉. 간만에 고향 소식을 들응께 가슴이 벌렁벌렁하는구먼. 임자도는 곳곳이 모래라 동무들허고 놀자믄 그만한 놀이터가 또 없당께. 근디 지금은 튤립이 넘치는가? 원래는 대파나 새우젓, 민어 같은 게 유명한디 말여.

ㄴ **잰털맨 아따,** 고향 좋소! 지는 목포지라~.^^ 반가워 부러요! 아직도 임자도에선 대파가 나지라?

ㄴ **타이거즈V11** 반갑소. 대파가 여전히 나긴 나는디, 중국산에 밀려 예전만 못허요. 겨울에도 대파가 나는 디는 임자도밖에 없는디 말이여라.

ㄴ **요리왕비룡** 임자도 대파 유명하지요. 저희 어머니도 임자도 대파라면 믿고 사십니다. 근데 섬에서 무슨 대파를 그렇게 재배한데요?

ㄴ **타이거즈V11** 그, 글쎄여라. 그냥 옛날부터 먹을라고 키운 거 아닐까 싶소. 흐흐.

임자도 하면 대파, 대파 하면 임자도

장을 보러 나간 주부의 구매 목록에서 절대로 빠질 수 없는 품목이 있다. 바로 대파! 대파는 다양한 음식과 찰떡궁합을 자랑하는 묘한 식재료다. 서걱서걱 입안에서 울리는 시원한 소리와 깔끔한 맛은 대파 사랑을 더욱 부추긴다. 또한 대파는 위장 기능 강화와 불면증 치료, 감기 예방, 항암 치료 등에 있어서 완전식품에 가까운 효능을 자랑한다. 그만큼 우리의 식단에서 대파가 가지는 존재감은 실로 막강하다.

그렇다면 '음식계의 감초' 대파는 주로 어디에서 재배할까? 대파는 우리나라 전역에서 자라지만 겨울철에는 공급량의 상당 부분을 전라남도 신안군의 임자도(荏子島, '들깨가 많이 나는 섬'이라는 뜻)에 의존하고 있다. 사실 임자도는 그다지 인지도가 높은 섬은 아니다. 그러나 요식업에 종사하는 사람 중에서 임자도를 모르는 이는 없다. 대파는 기본이요, 전국 생산량의 절반 이상을 차지하는 새우젓과 쫄깃한 육질을 자랑하는 민어가 특산물로 유명하기 때문이다. 특히 '대파 하면 임자도, 임자도 하면 대파'라는 공식은 이미 성립된 지 오래다. 어떤 분야든 1등을 하는 데에는 그만한 이유가 있는 법인데 임자도의 경우에는 그 이유가 다소 기묘하다. 수사적으로 표현한다면 임자도가 '두 얼굴'을 가지고 있기 때문이랄까?

임자도 대파의 알파, 외해 방향의 모래밭

임자도는 신안군의 수많은 섬 가운데 하나이며 비교적 육지에서 멀리 떨어져 있다. 인접한 지역으로는 광주광역시와 목포시 등이 있고, 신안군 지도읍의 선착장에서 배를 타면 도달할 수 있다. 임자도는 면적이 넓지 않으며 해안선의 총 길이도 60km밖에 되지 않는다. 이렇게 조그마한 섬에 '두 얼굴'이라는 별명을 붙인 이유는 바다를 바라보는 면은 온통 모래, 육지를 바라보는 면은 온통 갯벌로 이루어져 있기 때문이다. 항공사진을 살펴보면 정말 거짓말처럼 섬의 좌우 모습이 다르다는 사실을 알 수 있다.

먼저 바다를 향해 있는 임자도의 외해 쪽 얼굴을 들여다보자. 이곳은 흔한 말로 스펙이 화려하다. 국내 최장 길이의 사빈(모래사장)과 사구(모래언덕)가 발달해 있다. 7km에 달하는 사빈의 모습은 우리나라에서 쉽게 볼 수 있는 경관이 아니다. 백사장으로 유명한 충남 대천(3.5km)이나 강릉 경포(1.8km), 부산 해운대(1.5km)의 해안을 모두 합해야 임자도에 이른다. 길이뿐만이 아니다. 임자도는 군데군데 솟아 있는 야트막한 봉우리를 제외하면 대부분의 땅이 모래밭이다. 이토록 많은 모래는 도대체 어디서 나온 걸까?

일반적으로 해안에 쌓이는 물질은 공급처와 긴밀한 관계를 지닌다. 콩 심은 데 콩 나고, 팥 심은 데 팥 나듯 공급처의 성질에 따라 해안에 쌓이는 물질이 제각각이다. 모래가 많으면 모래 해안, 점토가 많으면 점토 해안, 자갈이 많으면 몽돌(모가 나지 않고 둥근 돌) 해안이 된다. 같은 맥락에서 임자도의 거대한 사빈과 사구는 상당한 규모의 모래 공급처를 연상케 한다. 하지만 임자도의 지도를 살펴보면 모래를 공급할 만한 곳이 전무하다. 대개 해안의 모래는 큰 하천을 따라 육지에서 유입되는데, 임자도는 섬일 뿐만 아니라 큰 하천도 존재하지 않는다. 또 다른 가능성은 임자도 자체에서 모래를 공급하는 것이다. 그러나 임자도의 기반암은 모래와 무관한 성질을 지닌다. 풍화되어 모래를 내어놓는 암석은 화강암인데, 임자도의 기반암은 중생대 백악기의 화산암과 퇴적암류가 주를 이루어 잘게 쪼개져도 모래가 되지 못한다. 여러 가지 가능성을 두고 보아도 시원한 답을 찾기 어렵다. 사건이 오리무중에 빠질 때면 발생 현장으로 돌아가라고 했던가? 임자도의 현재 모습에서 단서를 찾을 수 없다면 그 탄생 과정으로 회귀할 수밖에 없다.

그 많은 모래는 여기서 왔다

임자도는 서해에 있다. 서해는 지금보다 해수면이 140m 정도 낮았던 지

임자도 일대의 위성사진을 보면 외해에는 모래사장이, 내해에는 갯벌이 발달한 것을 확인할 수 있다.

난 빙기, 즉 약 7만 년 전부터 1만 년 전 사이에는 육지였다. 그러던 곳이 후빙기에 이르러 해수면이 상승하면서 바다가 되었고 일부 산봉우리는 섬으로 남았다. 임자도도 이렇게 만들어진 섬 가운데 하나다. 이쯤에서 앞선 의문으로 돌아가자. 현재의 임자도에는 모래 공급처가 없다. 하지만 임자도는 지난 빙기에 육지였다. 그 당시 주변을 흐르던 하천이 모래를 쌓았거나 또는 화강암질 기반에서 모래를 공급해 놓았다면? 후빙기에 해수면이 상승하면서 지금과 같은 모습을 만들었을 가능성이 높다. 임자도에 뿌려진 거대한 사빈과 사구가 오늘과 다른 시공간에서 비롯되었다는 사실은 묘한 호기심을 자극한다.

우리는 여기서 한 가지 의문을 가질 수 있다. 임자도의 모래가 빙하기 때 만들어진 것이라면 그 일대에도 사빈과 사구가 제법 발달해야 하는데 그 규모가 임자도에 비해서 매우 작다. 대체 이유가 뭘까? 정답은 임자도의 위치적 특성에 숨겨져 있다. 임자도는 서해와 직접 마주하고 있어서 서풍 계열의 바람이 탁월하다. 드센 서풍은 강한 파랑(큰 물결과 잔물결)을 만들고, 파랑이 주도하는 해안은 모래와 같이 굵은 퇴적 물질을 해안에 배치하는 특징을 지닌다. 야구 경기에서 1루나 3루석 중간 지점에 앉으면 파울볼을 잡을 수 있는 확률이 늘어나는 것과 마찬가지다. 게다가 임자도의 생김새 역시 야구 글러브와 비슷하다. 글러브 모양의 임자도를 향해, 강한 서풍이 건조한 모래를 투구하는 모양이랄까? 가히 '모래 끈끈이주걱'이라 불러도 손색이 없을 정도다. 요컨대 지난 빙기의 환경 조건과 오늘날의 위치 및 지형 조건은 임자도 모래밭을 일군 일등 공신이라 할 수 있다.

임자도 대파의 오메가, 내해 쪽의 얼굴

이제 반대편의 모양도 살펴보자. 임자도 북쪽이 강한 해풍과 모래 투구를 온몸으로 받아 내는 남성의 모습이라면, 반대편은 잔잔하고 부드러운 여성의 모습을 지닌다. 신안군에 속한 섬들은 대부분 가까운 곳에 옹기종기 모여 있다. 짐짓 서해에서 밀려오는 강한 파랑을 이겨 내기 위해 서로를 부둥켜안은 형국인데 그 사이마다 너른 갯벌이 발달해 있다. 임자도의 동쪽은 이런 내해를 바라보고 있으며 강한 바람과 파랑을 피한 그늘 지역에 해당한다.

파랑이 주도하지 않는 지역에서 영향력을 발휘할 수 있는 것은 조류다. 조류는 육지에서 공급되는 점토질을 안쪽 깊숙한 곳에 재배치한다.

서해라는 거대한 웅덩이에 물이 차올랐다가 서서히 빠져나갈 때 상대적으로 크기와 무게가 작은 점토질이 잔잔한 내해나 만에 쌓이는 것이다. 임자도의 동쪽은 바로 그런 자리에 해당한다. 파랑의 힘으로부터 한 발짝 떨어져 있으며 조수 간만의 차가 큰 조건을 지녔기에 고운 점토로 구성된 갯벌의 발달이 두드러진다. 이렇듯 조그만 섬에 연출된 상반된 풍광은 무척 흥미로우면서도 경이적이다. 이제 자연이 빚은 예술 작품 임자도의 두 얼굴을 조합하여 '대파 섬'의 지리적 비밀을 풀어 보자.

대파 대신 튤립? ★★★★★

신안군은 2007년부터 임자도에서 '신안 튤립 축제'를 열고 있어요. 축제를 찾은 관광객들은 13만㎢에 이르는 거대한 튤립 단지를 말, 우마차, 보도 등을 통해 관람할 수 있죠. 그런데 임자도에 튤립 축제 단지가 조성된 이유 또한 그 지역의 자연환경과 무관하지 않다고 합니다.

국내산 대파의 생산량이 증가하고 중국산 대파가 무더기로 수입되자 임자도산 대파의 가격 경쟁력이 떨어진다고 판단한 자치 단체는 대파 대신 튤립을 심기로 결정했어요. 튤립은 배수 환경이 중요한 데다 겨울철 평균 기온이 섭씨 5도 이상인 곳에서 잘 자라거든요. 어떤가요? 따스한 남쪽 바다의 임자도가 튤립 재배에 제격 아닌가요? 게다가 서쪽 바다에서 불어오는 해풍은 바이러스 매개체인 진딧물을 차단하여 튤립의 성장에 큰 도움을 주었습니다. 덕분에 지금은 축제가 열리는 열흘 동안 섬 전체 인구(약 3,800명)의 25배가 넘는 10만여 명이 임자도를 찾는다고 해요.

모래와 갯벌이 빚은 대파의 천국

대파는 밥상에 자주 오르는 상추, 깻잎, 고추 등과 더불어 아무 곳에서나 쉽게 자라는 작물로 인식되곤 한다. 물론 아주 틀린 말은 아니지만 한 가지 조건에서만큼은 까다롭다. 바로 배수다. 집에서 대파를 키우는 행운을 누려 본 사람은 알 것이다. 대파를 심으려면 화단에 굵은 모래와 유기 물질이 풍부한 어두운 빛의 흙을 잘 배합해야 한다는 사실을. 대파의 생육에는 물 빠짐이 좋은 모래 성분 토양이 필수적이다. 만약 여의치 않다면 물이 빠질 수 있게 고랑을 파는 인위적 간섭이 필요하다. 특히 일교차가 심한 봄철에 배수가 원활하지 않으면 뿌리가 약한 대파는 손상될 확률이 높다. 우리나라에서 비가 적게 내리는 5월에 대파를 심는 이유도 이러한 성질과 무관하지 않다.

그렇다면 임자도의 두 얼굴이 대파에 미친 영향은 무엇인가? 지금까지 설명했듯이 임자도에는 거대한 모래밭과 갯벌이 공존한다. 지속적으로 불어오는 서풍은 임자도에 모래밭을 두루 만들어 놓았다. 그리고 반대편에는 영양 염류가 풍부한 갯벌이 숨을 쉬고 있다. 물 빠짐이 훌륭한 모래밭에 영양이 가득한 갯벌을 한 아름 얹어 비옥한 밭을 일궈 낸다면? 대파를 위한 최고의 러브 하우스가 만들어질 수 있다. 상반된 환경의 조합은 임자도를 전국 최대의 대파 생산지로 탈바꿈시켰다. 현재 조성되어 있는 1,000ha의 대파밭은 임자도만이 꿈꿀 수 있는 놀라운 경관이다.

All that Seok Ho

: 석호의 형성 과정과 특징

관동 팔경의 하나인 경포대에서는 다섯 개의 달을 볼 수 있다는 낭만적인 이야기가 전해 내려온다. 하늘에 떠 있는 달, 경포호에 비친 달, 바다에 비친 달, 술잔 속의 달 그리고 임의 눈동자에 반짝이는 달이 그것이다. 경포대 하면 대부분 바다를 떠올리지만 사실 경포대는 경포호 주변에 있는 누각 가운데 하나다. 그렇다면 누각에 앉아서 바다와 호수의 달을 동시에 보는 일이 어떻게 가능할까? 강원도 강릉에 있는 호수 경포호를 여행하며 석호의 형성 과정과 특징에 대해 살펴보자.

강릉 선교장 문화 해설사와 학생의 대화

해설사 : 학생 여러분, 반갑습니다. 저는 선교장을 소개할 문화 해설사 홍길동이라고 합니다. (짝짝짝~) 먼저 '솔 향의 도시' 강릉을 찾아 주신 점, 깊이 감사드립니다. 저는 강릉에서 나고 자란 50년 토박이로, 강릉 주민으로서 깊은 애향심을 지니고 있습니다. 먼저 여러분에게 질문할 것이 있어요. 혹시 강릉 하면 어떤 이미지가 떠오르나요? 누가 대답해 볼 사람 있습니까? (정적) 자, 너무 부끄러워 마시고 그냥 생각나는 대로 편안하게 얘기해 보세요. 대답할 사람? (계속 정적) 좋습니다. 저도 한두 번 장사하는 게 아니니까. (웃음) 대답하는 분께 선교장 사진이 있는 예쁜 엽서를 드리겠습니다!

학생 1 : (해설사의 말이 끝나기 무섭게) 저요!

해설사 : 네, 바로 한 학생이 손을 들어 주네요. (웃음) 어떤 이미지가 떠오르나요?

학생 1 : 이미지라기보다는…… 그게…… 초당 순두부가 떠오릅니다. (주변 야유)

해설사 : (웃음) 네, 틀린 말이 절대 아니죠. 지역 이미지라는 게 별거 있나요? 그냥 그 지역 하면 딱 떠오르는 느낌이죠. 답변 고맙습니다.

학생 2 : 저요! 저는 경포대 해수욕장이 떠오릅니다.

학생 3 : 저는 무장 공비, 태풍 매미, 석호, 단오제요.

해설사 : 갑자기 이야기가 봇물처럼 터지네요. (웃음) 여러분이 이야기한 것들이 모두 강릉을 직간접적으로 설명하는 좋은 사례예요. 헌데 아까 특히 흥미로운 단어들이 나왔어요. 잠시 확인하고 넘어갈게요. 무장 공비를 비롯해 여러 단어를 이야기한 사람이 누구죠? (뒤에서 손을 든다) 네, 거기 학생. 각각의 이미지에 대한 설명을 부탁해도 될까요?

학생 3 : 네. 제 부모님 고향이 강릉이에요. 그래서 어렸을 적부터 이래저래 많이 주워들었습니다. 무장 공비가 잠수함을 타고 강릉 앞바다에 와 습격했던 적이 있다는 이야기를 들었고, 태풍 매미가 왔을 때 비가 엄청나게 많이 내려서 강릉이 초토화된 적이 있다고 들었습니다. 그리고 경포호가 석호라는 것은 지리 수업을 통해 알고 있었고, 단오제에 맞춰 강릉을 방문한 적도 여러 번 있습니다.

해설사 : 해설사인 저보다 강릉에 대해 자세히 알고 있군요. 대단합니다. 모두

저 친구에게 박수 한번 부탁드릴게요. (짝짝짝) 네. 어떤 것이든 해당 지역의 정보를 많이 알고 있으면 그 지역을 이해하는 데 큰 도움이 되죠. 무엇보다 제가 지금부터 소개할 선교장과 직접적으로 관련이 있는 개념을 저 학생이 이야기해 주었습니다. 바로 석호(潟湖)! 여기서 보이지도 않는 경포호가 불과 100년 전만 해도 집 앞에 있었다는 사실! 믿어지시나요? 여러분이 서 있는 선교장은 예전에는 배다리(작은 배를 한 줄로 여러 척 띄워 놓고 그 위에 널판을 건너질러 깐 다리)를 건너야 진입할 수 있는 고택이었거든요. (웅성웅성) 지금부터 선교장과 석호가 어떤 관련이 있는지 그 이야기를 하고자 합니다!

송강이 극찬한 경포호는 바로 석호!

우개지륜(새의 깃털로 덮개를 꾸민, 신선이 타는 수레)을 타고 경포로 내려가니,

십 리나 뻗쳐 있는 얼음같이 흰 비단을 다리고 다시 다린 것 같은,

맑고 잔잔한 호수 물이 큰 소나무 숲으로 둘러싼 속에 한껏 펼쳐져 있으니,

물결도 잔잔하기도 잔잔하여 물속 모래알까지도 헤아릴 만하구나.

한 척의 배를 띄워 호수를 건너 정자 위로 올라가니,

강문교 넘은 곁에 동해가 거기로구나.

조용하구나 경포의 기상이여, 넓고 아득하구나 저 동해의 경계여.

이곳보다 아름다운 경치를 갖춘 곳이 또 어디 있단 말인가?

– 정철, 「관동별곡」에서

'가사(歌辭) 문학의 백미'이자, 서포 김만중(1637~1692)이 「사미인곡」·「속미인곡」과 더불어 '참된 문장'이라고 극찬한 작품이 무엇인지 알고 있는가? 교과서에도 나오는 송강 정철(1536~1593)의 「관동별곡(關東別曲)」

이 그것이다. 「관동별곡」은 '대관령 동쪽 지방을 묘사한 우리 가요'라는 뜻으로, 송강의 빼어난 글솜씨를 유감없이 보여 주는 명작이다. 1580년, 나이 마흔다섯에 관찰사로 파견되어 강원도에 머문 1년은 송강에게 깊은 영감을 주었다. 이러한 영감은 수려한 강원도의 풍광과 어우러져 「관동별곡」의 유려한 문장으로 탄생하였다.

「관동별곡」에서 송강이 단연 극찬한 곳은 바로 경포호다. 내용을 살펴보면 그 당시 송강이 받은 느낌은 자연만이 줄 수 있는 극한의 경외나 다름없다. 특히 현재의 지리적 시선으로 볼 때도 전혀 무리가 없다는 점이 정말 놀랍다. 오히려 그 당시 경포호의 분위기와 지형 조건을 생생하게 묘사해 일종의 답사기로써의 가치를 지닐 정도로 실증적이다. 어떤 면에서 그러할까?

먼저 "물결도 잔잔하기도 잔잔하여 물속 모래알까지도 헤아릴 만하구나."라는 대목을 보자. 이 문장은 경포호로 유입되는 하천이 모래 물질을 많이 공급하고 있음을 알려 준다. 모래 물질은 어느 하천에나 존재한다고 생각할지 모르나, 그렇지 않다. 송강이 굳이 모래를 언급한 이유는 그 양이 많았기 때문이다. 이처럼 호수에 많은 양의 모래 물질이 유입되기 위해서는 주변 기반암이 화강암이어야 한다. 따라서 이 문장 하나만으로도 경포호 배후 산지의 기반암이 화강암이라는 사실을 생각할 수 있으며 실제로도 그러하다.

"한 척의 배를 띄워 호수를 건너 정자 위로 올라가니, 강문교 넘은 곁에 동해가 거기로구나."라는 대목에선 지형학 용어 '사주(沙柱)'를 읽어 낼 수 있다. 강문교는 경포호의 담수와 동해 바다의 염수가 만나는 호수

경포호의 위치와 전경.

입구에 놓인 다리다. 그 당시 송강은 호수를 가로질러 당도한 경포대에서 강문교와 동해를 조망했다. 이 대목이 주는 지리적 의미는 다음 문장에 언급되는 '조용하고 아득한 경포의 고즈넉함'에서 찾을 수 있다. 맹렬한 파도가 들이치는 바닷가 지척의 호수가 자유로울 수 있음은, 바로 사주가 바다를 가로막고 있어서 가능한 일이기 때문이다. 이즈음 '석호'라는 용어가 여러분의 머릿속에 살포시 떠올랐을 것이다. 그렇다면 송강이 감탄해 마지않았던 경포호는 어떠한 출생의 비밀을 가지고 있을까? 지금부터 차근차근 살펴보자.

석호 탄생의 비밀

'석호'는 이름 그대로 풀이하면 바닥에 '거무스름하고 미끈미끈한 고운 흙이 깔린 호수'를 뜻한다. 하지만 지형학적 의미에서 '석호'를 사용할 경우엔 복잡한 형성 과정을 내포하는 용어로 둔갑한다. 두 음절의 단어에는 '해수면 변동에 따른 환경 변화, 배후 산지와 하천의 물질 공급 양상, 해안 연안류에 따른 물질 이동' 등 복잡한 의미가 담겨 있기 때문이다.

지금으로부터 약 2만 년 전에 있었던 빙하기에는 해수면의 높이가 현재보다 100m 정도 낮았다. 저위도에서 고위도로 이동한 수증기가 얼음이 된 뒤 다시 저위도로 내려오지 못하면서 빚어진 현상이다. 하지만 이후 간빙기를 맞아 고위도로 올라갔던 수증기가 다시 저위도로 유입되어

석호 생성 과정

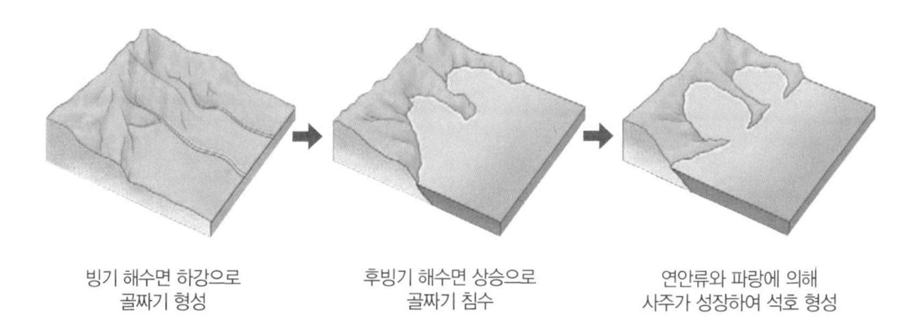

빙기 해수면 하강으로
골짜기 형성

후빙기 해수면 상승으로
골짜기 침수

연안류와 파랑에 의해
사주가 성장하여 석호 형성

세계적으로 해수면이 상승하였다.

약 5,000~6,000년 전, 해수면이 최고조에 이르자 빙하기 때 깊은 계곡을 이루던 지역에 바닷물이 유입되면서 '만(灣)'이 형성되었다. 만은 '바다가 육지 쪽으로 파고 들어온 형상을 한 곳'으로, 파랑으로부터 안전하여 침식보다는 퇴적 작용이 우세하게 일어난다. 만약 '만'의 상태에서 아무런 변화가 일어나지 않는다면 계속 그냥 '만'으로 남게 된다. 하지만 뭔가 변화가 일어나면 사정은 달라진다.

석호는 만과 바다가 분리되어 형성된 호수다. 만과 바다가 분리되기 위해서는 만의 입구를 막는 작업이 필요하다. 토목 기술이 발달한 오늘날에는 거대한 방조제를 쌓아 일부러 호수를 만들 수도 있지만 자연 상태에서는 그런 상황이 연출되기 어렵다. 그럼에도 불구하고 만의 입구를 막을 수 있는 조건을 갖춘 곳에서는 석호의 발달이 두드러진다. 만이 형성된 이후 석호가 탄생하느냐, 아니면 그대로 만으로 남느냐는 어떤 지형 조건과 관련이 있을까?

석호가 형성되려면 먼저 해수가 유입된 만이 바다와 분리되어야 한다. 자연 상태에서 만과 바다가 분리되기 위해서는 입구를 막아 줄 '대규모 물질 공급'이 반드시 필요하다. 해안에 공급되는 물질의 대부분은 배후 산지에서 비롯되어 하천을 거쳐 바다로 유입한 것이다. 이 때문에 배후 산지의 조건이 어떤가에 따라 물질 공급의 양상이 달라진다고 할 수 있다. 자식이 부모의 유전 형질을 물려받듯, 바다도 배후 산지의 물질을 고스란히 물려받는다는 소리다.

경포호가 만들어진 주변 배후 산지의 지질은 중생대 쥐라기 때 만들어진 대보화강암이 주를 이룬다. 화강암은 땅속 깊은 곳에서 마그마가 식어 만들어진 암석이다. 하지만 오랜 풍화와 침식으로 지표에 노출되면서부터는, 열과 압력에서 해방되어 부피가 팽창하며 쉽게 갈라지고 부서지는 특징이 있다. 화강암이 풍화되면 그것을 구성하던 조암 광물이 떨어져 나와 석영(흰색), 흑운모(검은색), 장석(황색)으로 분리된다.

하천을 따라 내려온 모래는 해안의 연안류에 몸을 싣고 이동하다가 파도의 에너지가 잔잔한 만이나 하구에 퇴적된다. 이들이 만에 쌓이면 '사빈(모래사장)'이, 하구부터 쌓이면 육지의 한쪽 끝에서 입구를 좁혀 들어가는 '사취'가 되는 것이다. 특히 연안류가 북에서 남으로 이동하는 동해안에는 사취가 많은 편이다. 이것들이 비약적으로 성장해 바다와 만을 거의 분리할 정도의 사주가 되면 비로소 석호가 탄생한다. 석호의 과거는 이처럼 복잡하기 그지없다. 배후 산지, 해수면 변동, 연안류가 맞물려 탄생한 호수이기 때문이다.

석호로 유입하는 하천의 규모, 클까 작을까?

★★★★★

석호에 대해 한 가지만 더 짚고 갈까요? 지도에서 동해안의 석호를 살펴보면 그곳으로 유입하는 하천의 규모가 생각보다 작다는 사실을 알 수 있습니다. 사실 석호가 만들어지는 데에는 하천의 규모나 해수면 안정이라는 조건이 큰 영향을 미칩니다. 만과 바다가 분리되어 석호가 형성된 뒤 이것이 유지되기 위해서는 퇴적이 활발하지 않은 환경이 유리하기 때문이죠. 따라서 물질의 공급이 적은 소규모 하천에서 석호의 잔존이 두드러지게 나타납니다.

이와 더불어 여러분이 반드시 기억해야 할 점은, 만의 형성은 하루아침에 일어나지 않는다는 사실이에요. 지금과 같은 시형이 형성되기까지는 우리가 상상하기조차 힘든 지질학적 시대가 맞물려 있음을 꼭 알아 두었으면 합니다.

경포호로 살펴보는 석호의 이모저모

이제 석호가 지닌 다양한 특징들을 살피기 위해 강릉의 고택 선교장으로 이동해 보자. 선교장은 조선 후기 관동 지방 최대의 부호로 일컬어지는 전주 이씨 집안의 호화로운 저택이다. '선교장(船橋莊)'은 한자 그대로 '배다리를 놓아 호수를 건넌다'는 의미를 지닌다. 여기서 호수는 지금의 경포호를 의미하는 것으로, 경포호 지척에 선교장이 있었음을 짐작할 수 있다. 작은 배를 한 줄로 이어 놓고 그 위를 건너 집에 들어갔다고 하니, 당시 선교장의 모습은 한 폭의 그림과도 같았을 것이다. 하지만 지금의 선교장에선 배다리는 고사하고 경포호조차 관찰할 수 없다. 빠른 걸음으로 30분은 족히 걸어야 만날 수 있을 정도로 멀리 있기 때문이다. 경포호는 왜 선교장으로부터 멀어져 간 것일까?

약 100년 전에 발간된 일제 강점기의 지형도와 오늘날의 지형도를 비교하면 경포호수의 면적이 절반 가까이 줄어 있음을 알 수 있다. 대체

경포호 인근에 입지한 선교장은 중요민속문화재 제5호로 지정되어 있다.

로 석호가 형성되면 석호로 유입하는 하천의 물질 공급으로 인해 면적이 줄어드는 경향이 나타난다. 큰 하천이 유입하는 경우에는 물질의 공급이 더욱 활발하게 일어나 오늘날 석호로 남아 있지 않은 호수도 많다. 그럼에도 불구하고 경포호의 면적이 축소된 데에 빼놓을 수 없는 원인이 있다면 바로 '인간의 간섭'이다. 근대화의 과정에서 경포호를 매립해 농경지와 도시 개발 용지로 사용했기 때문이다. 특히 1966년, 경포호로 유입하던 경포천과 안현천을 곧게 펴서 경포호로부터 격리한 대수술과 1980년 경호교 밑에 설치한 인공보는 호수의 축소를 더욱 가속화시켰다. 우리나라에서 비교적 널리 알려진 동해안 석호는 대부분 이와 유사한 변화를 겪고 있다. 다행인 것은 최근 강릉시가 죽어 가는 경포호의 생태 문제를 해결하기 위해, 매립한 농경지의 일부를 습지로 되돌리는 작업을 실시했다는 점이다. 이는 경포호의 수질 개선은 물론 생물 다양성을 복원시킨 모범 사례로 평가받고 있다.

석호가 자아내는 또 다른 궁금증은 석호에 담긴 물이 민물이냐, 바닷물이냐의 문제다. 이 문제의 힌트는 사주의 물막이가 인간의 방조제처럼 견고하지 않다는 데 있다. 석호 일대에 집중 호우가 내릴 경우, 빠르게 불어난 물은 결국 사주를 붕괴시켜 바다로 흘러든다. 이처럼 호수와 바닷물의 연결 지점이 주기적으로 열리는 현상이 반복되면 바다와 가까운 곳은 염도가 높고, 먼 내륙 쪽은 여전히 민물로 남게 된다. 이러한 현상은 석호의 역동성에 큰 도움을 주어 담수어와 염수어가 한 울타리에 공존하는 재미있는 장면을 연출하기도 한다. 한마디 덧붙이자면, 지금까지 이야기한 특징은 모든 석호에 해당되는 것은 아니며 석호마다 차이가 있다는 점도 기억해 두자.

우리나라 서해안에도 석호가 있을까?

마지막으로 석호에 대한 오해 하나를 풀고 가자. 우리나라를 대표하는 석호에는 고성군의 화진포와 송지호, 속초의 영랑호와 청초호, 양양시의 매호와 향호, 강릉시의 경포호 등이 있다. 이들의 공통점은 모두 동해안에 있다는 사실이다.

이 대목에서 석호의 형성에 관여했던 개념들을 떠올려 보면 '배후 산지의 물질 공급, 해수면 상승에 의한 만의 형성 그리고 입구를 막는 사주의 발달'이 있다. 서해안에서도 동해안과 비슷한 조건을 갖춘 곳이라면 분명 석호가 발달했을 것이다. 실제로 빙기가 물러나면서 이루어진 해수면의 상승은 우리나라 모든 해안에서 일어났다. 그리고 서해안에도 모래를 충분히 공급할 수 있는 화강암을 기반암으로 한 배후 산지가 존재하며, 작은 규모의 하천도 곳곳에 분포한다. 그뿐 아니라 입구를 막을 수 있는 연안류는 파도가 이는 지역이면 어디든지 발생할 수 있는 자연 현상이다. 특히 모래 공급이 활발한 안면도 일대에서는 커다란 사구와 백사장을 어렵지 않게 찾아볼 수 있다.

하지만 그토록 모래가 많은 안면도 일대에서조차 뚜렷한 석호는 발견되지 않는다. 그 이유는 무엇일까? 가장 큰 원인은 조수 간만의 차가 크기 때문이다. 자연 호수인 석호는 대체로 수심이 얕아서 썰물이 되면 쉽게 바닥을 드러낸다. 밀물 때는 석호, 썰물 때는 습지가 반복되다 보니 오래전부터 사람에 의해 쉽게 개간될 여지도 많았을 것이다.

안면도처럼 멋진 해안에 경포호 같은 석호가 발달했다면 어땠을까? 송강은 석호와 어우러진 낙조의 아름다움을 묘사해 또 다른 불멸의 가사를 창작하지 않았을까? 우리 자연의 아름다움, 이를 영원히 문학 작품으로 남긴 우리 선조의 위대함이 참 고맙고도 소중하게 느껴진다.

‘사막’을 만나러 바다로 가다!

: 우리나라의 사구 발달 양상

“바람은 계산하는 것이 아니라 극복하는 것이다.”

2011년에 개봉해 큰 인기를 끌었던 영화 〈최종 병기 활〉의 마지막 장면에 나온 대사다. 바람 부는 모래 언덕에서 서로를 향해 활을 겨눈 두 사람. 끝없이 불어지는 바람이 두 사람의 긴장감을 더욱 팽팽하게 만든다. 어쩐지 우리나라가 아닌 중국의 어느 사막을 배경으로 한 듯한 이 장면은 놀랍게도 충남 태안군에 있는 신두리 해안 사구에서 촬영된 것이라 한다. 이번에는 영화뿐 아니라 광고, 드라마의 촬영지로도 각광받고 있는 신두리 해안 사구를 찾아 사구의 모든 것에 대해 알아보자.

어느 영화감독과의 인터뷰

Q 감독님은 영화인으로서 어떤 정체성을 가지고 계신지 궁금합니다.

A 저는 영화감독입니다. 항상 저예산으로 영화를 만들고요. 거대한 상업 자본을 등에 업은 영화가 대세지만 부럽지는 않습니다. 세상을 통해 영화를 만들고, 누군가 제 영화를 통해 세상을 볼 수 있기를 바랄 뿐이죠. 음…… 저는 주로 소외된 사람이나 서민의 이야기를 영화에 담고, 아래로부터의 영화를 지향합니다. 이런 마음으로 영화를 만든 지 어느덧 10년이 넘었어요. 10년 동안 만든 작품 수는 다섯 편이고요. 〈워낭 소리〉나 〈똥파리〉처럼 유명한 작품은 없지만 노작(勞作, 애쓰고 노력해서 만든 작품)이라 자평합니다. 제 영화를 좋아해 주시는 분들이 있는 한 죽는 순간까지 영화를 만들 생각입니다.

Q 감독님의 작품은 대부분 사람과 인생에 초점이 맞춰져 있는 것 같은데 요즘 구상 중인 작품이 있으신지 궁금합니다.

A 최근 스티브 도나휴의 『사막을 건너는 여섯 가지 방법』이라는 책을 읽으며 새로운 작품을 구상하게 되었습니다. 저자는 세계에서 가장 큰 사하라

사막을 맨몸으로 걸었습니다. 처음엔 그것이 지극히 무모한 선택이라 생각했습니다. '어떻게 사하라 사막을 걸어서 종단한단 말인가?' 하고요. 하지만 책을 읽어 보니 내용은 의외로 간단했습니다. 저자는 뚜렷한 목표와 성취를 중시하는 세태에서 오히려 과정이 중요할 수 있음을 일깨웁니다. 과정을 즐기는 것이 인생의 궁극적 목표라는 의미죠. 아무튼 저에게 생각거리를 듬뿍 안겨 준 책이었습니다. 이번 작품은 이를 영화화할 생각입니다. 줄거리를 소개하자면 대강 이렇습니다.

'삶은 유기체와 같은 것으로 시작과 끝이 있다. 시작을 의도하지 않았듯 끝도 의도할 수 없다. 삶은 그 자체로 혼돈이요, 무질서다. 이런 맥락에서 삶의 진정한 가치를 찾을 방법은 무얼까? 고뇌하는 한 사람이 사막을 건넌다. 수시로 변모하는 경관 탓에 정해진 길이란 존재하지 않는다. 오로지 눈앞에 닥친 생존을 위해 하루를 살아갈 뿐이다. 그렇게 가다 보면 순간을 살아 숨 쉴 수 있다. 당면한 생존을 제외한 나머지는 부차적이 된다. 본질을 추구하게 되는 것이다. 비로소 그는 자유인이 된다…….'

구성만 탄탄하다면 관객들에게 많은 깨달음을 줄 것입니다. 여러 면에서 사막에서의 촬영은 불가피하지요. 하지만 아프리카는 고사하고 몽골에도 갈 수 없는 처지였어요. 그런데 하늘이 무너져도 솟아날 구멍이 있다더니 드디어 우리나라에서 마땅한 장소를 찾았습니다. 혹시나 하는 생각으로 검색창에 '한국 사막'을 두드려 봤더니 눈에 띄는 장소가 나오더군요. 이곳이라면 카메라 각도에 따라 사막을 연출할 수도 있겠다 싶었습니다.

'모래 요정 바람돌이'는 사구의 토박이

1980년대 중반 동심을 깊이 파고들었던 만화 영화가 있다. 이디스 네스빗(Edith Nesbit, 1858~1924, 영국 소설가)의 소설 『다섯 아이와 모래 요정』을 바탕으로 만들어진 〈모래 요정 바람돌이〉가 바로 그것이다.

"일어나요 바람돌이, 모래의 요정. 이리 와서 들어 봐요, 우리의 요정."

흥겨운 주제곡이 울려 퍼지면 정신없이 놀던 아이들도 텔레비전 앞으로 모여 앉았다. 저자 또한 그중 한 명이었다. 아이들이 모래더미에서 발견한 바람돌이는 하루에 한 가지씩 소원을 들어주는 요정이다. 물론 아이들은 바람돌이를 무척 좋아했다. 모래바람을 일으켜 아이들이 원하는 소원을 무엇이든지 이루어 주었으니까. 어릴 적, 소원을 들어줄 바람돌이를 찾아 인근 공사장을 헤맸던 기억이 새롭다. 세월이 흐른 지금, 모처럼 동심을 발휘해 바람돌이를 찾고자 한다면? 공사장을 뒤로하고 '사구(砂丘)'를 찾아갈 것 같다.

신두리 해안 사구는 내륙과 해안의 완충 공간 역할을 하며 사막에서나 볼 수 있는 경관을 연출한다.

지리 과목을 공부한 학생이라면 한 번쯤 '사구'에 대해 들어 봤을 것이다. 사구는 문자 그대로 모래 언덕을 가리키는 지형학 용어다. 하지만 바람에 의해 이동되어 쌓인 것을 전제로 한다. 인위적으로 쌓아 놓은 모래 언덕은 형태상으론 사구지만, 형성 과정을 함축하는 의미에선 사구라 할 수 없다.

사구는 형성된 장소에 따라 내륙 사구와 해안 사구로 구분한다. 내륙 사구의 대부분은 사막에 있는데, 사막은 그 자체로 무수히 많은 사구를 지닌 '사구 밭'이라 할 수 있다. 그 밖에 모래가 공급되는 호수나 하천 주변에 때때로 사구가 발달하기도 한다. 반면에 해안 사구는 모래 공급과 탁월풍(어느 지역에서 어떤 시기나 계절에 특정 방향에서부터 가장 자주 부는 바람)이 우세한 해안에 발달하는 사구를 일컫는 용어다. 이런 맥락에서 볼 때 앞서 이야기한 〈모래 요정 바람돌이〉는 매우 의미심장한 제목이다. 모래바람을 일으켜 요술을 부리는 바람돌이는 사구에서 나고 자란 토박이일 가능성이 높다. 이번 시간에는 바람돌이를 찾을 수 있는 가장 유력한 장소, 사구에 대해 살펴보도록 하자.

우리나라에 사구가 발달할 수 있을까?

거대한 모래 언덕이 발달하기 위해서는 무엇이 필요할까? 당연히 모래가 필요할 것이고, 모래를 운반할 수 있는 바람도 전제되어야 한다. 이 두 가지는 사구 발달의 필요충분조건인데 우리나라는 이 조건들을 모두 만족시킬 수 있을까? 다행히도 낙제점은 면할 만한 환경을 지니고 있다. 다만 여기서 내륙 사구는 제외된다. 우리나라의 기후 특성상 사막이 발달하지 않으므로 상대적으로 내륙보다 해안에 많은 사구가 발달했다.

먼저 거시적인 시야에서 탁월풍의 조건을 살펴보자. 대륙과 해양의 점이 지역에 위치해 있는 반도의 특성상 우리나라는 일 년에 두 번, 탁월풍이 교대로 오간다. 이러한 바람을 계절풍이라 하는데 여름철에는 남서·남동풍, 겨울에는 북서풍이 탁월하다. 하지만 내륙으로 갈수록 바람의 빈도와 강도가 약해지면서 탁월풍이라 할 만한 조건을 찾기가 어려워진다. 그 이유는 산지와 같은 지형 조건이 바람의 이동을 차단하기 때문이다. 결국 우리나라는 '바람'이라는 사구 발달의 조건을 여러모로 충족하면서도 내륙의 경우에는 그 정도가 매우 약한 환경이라 할 수 있다.

다음으로 모래의 공급 환경을 보자. 모래는 여러 가지 암석이 풍화되어 만들어진 0.02~2mm의 지름을 가진 알갱이를 총칭하는 말이다. 그 중에서도 우리가 쉽게 관찰할 수 있는 하천이나 해안의 모래는 화강암에서 유래한 것이 대부분이다. 화강암은 중생대에 대규모의 마그마가 관입하여 만들어진 화성암의 일종이다. 지표 바깥으로 분출되지 않았던 탓에 오랜 시간 땅속에 묻혀 있다가 기나긴 지질 시대를 거치면서 지표 밖으로 모습을 드러냈다.

이들이 풍화된 물질은 하천을 따라 범람원을 이루어 오늘날 우리에게 가장 친숙한 암석 중 하나가 되었다. 하지만 범람원에 안식하지 못한 모래 알갱이들은 바다로 빠져나가 연안류를 만나서 해안을 따라 또 다른 여행길에 오른다. 이때 상대적으로 퇴적에 유리한 만입(灣入, 강이나 바다의 물이 활등처럼 뭍으로 휘어듦)의 환경에 놓이게 되면 그곳에 자리를 잡아 새 살림을 꾸린다. 이들의 집은 해안의 모래사장이 되는 것이 일반적이다.

앞서 이야기했듯이, 하천 주변의 모래가 탁월풍을 만나 사구가 형성되는 경우도 있지만 이는 규모가 매우 작거나 한시적인 경우가 많다. 하지만 해안의 모래사장이 된 알갱이들은 상대적으로 강한 탁월풍을 만나 사구를 형성한다. 이제 자연의 임상 실험장으로 이동하여 주목할 만한 사구의 형성 과정을 살펴볼 차례다.

신두리 해안 사구 탄생의 비밀

대개 서해안은 갯벌이 탁월하게 발달하기 때문에 모래질의 사구는 잘 발달하지 않는다는 고정 관념이 있다. 하얀 백사장을 떠올리면 동해안이 먼저 생각나는 것도 그 때문이다. 하지만 서해안에는 상당한 규모의 사구가 곳곳에 존재한다. 특히 충청남도 태안군 원북면 신두리에는 길이가 약 3.4km, 폭이 약 1km, 면적은 약 80만 평에 이르는 '태안 신두리 해안 사구'가 있다. 갯벌의 발달이 탁월한 서해안에 대규모 사구가 발달하는 현상을 어떻게 이해해야 할까? 사구 발달의 조건을 하나씩 대입하여 정리해 보자.

먼저 탁월풍이다. 우리나라는 대기 대순환적 측면에서 편서풍계에 속하기 때문에 계절을 막론하고 서풍 계열의 바람이 우세한 편이다. 특히 신두리 사구가 있는 태안반도는 서해로 돌출되어 있어 겨울철에 강한 북서풍의 영향을 지속적으로 받는다. 그러니 신두리 사구는 탁월풍의 조건에서 매우 유리한 조건을 지닌다.

다음은 모래 공급이다. 일반적으로 모래 공급은 하천을 통해 이루어진다. 그렇다면 신두리 인근에 비교적 큰 규모의 하천이 발달했을 것으로 추정할 수 있다. 자, 이제 지도를 펴서 하천을 찾아보자. 하천이 보이는가? 지도를 살펴보면 신두리가 하천으로부터 소외된 지역임을 알 수 있다. 최대의 모래 공급자에게 외면당한 점은 신두리 사구의 존재마저 의심케 한다. 가뜩이나 모래 공급이 부족한 서해 환경이기에 궁금증은 더욱 깊어 간다. 결국 현재로써는 사구의 형성을 설명하기 힘들다는 말인데 프레임을 과거에 맞춰 보면 어떨까?

'지구 온난화'가 사람들의 관심을 끌면서 빙기와 간빙기(후빙기)라는 용어도 덩달아 자주 등장하고 있다. 빙기와 간빙기의 반복은 지구 전반

점선으로 표시된 부분이 신두리 해안 사구.

에 걸쳐 해수면의 변동을 불러왔다. 마지막 빙기라고 일컬어지는 뷔름 빙기• 당시, 서해안의 해수면은 지금보다 100m 정도 낮았다. 서해안의 평균 수심이 대략 55m, 최대 수심이 103m 정도라는 점을 감안하면 그 때는 대부분이 육지였다는 뜻이다. 오랜 시간 한랭하고 건조한 육지에서 생성된 많은 풍화 물질은 대개 미립질의 점토였다. 이들이 주변에 널리 쌓여 있다가 후빙기 해수면이 상승하는 과정에서 해안의 만입부로

• 지질 시대 제4기 빙하 시대에 있었던 4회의 빙기 가운데 4번째 빙기를 말한다. 지금으로부터 5만 3,000년 전부터 1만 년 전까지의 사이를 말하며, 구석기 시대 후기에 해당한다.

서해안에는 왜 백사장이 드문 걸까? ★★★★★

언뜻 생각하면 동해안과 서해안이 비슷한 과정을 거쳐 형성되었을 것 같지만 실상은 그렇지 않습니다. 그 이유는 두 해안에 공급되는 물질의 양상이 다르기 때문이에요. 서해안 갯벌의 기본 토대는 빙기 때 생성된 미립 물질입니다. 해수면이 상승하는 과정에서 해안으로 유도된 이들이 갯벌의 근간을 이루죠. 게다가 하천을 통해 서해안으로 유입되는 물질들도 대부분 점토질이에요. 큰 하천에 의해 운반되는 동안 많은 침식이 이루어져 입자 크기가 작은 거죠. 이렇게 운반된 물질은 썰물과 밀물을 통해 해안 만입부에 재배치되어 갯벌이 됩니다.

반면에 동해안은 유로가 짧은 소하천의 발달이 두드러져 운반된 물질이 미처 점토가 될 시간적 여유를 갖지 못합니다. 따라서 주로 모래가 공급되죠. 또한 파랑의 영향이 강하기 때문에 바다로 돌출된 암석이 침식되어 모래를 공급하기도 합니다. 이들로부터 연유한 모래는 바다로 나오면서 연안류를 만나 만입된 지역에 쌓이는데 이때 넓은 백사장(사빈)이 연출됩니다. 그런데 여기서 한 가지 궁금증이 생깁니다. 모래 하면 동해안인데 어째서 유명한 해안 사구는 서해안에 있는 걸까요? 사실 동해안에는 정말 많은 사구가 존재합니다.

밀려 들어와 갯벌의 기반을 이루었다. 서해안의 갯벌이 탁월하게 발달하기까지는 현재 하천에서 공급되는 물질 외에도 과거 빙기 때의 풍화 물질이 한몫을 톡톡히 해 준 셈이다.

그렇다면 점토질이 많은 환경에서 사구란 애초에 존재할 수 없는 것이 아닐까? 여기서 생각을 좀 더 확장해 보자. 우리는 흔히 사구 하면 아프리카 사막만을 떠올린다. 하지만 중생대의 화강암층에서 비롯된 모래가 산출될 가능성이 있는 지역이라면 이야기는 달라진다. 과거에 공급된 많은 모래가 사구를 이루어 오늘날까지 존속한다면 앞서의 궁금증을 해소할 수 있다.

신두리 일대에 거대한 사구가 발달했다는 사실은 서해안 전체로 본다면 다소 예외적인 경우다. 사구의 규모가 유독 남다른 이유는 빙기 때에 형성된 사구는 물론 오늘날까지 인근 산지에서 계속 모래가 공급되기 때문이다. 하천에는 소외되었지만 인근 기반암의 풍화 물질이 이를 보충하는 격이다. 신두리 사구 일대의 산지는 '서산층군'이라는 퇴적 변성암을 기반암으로 한다. 서산층군이 풍화되면 흑운모, 석영 등을 내어 놓는데 이들이 바로 모래다. 이는 하천이 백사장으로 모래를 운반해 주는 것과 같은 효과를 지닌다. 시기별로 지속된 모래 공급의 환경이 사구의 '우량아'를 탄생시키는 핵심 요인으로 작용한 것이다.

신두리 해안 사구의 기능과 생태적 잠재력

신두리 해안 사구는 규모의 문제를 넘어 중요한 생태적 가치를 지닌다. 우리 정부는 2001년 11월에 태안 신두리 해안 사구를 천연기념물 제431호로 지정하여 그 중요성을 널리 알렸다. 해안 사구는 해양과 내륙 생태계의 점이 지대다. 사구는 바다로부터 모래를 공급받기도 하지만 폭풍우나 해일처럼 바다의 힘이 강할 경우엔 서슴없이 자신의 살집을 내어 준다. 이는 해안 전반의 물질 공급 시스템에 커다란 안정을 가져다 주는 중요한 역할이다. 또한 신두리 해안 사구처럼 높은 염도의 해풍이 지속적으로 불어오는 건조한 모래 환경에선 종종 잘 알려지지 않은 생물종이 출현하곤 한다. 해당화 군락을 비롯해 통보리사초, 갯방풍, 개미귀신, 표범장지뱀 등은 신두리 해안 사구가 아니면 찾아보기 힘든 희귀종이다. 이는 생물종의 다양성 측면에서 긍정적인 부분이다.

이뿐인가? 신두리 해안 사구는 내륙 지역의 지하수가 도달하는 종착점이다. 내륙 산지에서부터 흘러오는 지하수는 높은 밀도의 바닷물이

갯방풍(좌)와 표범장지뱀(우). 신두리 해안 사구에 사는 대표적인 희귀종들로써, 특히 표범장지뱀은 멸종 위기 야생생물 2급으로 지정되어 있다.

육지로 침입하는 것을 막는다.[•] 바닷물의 차단은 곧 '천연 물탱크'의 역할로 이어져 인근 주민의 중요한 식수 공급원이 된다.

마지막으로 신두리 해안 사구의 때 묻지 않은 자연 그대로의 아름다운 광경은 많은 사람들에게 심리적 안정감을 준다. 육지와 바다의 경계에 바람이 그려 낸 모래 그림이 선명하게 수놓아진 것이다. 최근 부각되는 생태 관광(eco-tourism)의 측면에서도 신두리 사구의 경제적 가치는 상당한 수준이라고 한다. 바람이 빚어낸 보물, 신두리 해안 사구는 자연이 준 놀라운 선물이 아닐 수 없다.

• 해안 사구의 지하수는 바닷물과의 밀도 차에 의해 바닷물이 육지로 침입하는 것을 막는다. 다시 말해 바닷물은 민물보다 밀도가 높기 때문에, 상대적으로 가벼운 지하수의 수위가 해수면보다 높게 유지된다. 따라서 바닷물이 육지 쪽으로 밀려 들어오는 것을 막을 수 있다.

황사의 모든 것

: 황사의 발생과 영향

마음을 꽁꽁 얼어붙게 했던 겨울이 지나고 만물이 소생하는 봄이 왔다. 그런데 이게 어찌된 일인가? 며칠째 하늘이 누렇게 물들어 있어서 외출은커녕 집 안에서도 마스크를 쓰고 있어야 한다. 아, 지긋지긋한 황사! 이번에는 황사의 원인과 해결 방안에 대해 생각해 보자.

지리를 만나는 시간

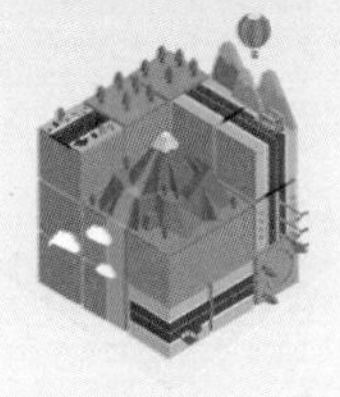

king of 지리

▶프로필 ▶쪽지 ▶친구 신청

카테고리 ▲

- 지리 + 여행
- 지리 + 사회
- 지리 + 역사
- 지리 + 음악
- 지리 + 세계사
- 지리 + 환경
  - 황사
  - 자연환경
  - 인문환경
- 지리 + 리빙
- 지리 + 미술
- 지리 + 맛집
- 지리 + 음식

방문자 통계

오늘 55 전체 410,121

이웃 블로거 ▼

공지 불펌 금지! 꼭 출처를 남겨 주세요!

지리+리빙 > 황사

최근 심화되고 있는 황사, 해결책은?

2016년 4월 24일

'봄의 불청객' 황사가 사람들의 비난을 한 몸에 받고 있다. 누군들 길을 가다가 먼지를 뒤집어쓰고 싶어 할까? 아무도 없을 것이다. 특히 최근의 황사는 과거와 다른 모습을 보이고 있다. 1971~2000년까지의 황사가 그냥 황사였다면 최근 10년 사이의 황사는 그야말로 T.O.P! 발생 빈도와 지속 시간이 늘어났으며 여름을 제외한 모든 계절에 기승을 부리고 있다. 이렇게 황사가 심해진 이유는 지구 온난화와 관련이 깊다고 하는데…….

댓글 21 | 엮인 글 5

Dis황사 황사 싫어! 싫어도 너~~~~무 싫어!

풀잎소녀 나도 싫어! 황사 미워잉!♥

아름다운인생 황사에 제대로 당한 1人! '별일 있겠어?' 하고 마스크 없이 다니다가 목이 부었어요…… 모두 조심합시다!

승부사 난 황사 때문에 한 번도 탈난 적 없는데. ㅎㅎ 다들

HOME ★ BLOG PHOTO 방명록

다녀간 블로거 ▲

DJ 빈이
궁궁귀요미
민서엄마♡
진격의솔로

최근 덧글 ▼

왜 이리 호들갑이셈?

ㄴ **미친cow** 이몰 · 대단하시다!

ㄴ **아름답cow** 반도체 회사에 다니는 우리 아버지는 황사가 오는 날이면 시들리 출근하시던걸요? 생활에 아무 지장이 없다는 건 승부사 님의 개인적인 의견인 듯.

ㄴ **지구멸망** 지구 온난화 때문에 황사가 심해진다고요? 실제로 증명된 바가 있나요? 무슨 일만 생기면 지구 온난화를 들먹거리는데, 우리 집 개가 오줌을 전보다 자주 누는 이유도 지구 온난화 때문이 아닐까요? 지겹네요, 그놈의 지구 온난화.

ㄴ **지나던중생** 모두 회개하세요! 이제 곧 지구에 큰 재앙이 닥쳐옵니다. 유비무환(有備無患)! 미리 준비한 자만이 미래를 얻을 수 있을지니…….

ㄴ **황당 뭥미?** 님 왜 자꾸 헛소리해요? 주인장, 이 사람 차단 좀 하세요.

하늘에서는 흙비가 내리고

하늘에서 흙비가 내린다? 선뜻 이해되지 않는 현상이다. 하지만 불가능한 것도 아니다. 흙을 비행기에 실은 뒤 물과 함께 지상으로 쏟으면 흙비가 되니까……. 아이들 소꿉장난도 아니고 이게 무슨 망측한 얘기냐며 어디선가 면박하는 목소리가 들리는 듯하다.

그러면 제대로 된 흙비 이야기를 해 보자. 어마어마한 양의 흙먼지가 하늘로 올라가 비구름과 만나면 흙비가 내릴 수 있지 않을까? 이건 좀 그럴듯하다. 이러한 메커니즘이 제대로 작동한다면 흙비가 내리는 일은 어렵지 않을 것이다. 그럴듯한 시나리오를 만들고 나니 불현듯 머릿속에 떠오르는 현상이 있다. 매해 봄마다 온 국민의 신경을 곤두서게 만드는 것. 이것만 나타났다 하면 어머니로부터 외출 금지령이 내려지거나, 나라에서 다양한 대처 요령을 발표하게 만드는 것. 그렇다. 바로 '봄의 불청객' 황사(黃砂)다.

황사는 '누런 먼지'라는 뜻이다. 해마다 우리나라를 찾는 황사는 김부식의 『삼국사기』에 기록되어 있을 정도로 그 역사가 매우 깊다. 그러나 역사책에서 '황사' 또는 '누런 먼지'라는 단어를 찾을 생각이라면 일찌감치 포기하는 것이 좋다. 우리 선조들은 황사라는 말 대신 토우(土雨), 우토(雨土)라는 단어로 모래 먼지를 표현했기 때문이다.

『조선왕조실록』에는 토우에 관한 기록이 특히 많다. 흥미로운 점은 하늘에서 흙비가 내리는 현상을 '하늘이 노하여 인간을 꾸짖는다.'라고 해석했다는 것이다. 언감생심(焉敢生心)! 그 당시의 과학 기술로는 황사의 원인을 추정하거나 예단하기가 쉽지 않았을 터, 무작정 경외하는 게 최선이었을 것이다. 그렇기 때문에 흙비가 내리는 날이면 예정된 행사를 중지함은 물론, 반찬의 가짓수까지 줄이는 극한 처방을 통해 하늘의 노여움을 풀고자 했다. 현재의 관점에서는 실소를 터뜨릴 일이지만 그만큼 황사의 출현은 선조들에게 꽤나 두려운 일이었다. 그렇다면 21세기 첨단의 시대를 살아가는 우리에게 황사는 어떤 의미를 지닐까?

황사의 신상명세서

과학 기술의 진보는 경외의 대상이었던 황사를 '불청객'으로 격하시켰다. 더 이상 황사는 신비롭지 않은 존재다. 심지어 스마트폰만 있으면 언제 황사가 우리 집 앞마당에 당도할지 실시간으로 알아볼 수 있다. 그렇다면 황사란 정확히 무엇인가? 이쯤에서 황사의 대략적인 신상명세서를 살펴보도록 하자.

황사는 고비 사막, 타클라마칸 사막, 황토 고원 등에서 모래 먼지가 일어 우리나라에 영향을 주는 현상이다. 모래 먼지가 발생하는 지역은 모두 연평균 강수량이 400mm 내외인 건조 지역이다. 습윤한 지역의 점토는 입자 사이의 결합력이 높아서 땅에 머물 확률이 높지만, 건조한 점토는 결합력이 떨어져 같은 힘의 바람에도 공중으로 부양할 가능성이 크다. 더욱이 사막은 공기의 흐름을 차단할 수 있는 나무나 빌딩이 없는 불모지여서 바람의 힘이 더욱 강하다. 그러므로 중국 서북부의 사막과 황토 지대는 수시로 모래 폭풍이 발생한다. 하지만 어떻게 바다 건너 먼 지역에서 발생한 모래 먼지가 우리나라에 피해를 줄 수 있는 걸까?

결론부터 이야기하자면 하늘로 도약한 모래나 점토의 가는 입자가 편서풍과 제트류•를 만나기 때문이다. 보통 황사의 입자는 1~10μm(1μm=1/1000mm) 내외로 아주 작다. 이런 작은 입자들이 강한 상승 기류를 만나 3,000~5,000m의 높은 상공으로 올라간 뒤, 빠른 편서풍이나 제트류를 만나면 동쪽으로 이동하게 된다. 막대한 양의 대륙발 모래 먼지가 고속철도를 타고 이동하는 셈인데, 통상 우리나라에 도착하기까지 2~4일 정도가 걸린다.

불행 중 다행은 대륙의 사막 지역에서 발생한 모래 먼지가 모두 우리나라를 찾는 것은 아니라는 사실이다. 조사에 따르면 황사의 50% 정도가 우리나라와 일본을 찾는다. 그리고 편서풍과 제트류가 강력할 경우에는 황사가 태평양을 넘어 북미 대륙까지 영향을 끼친다. 정말 '시작은

• 대류권의 상부 또는 성층권의 하부에서, 좁은 영역에 거의 수평으로 집중하는 강한 기류.

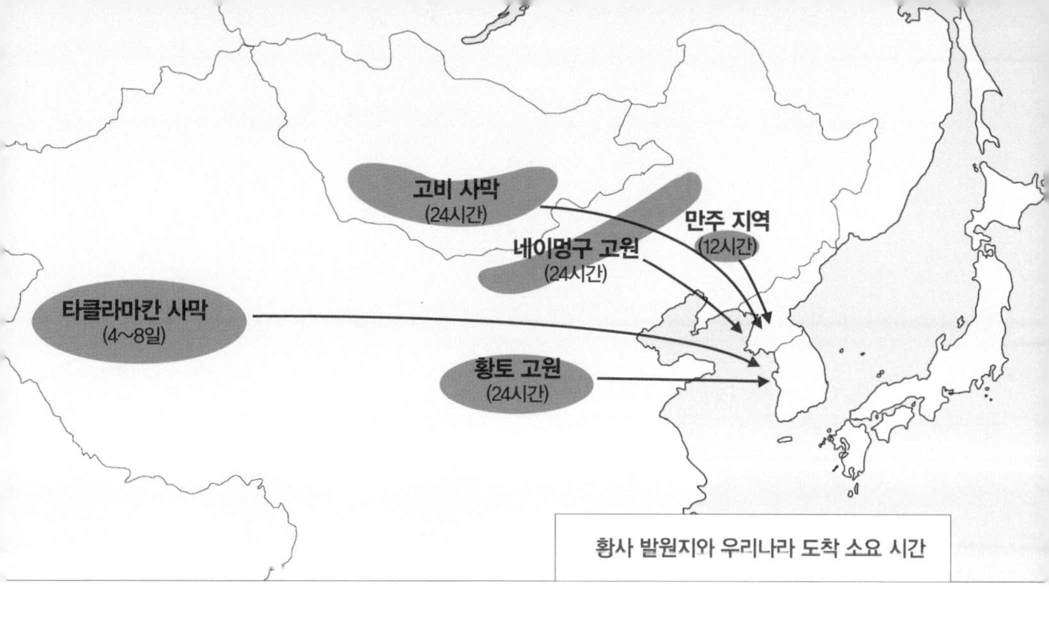

황사 발원지와 우리나라 도착 소요 시간

미미하였으나 끝은 심히 창대한' 황사가 아닐 수 없다.

왜 봄인가

앞서 말했듯이 황사의 별명은 '봄의 불청객'이다. '움직이는 모래', '아시아의 먼지' 등 황사를 일컫는 다른 표현이 많지만 '오라고 하지도 않았는데 불쑥 찾아온 손님'을 일컫는 불청객이야말로 황사를 나타낼 수 있는 최고의 표현이 아닐까 싶다. 여기서 한 가지 문제를 제기해 보자. 사계절이 뚜렷한 우리나라에서 왜 하필 황사를 봄의 불청객이라고 부르는 걸까? 아마도 황사가 봄철에 자주 관측되었기 때문일 것이다. 하지만 이 정도 추측에서 그치자니 왠지 허전함이 남는다. 황사는 정확히 봄철에만 발생하는지, 아니면 사계절 모두 나타나는데 유독 봄철에 집중되는 것인지를 분명히 따져 물을 필요가 있다.

1960년 이후의 기상 관측 자료를 살펴보면 3월부터 5월까지 황사가 압도적으로 많이 발생했음을 알 수 있다. 여름철에 해당하는 6~8월 사이에는 한 건도 관측된 바가 없으며, 가을과 겨울철에는 심심치 않게 나타나는 정도다. 이처럼 황사는 여름을 제외한 모든 계절에 걸쳐 발생하는데 그중에서도 특히 봄철에 집중되는 이유는 무엇일까? 황사의 발원지인 중국 서북부 사막 지역에 무슨 특별한 변화라도 생기는 걸까?

황사의 발원 지역은 우리나라의 한겨울보다도 훨씬 추워서 겨우내 땅이 꽁꽁 얼어 있다. 그러다 따뜻한 봄이 찾아오면 스멀스멀 녹기 시작한다. 바로 이 대목이 중요하다. 얼었던 땅이 녹으면 땅속에 얼음 형태로 존재하던 물이 증발하는데 그 자리에 약간의 공백이 생기게 된다. 그

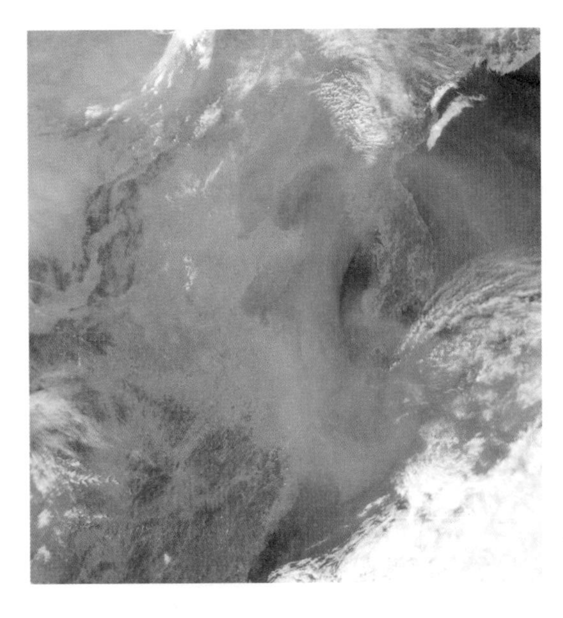

누런 황사가 상공을 뒤덮은 한반도의 위성사진.

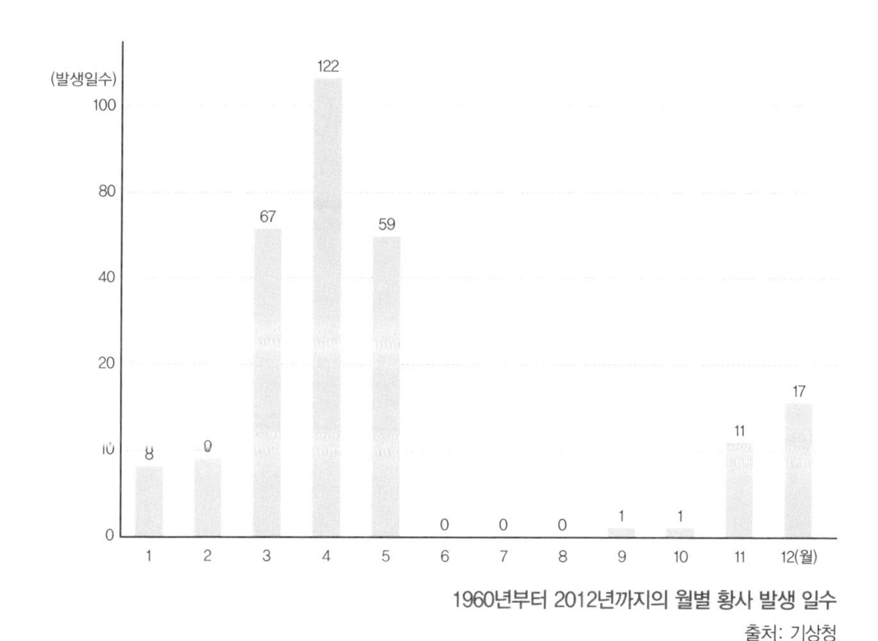

1960년부터 2012년까지의 월별 황사 발생 일수
출처: 기상청

렇게 토양 입자를 붙들어 맬 물이 사라지면 취기가 오른 사람처럼 땅이 들뜬 상태가 되고 결국 사람의 입김만으로도 먼지가 날리는 상황이 발생한다. 이러한 자연의 섭리는 변할 리 만무하므로 '봄의 불청객'이라는 황사의 별명은 앞으로도 결코 변하지 않을 공산이 크다.

황사의 폐해

과거의 황사는 봄철에 3~4일 정도 가볍게 발생하는 것이 일반적이었다. 심지어 황사가 전혀 발생하지 않았던 해도 있었다. 그런데 최근 10년 사이 황사의 발생 빈도와 지속 일수가 급격히 증가했다. 봄철이 아닌 가을·겨울철에도 자주 관찰됨은 물론이다. 이 같은 시대적 변화에 발맞추어 기상청은 공기 중 미세 먼지를 수시로 측정하여 '황사 특보'를 발령하고 있다. 당연한 말이겠지만 황사 특보가 발령된 날에는 바깥출입을 삼가고 집에서 시간을 보내는 것이 좋다. 미세 먼지가 집 안에 들어오지 못하게 창문 및 베란다의 잠금장치까지 꼼꼼히 막고, 옷장에서 마스크를 꺼내 필요 시 착용하면 황사에 대한 자구적인 대책은 마무리된다. 하지만 모든 사람이 언제까지고 집 안에서만 머물 수는 없는 법. 황사는 바깥에서 활동하는 사람의 인체뿐만 아니라 산업 전반에도 적지 않은 영향을 미친다.

우선 미세 먼지 속에는 중국 서북부 지역의 대규모 공단에서 내뿜는 중금속 물질이 대량 섞여 있다. 공기 중 중금속 물질은 호흡기 및 안구 이상, 알레르기 등의 질환을 일으키며 심지어 목숨을 빼앗기도 한다. 산업계가 받는 피해 역시 심각하다. 정밀 기계 산업인 반도체의 경우, 황사 특보가 발령되면 반도체 생산 라인의 밀폐 상태를 유지하기 위해 더 많은 노력을 기울여야 한다. 자동차 및 조선업에서는 도장(부식을 막고 모양을

황사 특보 발령 기준	
황사 주의보	미세 먼지의 1시간 평균 농도가 400μm/m^3 이상이며, 2시간 넘게 지속될 것으로 예상될 때
황사 경보	미세 먼지의 1시간 평균 농도가 800μm/m^3 이상이며, 2시간 넘게 지속될 것으로 예상될 때

내기 위해 도료를 칠하거나 바르는 일) 상태의 불량 발생 확률이 높아지며, 먹거리를 만드는 식품 가공업도 제조기를 자주 세척하는 불편을 감수해야 한다. 결과적으로 황사의 출현은 개방과 열림을 중시하는 세태와 맞지 않게 폐쇄를 부추긴다고 볼 수 있다.

황사, 순기능도 있다? ★★★★★

황사는 여러 가지 면에서 분명히 좋지 않은 영향을 미치는 것이 사실이에요. 하지만 일각에서는 황사의 순기능을 주목하기도 합니다. 연세대 자연과학부의 이동수 교수는 황사의 순기능으로 두 가지를 강조했어요. 첫 번째는 황사의 10%를 차지하고 있는 석회 성분이 우리나라 토양 및 호수의 산성화를 막아 준다는 것이고, 두 번째는 황사에 포함된 마그네슘(Mg)과 칼륨(K)이 해양 생태계 안정화에 기여한다는 거죠. 물론 이 같은 사실을 입증하기 위해서는 조금 더 구체적인 연구가 필요하겠지만, 우리나라가 약 2,200만 년 전부터 황사와 더불어 살아왔다는 점을 고려하면 마냥 흘려들을 이야기는 아닌 것 같습니다.

황사는 지구촌 공동 문제

오래전 유럽 지역과 캐나다에서 산성비 문제가 크게 대두된 적이 있었다. 산성비는 황사와 마찬가지로 발생 지역과 피해 지역이 일치하지 않는다. 옛날에는 환경 오염을 발생 국가만의 문제로 생각했으나 미국의 생물학자 레이철 카슨(Rachel L. Carson)이 『침묵의 봄』•을 출간한 뒤에는 지구촌 문제라는 인식이 정립되었다. 이러한 맥락에서 황사는 보다 큰 문제로 인식될 필요가 있다.

• 유기 염소계 농약인 DDT 등에 의한 환경 오염이 결국 인간에게 부메랑이 되어 돌아올 것임을 경고한 책. 20세기 환경학 분야의 최고 고전이라 불리며, 이 책을 통해 서양에서 본격적인 환경 운동이 시작되었다.

황사의 주요 발원지는 사람이 살기 어려운 불모의 땅이거나, 인간의 무분별한 훼손으로 피해를 입은 지역이 대부분이다. 피해 지역에 거주하는 이들은 지금도 생존을 위해 자연과 투쟁을 벌이고 있다. 그러나 이를 먼발치에서 지켜보며 해결을 촉구하기에는 그들이 처한 조건이 너무 열악하다. 그렇다면 '아시아 최대의 환경 재앙'이라 불리는 황사는 해결이 불가능한가?

방금 얘기했듯이 황사 발원지의 가장 큰 문제는 산림의 벌목과 과도한 경작으로 인한 사막화다. 그리고 이는 그 지역에 사는 사람들의 에너지 및 식량 문제와 관련이 있다. 생존 환경이 열악한 그곳에서는 지력을 보호하고자 심은 나무도, 당장의 생존 앞에서 땔감으로 전락해 버리고 말기 때문이다. 환경 단체들은 이러한 악순환을 해결하기 위해서 그 지역에 지속적으로 에너지를 생산할 수 있는 시설을 공급해야 한다고 주장한다. 사막 지역의 풍부한 일조량과 강한 바람을 이용하면 태양열·풍력 발전이 가능하다는 것이다.

환경 문제는 더 이상 발생 국가만의 책임이 아니다. 앞서 산업 발전을 이루어 낸 국가는 후발 국가가 환경 문제에 적극 대처할 수 있도록 지원을 아끼지 않아야 하며, 후발 국가는 환경 문제의 해결 없이는 미래가 존재할 수 없음을 깨달아야 한다. 그런 점에서 불모지의 자연조건을 적극 이용해 에너지를 생산하고, 이를 통해 식생의 파괴를 근본적으로 막아 보려는 노력은 매우 유의미하다. 요컨대 동북아시아 국가들의 공동 노력은 봄의 불청객, 황사를 졸업하기 위해 꼭 이수해야 할 필수 과목이라 할 수 있다.

남한산성의 지리학

: 산성(山城)의 입지와 흥망성쇠

남한산성은 백제 시대에 지어진 토성을 바탕으로, 조선 시대에 인조가 1624년부터 축성한 산성이다. 흔히 남한산성은 '하늘이 만들어 준 천혜의 요새', 곧 '천작지성(天作之城)'으로 알려져 있다. 사람들이 사는 가운데 부분은 평평하지만, 바깥을 둘러싸고 있는 산들은 높고 험해서 함부로 넘볼 수 없기 때문이다. 2012년 5월에는 남한산성 행궁이 10여 년에 걸친 공사를 끝내고 마침내 공개되어 많은 이들의 관심을 끌기도 했다. 병자호란의 아픔과 삼전도의 굴욕, 일제에 의한 훼손 등 굴곡진 역사와 함께한 남한산성, 그곳에는 과연 어떤 이야기가 숨어 있을까?

〈반지의 제왕〉에서 남한산성을 느끼다!

형준

야, 너 혹시 영화 〈반지의 제왕〉 봤냐? 그 유명한 영화를 난 어제서야 봤다! 세 편을 하루 종일 시간 가는 줄 모르고 정말 재미있게 봤어.^^

이준

아 그래? 난 〈호빗〉 시리즈까지 모두 봤는데. 뭐가 가장 기억에 남아?

형준

음…… 아무래도 전투 장면이 아닐까? 특히 '왕의 귀환' 편에 나온 펠레노르 평원에서 펼쳐진 엄청난 광경은 아직까지도 눈에 선해.

이준

그래, 맞아. 난 몇 번이고 다시 봐도 질리지 않더라. 근데 난 전투 장면보다 컴퓨터그래픽(CG)이 더 큰 감동으로 다가왔어. 인터넷을 보니까 슈퍼컴퓨터 수십 대를 동원했기에 가능했던 CG 효과라 하더라고. 대단하지 않니?

형준

그러게 말이야. 인간의 상상력이 대단하다는 생각도 들고. 컴퓨터그래픽 이야기가 나왔으니 말인데, 난 곤도르의 수도인 '미나스 티리스(Minas Tirith)' 성이 그렇게 멋지더라.

이준

아, 그 하얀색의 요새 말하는 거구나. 맞아. 정말 대단한 요새였어. 급경사의 절벽에 세워진 거대한 성곽에서 최후의 전투가 펼쳐졌지. 아마 사우론의 어둠의 군단에 맞선 최후의 항전이었지? 특히 간달프가 미나스 티리스에 이르러 요새를 바라보는 장면은 정말 압권이었어.

형준

이야~ 다시 생각하니 가슴이 설렌다. 어떻게 그런 멋진 성을 만들 생각을 했을까? 최후의 항전을 위한 요새라……. 미나스 티리스가 실재한다면 거금을 들여서라도 꼭 한 번 가 보고 싶을 정도이긴 하더라.

이준

최후의 항전을 위한 요새라니, 문득 우리나라에도 그와 비슷한 의미를 지닌 성곽이 있다는 생각이 드는데? 내 생각엔 조선판 미나스 티리스라 불러도 손색이 없을 거 같아.

형준

정말? 그런 멋진 곳이 있단 말이야? 거기가 어딘데?

이준

응. 바로 남한산성이야. 작가 김훈의 소설 『남한산성』을 읽으면서 참 많은 생각을 했거든.

형준

남한산성이라면 나도 많이 가 봤어. 부모님과 외식하러 자주 갔던 곳이야. 그런데 난 그다지 멋진 경관을 본 기억이 없는걸? 밥만 먹고 와서 그런가?

이준

그랬구나. 소설을 읽고 그곳에 대해 자료를 찾아보니 생각보다 큰 의미를 지닌 곳이더라고. 내친김에 이번 주말에 같이 가 볼까?

형준

그래 좋아. 한국판 미나스 티리스라 불릴 만한 무언가가 있다는 소리지? 벌써부터 기대된다.^^

하늘과 맞닿은 방어 공간, 산성

세월의 무게가 내려앉은 빛바랜 성곽은 보기만 해도 가슴이 벅찰 정도로 아름답다. 돌의 무게와 크기에서 느껴지는 웅장함과 켜켜이 올려 쌓은 역학은 보는 이의 경탄을 자아낸다. 푸른 이끼가 낀 커다란 석돌을 마주할 때면, 오늘날처럼 중장비를 동원하지 않고 축성했던 선조들의 노고에 고개가 숙여진다. 분명 만만치 않은 노동력이 투입됐을 것이기 때문이다. 선조들은 왜 많은 노동력을 들여 성곽을 쌓았을까?

성곽의 주된 목적은 방어다. 지금처럼 국제 사회가 안전망을 갖기 이전에는 적으로부터 국가의 안위를 보호하는 것이 중요했다. 『세조실록』에 따르면, 세조 2년(1418)에는 약 760여 개소의 성곽이 분포했다고 전해진다. 조선 왕조 전반기를 살아가던 선조들에게 성곽은 오늘날의 아파트처럼 흔히 볼 수 있는 경관이었던 셈이다. 하지만 일제 강점기와 근대화 과정을 거치면서 많은 성곽이 철거되어 아쉽게도 오늘날까지 전해지는 것은 그다지 많지 않다.

성곽은 산성(山城), 행성(行城), 읍성(邑城)으로 구분된다. '산성'은 방어를 목적으로 산 정상부에 건설되었다. '행성'은 여러 성을 연이어 쌓으면서, 지형이나 구간에 따라 방어에 유리한 구조물을 설치한 성곽이다. 마지막으로 '읍성'은 방어와 통치의 성격을 함께 지닌 성곽으로, 대체로 평지나 산지에 기대어 축조되었다. 이들 중 우리나라 성곽의 대표 주자는 본디 산성이었다.

산지의 비중이 높은 우리나라에서 산성의 비중이 높은 것은 당연하다. 따지고 보면 조선 초기부터 발달한 읍성의 상당수는 인근의 고(古)산성에서부터 옮겨 온 것이 많다. 고려 말에서 조선 초에는 방어에 유리한 산성과 식량 생산에 유리한 읍성에 대한 호불호가 갈려 논쟁이 일기도 했다. 왜적과 홍건적의 침입을 막기 위한 산성 방어론과 먹고사는 문제를 앞세운 읍성 방어론이 대립각을 세운 것이다. 이 같은 논쟁은 조선의 세종 대에, 평지 읍성의 축조를 위주로 한다는 방침이 세워지면서 종식되었다. 이는 읍성 축조의 전성기를 낳는 계기가 된 반면 고을의 중심지 성격이 강했던 산성의 쇠락을 불러왔다. 그런데도 20세기 초반까지 산성 본연의 임무를 수행했던 사례가 있으니 바로 '남한산성'이다.

남한산성, 천혜의 요지에 움을 트다

남한산성은 한강의 이남, 경기도 광주시에 위치한다. 남한산성 내부는 행정 구역상 산성리(山城里)에 해당하며, 남한산(522m)에 위치한 덕에 해

남한산성의 전경.

발 고도가 340m로 높은 편이다. 흥미로운 사실은 산성리가 1626년부터 1917년까지 무려 300년 동안 광주의 행정 중심지였다는 점이다.

저지대에 비해 고지대가 갖는 장점으로는 방어상의 이점, 조정의 간섭으로부터 비교적 자유롭다는 점 외에는 찾아보기 힘들다. 게다가 산으로 올라가면 치러야 할 대가는 더욱 커진다. 일단 산의 정상부에서는 물을 구하기 어렵다. 이는 사람의 생존과 직결되는 문제이기에 산성의 선택은 모험이 될 수 있다. 그리고 식량을 확보할 수 있는 농경지도 부족하고, 있더라도 경사면이 급해 토양이나 농작물의 유실 위험이 크다. 따라서 산성은 시대를 막론하고 대개 평지에 축성된 읍성과 일체를 이뤄 비상시에 기능을 발휘하는 정도로 여겨졌다.

이런 맥락에서 광주부의 행정 중심지가 산의 꼭대기에 위치한 것은 기존의 통념을 벗어난 특이한 사례라 할 수 있다. 하지만 광주 읍치(邑治,

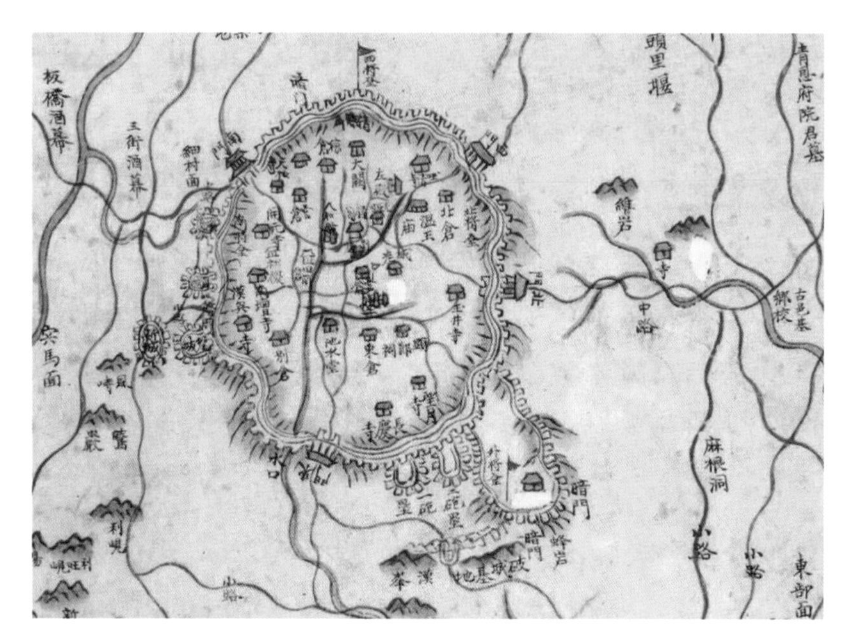

남한산성이 그려져 있는 해동지도(海東地圖). 조선 영조 시대에 제작되었으며, 현재 서울대학교 규장각에 소장되어 있다.

조선 시대 행정 기능을 담당하던 고을의 중심지)가 굳이 높은 산으로 올라간 데는 그만한 이유가 있다.

남한산 주변을 살펴보면 동쪽으로 넓은 폭의 광주 산지가 이어져 있다. 반면에 북쪽과 서쪽으로는 오늘날의 강남구와 송파구 일대가 자리한다. 남한산성에 오르면 이들을 한눈에 조망할 수 있기 때문에, 이곳의 전략적 가치는 오래전부터 인정받아 왔다. 학계에서는 남한산성이 이미 백제 시대에 축조된 토성을 기반으로 조선 시대에 개축되어 오늘날에 이르렀다고 본다. 특히 조선의 조정은 임진왜란을 치르며 평지에서 적을 상대하는 것이 쉽지 않음을 느끼게 되었고, 이는 남한산성의 전략적 가치에 더욱 힘을 실어 주었다. 이를 증명하듯 실제로 병자호란 당시에는 남한산성에서 청(淸)나라 군대와 맞서 한 달이 넘는 기간 동안 최후의 항전을 벌였다. 이쯤에서 얼핏 드는 생각은 전략적으로 조망이 탁월한 산지에는 대부분 산성이 입지했을 것이라는 가정이다. 하지만 그렇지는 않다. 남한산성의 남다른 가치는 남한산의 독특한 지형 조건에서 기인하기 때문이다.

읍치는 행정, 방어, 종교, 상업 등의 기능을 복합적으로 수행한다. 이러한 핵심 시설이 들어서기 위해서는 인간의 생활 무대가 비교적 평탄한 곳이 좋다. 남한산성 내부는 산 정상부인데도 거짓말처럼 평탄한 지역이 펼쳐져 있다. 그 이유는 산성리 일대가 지형학적으로 고위 평탄면이기 때문이다. 가파른 산 정상부에 인간이 생활할 수 있는 평탄면의 존재는 남한산성의 입지 품격을 더욱 높여 주었다. 산 정상부이지만 평탄면이 있기에 집수(集水, 한곳으로 물을 모음)와 기본적인 생활을 위한 곡물 수확에도 큰 무리가 없었다. 그야말로 산성의 입지로는 더할 나위 없이 좋은 곳이었다. 결국 남한산성의 특별한 가치는 주변을 조망할 수 있는 위치적 특징과 보편성을 벗어난 독특한 지형 조건에서 빚어진 결과라 할 수 있다.

남한산성에 새겨진 어두운 그림자

천혜의 요새로 남다른 가치를 인정받았던 남한산성. 그러나 위풍당당한 모습 이면에는 병자호란이라는 깊은 그림자가 드리워져 있다. 병자호란은 1636년에 청나라가 조선을 침입하면서 빚어진 전쟁이다. 인조(재위 1623~1649) 14년, 청나라는 중국 대륙을 지배하기 위한 사전 작업으로 조선에 군신 관계를 맺자고 요구하였다. 하지만 청나라를 오랑캐 나라라며 무시해 왔던 조선 양반들에게 그들의 요구는 결코 납득하기 어려운 것이었다. 이에 대해 척화파(적의 협정을 거부하는 입장)와 주화파(전쟁보다는 평화를 지향하는 입장)로 갈린 설전에서 척화론이 우세를 점하면서 돌이킬 수 없는 패전의 서막이 올랐다.

약 13만 명에 육박하는 병사를 이끌고 조선을 침범한 청 태종(太宗, 재위 1626~1643, 청나라 제2대 황제)은 무서운 속도로 한양을 함락시켰다. 단

1639년(인조 17년)에 세워진 삼전도비는 현재 사적 제101호로 지정되어 있다.

5일 만에 수도 한양을 집어삼킨 뒤 인조와 조정 대신의 강화도 피란길을 양화진(서울 마포구 합정동에 있던 나루)에서 막아섰다. 어쩔 수 없이 인조는 마지막 보루인 남한산성에 칩거하였으나 열흘 만에 청군에 포위되었다. 앞서 말했듯이, 남한산성의 뛰어난 방어 조건은 청군의 고립 작전에 맞서 한 달이 넘는 항전을 가능하게 했다. 하지만 비축된 식량이 고갈되고 매서운 추위가 몰아치면서 인조는 결국 항복을 선언하고 말았다.

그 뒤 인조는 청 태종이 머물던 삼전도(三田渡, 송파구 삼전동 부근)로 이동하여, 세 번 절하고 아홉 번 머리를 조아리며 오랑캐와 군신 관계를 맺었다. '삼전도의 굴욕'으로 표현되는 그날의 역사는 '삼전도비(서울 송파구에 세워진 '청 태종 공덕비'를 가리킴)'로 남아 후대에 전해지고 있다. 불미스럽게도 이 사건을 계기로 남한산성의 역사 경관은 우리나라 역사에서 가장 치욕스러운 장면을 간직하게 되었다.

남한산성의 흥망성쇠

결과적으로 병자호란을 거치면서 치욕적인 군신 관계를 맺기는 했지만 50여 일간의 항전은 의미가 남다르다. 남한산성 일대는 임금이 있는 도성은 물론 한강 유역과 경기 남부 지역의 방어를 전담하는 전략적 요충지였다. 이 때문에 1626년에는 방어 기능을 강화하기 위한 조치로 광주부(廣州府)의 읍치까지 산성 내에 위치하게 되었다. 이러한 변화를 계기로 남한산성은 보다 강력한 방어 체계를 구축할 수 있었고, 청에 한양을 빼앗긴 기간보다 10배 가까운 시간을 고립된 상태에서 버텨 낼 수 있었다. 이는 남한산성이기에 가능한 것이었다.

비록 치욕스러운 아픔을 간직하게 되었으나 그 뒤 남한산성의 주가는 더욱 상승했다. 남한산성은 행정 기능은 물론 5일마다 장시가 열리는 등 상권 기능도 수행하였다. 주로 소와 미곡, 어물과 소금, 땔감 등이 교역되었는데 그 양은 다른 고을에 크게 미치지 못하였으나 산성이라는 위치적 특색을 감안한다면 그리 적은 수치는 아니었다. 이러한 위상은 구한말까지 이어져 상당히 많은 인구가 성내에 거주했다. 그러나 1914년에 일제가 행정 구역 개편을 단행하면서 남한산성은 행정 기능을 상실하게 되었고 이는 남한산성의 급격한 쇠락으로 이어졌다.

이러한 변화의 근원에는 교통수단과 교통로의 변화라는 인문지리적 요소가 내재되어 있다. 조선 후기 남한산성 일대의 국가적 간선 도로는 영남 대로였다. 한양에서 충주를 지나 부산 동래에 이르는 길로, 그 사이에 남한산성이 자리한다. 영남 대로는 송파 나루를 건너온 사람들이 남한산성을 경유하여 경안(京安, 오늘날의 경기 광주시)과 이천을 지나 충주를 넘어 영남 지방으로 이동하는 루트였다. 이러한 대로의 거점으로써 남한산성의 입지는 확고했다.

하지만 한일 합방 이후 일제에 의해 주도된 도로 건설 사업은 일대의 공간 구조에 큰 변화를 몰고 왔다. 이번에는 남한산성 주변도 예외일 수 없었다. 신작로의 요충지가 된 경안 지역은 광주 군청 소재지이자 신흥 지역 중심지로 급부상한 반면, 산 정상부에 위치한 산성리는 쇠락의 길을 걷게 된 것이다. 결국 공간의 무게 중심이 신작로 주변으로 이동하면서 남한산성 안에 위치한 광주 읍치의 영화는 머나먼 기억 속으로 사라지고 말았다.

> **남한산성에 놀러 오세요!** ★★★★★
>
> 남한산성은 해발 497m의 청량산에 축조된 산성으로, 그 역사는 삼국 시대까지 거슬러 올라갑니다. 백제 때 처음 지어진 토성을 활용해, 조선 시대에 인조가 여러 가지 시설물을 만들고 성을 증축하여 오늘날의 형태를 갖추게 된 거죠. 하지만 그동안 남한산성은 우리에게 인기 있는 산행 코스이자 유원지로만 인식되어 왔어요. 그런데 2012년, 남한산성 행궁 복원이 완료되면서 이곳의 숨은 역사가 널리 알려지게 되었습니다.
> 행궁은 상궐, 하궐, 좌전으로 구분되는데 상궐은 왕의 처소, 하궐은 왕이 일하던 곳, 좌전은 종묘(宗廟)를 모신 곳이라고 합니다. 조선의 왕들이 걸었을 행궁 돌담길, 왕이 머물렀던 궁궐과 후원을 둘러보다 보면 어느덧 조선 시대로 돌아간 듯한 착각이 들게 됩니다. 특히 왕이 휴식을 취하던 [illegible]천정에서 내려다본 행궁과 산성 마을은 그림처럼 아름답다고 해요. 이번 주말, 남한산성을 찾아가 아름다운 경치와 더불어 역사의 한 장면을 살펴보는 건 어떨까요?

남한산성의 새로운 도약

하지만 최근 남한산성은 새로운 반전을 준비하고 있다. '추락하는 것에는 날개가 있다(이문열 작가가 1988년에 발표한 장편 소설의 제목)'는 말은 바로 이런 때 쓰는 게 아닌가 싶다.

남한산성의 지리적 특징은 오랜 세월을 거치며 전략상의 요충지, 행정 중심지 그리고 급격한 쇠락 등으로 변모되어 왔다. 이러한 변화는 모두 시대에 따라 목적이 변용되면서 발생한 것이다. 같은 논리로 1980년대 이후 경제 성장에 따른 여가 시간의 증가와 자가용의 보급은 추락하는 남한산성에 재도약의 날개를 달아 주었다.

통계에 따르면 매년 약 320만 명의 관광객이 남한산성을 찾는다. 이

호젓한 남한산성 행궁의 정경. 행궁은 사적 제408호로 지정되어 있다.

는 경기도에서 '에버랜드' 방문객 다음 많은 숫자로, 상당수가 수도권에 거주하는 사람들이다. 이들이 남한산성을 찾는 이유는 수려한 자연 경관과 역사 경관 그리고 한강이 한눈에 보이는 시원한 등산로를 만끽하기 위해서다. 남한산성이 수도권의 대표적인 휴식처로 자리매김하면서 음식업도 성황을 이루고 있다. 경기도는 '남한산성 전통 음식 마을'을 지정하여 색다른 의미로 복원된 산성리의 입지를 재조명하기도 했다. 남한산성과 같이 도시민의 다양한 욕구를 충족시켜 주는 공간은 우리에게 사막의 오아시스와도 같다.

최근 남한산성의 위상은 어느 때보다 드높아졌다. 행궁(임금이 이동할 때 잠시 머무는 별궁), 외행전, 일장각, 한남루 등을 복원하기 위한 공사가 2002년 시작되어 10여 년의 노력 끝에 마무리되었기 때문이다. 무엇보다 남한산성은 2014년, 우리나라에서 11번째로 세계 문화유산에 등재되는 쾌거를 이루었다. 역사의 굴곡을 오롯이 간직한 남한산성의 역사·문화적 가치를 세계적으로 인정받은 것이다. 덕분에 우리는 다시 한 번 남한산성의 소중함을 되새길 수 있게 되었다.

제2부

사람을 만나다, 우리나라 인문지리

2부에서 다뤄질 지리적 위치

❶ 제주도	❷ 안동	❸ 세종시	❹ 영동
❺ 신탄진	❻ 태안	❼ 강경	❽ 신도안
❾ 부산	❿ 대전	⓫ 득량만	⓬ 두물머리

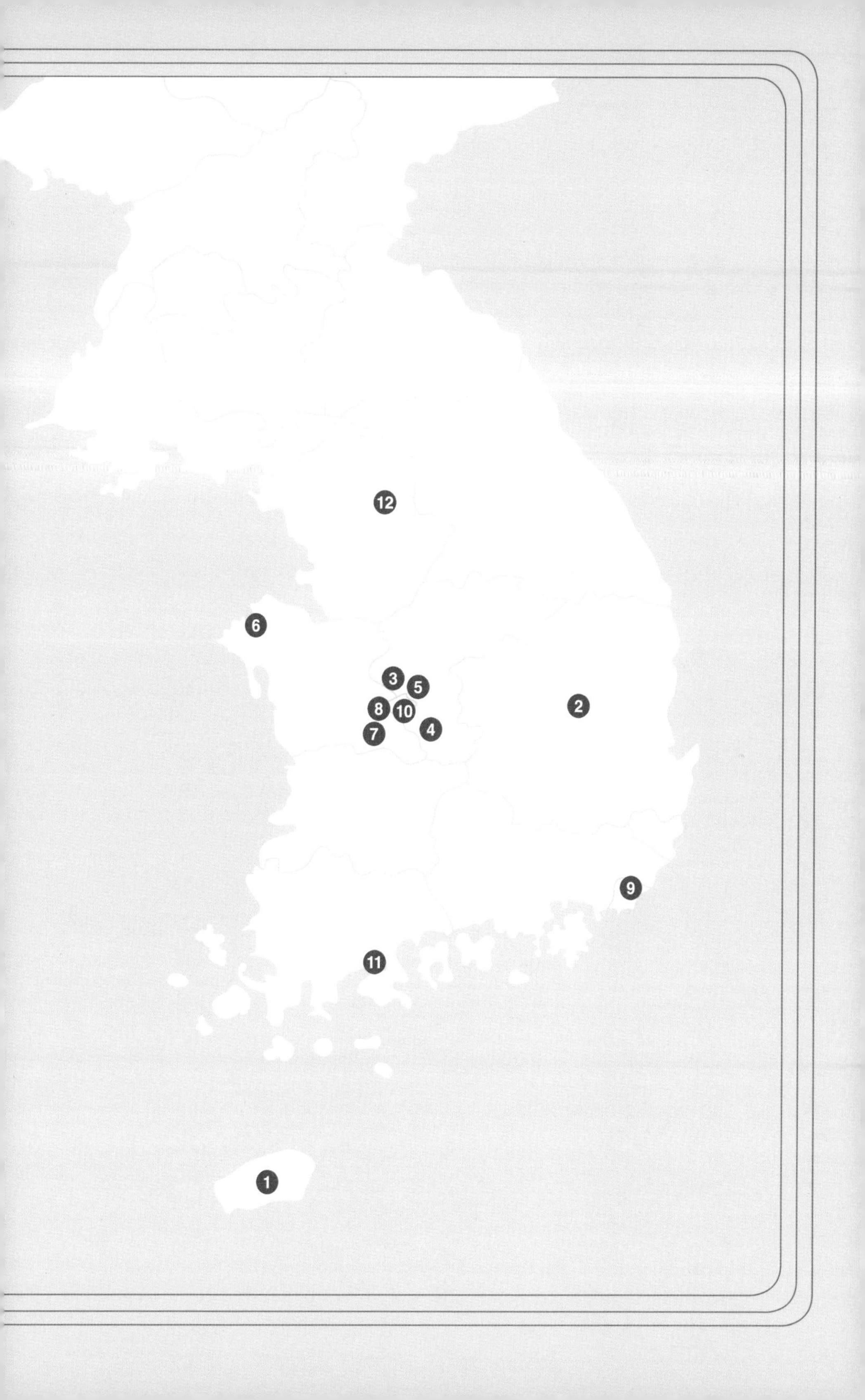
12
6
3
5
8
10
2
4
7
9
11
1

추사와 하멜이 제주도에 머문 까닭은?

: 제주도의 위치 특성

천혜의 아름다운 풍광과 무궁무진한 관광 자원을 가진 한반도 최남단 섬, 제주도. 지금 제주도는 우리나라 최고의 관광지로 사랑받고 있지만 조선 시대에는 역설적이게도 최적의 유배지로 각광을 받았다. 조선 후기의 명필 김정희를 비롯해, 송시열, 광해군, 박영효 등 많은 유명인이 이곳에 유배되어 외로운 삶을 살아야만 했다. 이번에는 제주도의 지리적 위치를 바탕으로, 제주도가 유배의 섬이 되었던 이유는 무엇인지 알아보자.

추사 김정희 선생의 유배기

: 1845년 10월의 어느 날

5년 전, 유배 생활을 위해 제주를 향해 가는 험난한 여정을 겪으면서 나는 비로소 죽음을 직시했다. 집채만 한 풍랑과 거센 바닷바람, 점점 멀어져 가는 뭍을 바라보며 그동안 집요하리만치 붙잡고 있었던 삶에 깊은 회의가 들었다. 무엇보다 나를 절망에 빠뜨린 건 집 주위를 감시하듯 둘러쳐진 탱자나무의 가시덤불이었다. 유배인임을 알리는 냉엄한 가시덤불 속에서 나의 자아는 점점 작아지고 있었다. 처음, 유배지에서의 생활은 불편한 옷차림만큼이나 힘든 것이었다.

하지만 주저앉아 한탄만 할 수는 없는 일. 뭔가 할 일을 찾지 않으면 견딜 수 없을 정도로 내 심정은 절박했다. 불가에선 '일체유심조(一切唯心造, 모든 것은 마음먹기에 달려 있음)'라 했던가. 검은 돌밖에 보이지 않는 척박한 제주, 이곳에서 나는 농경을 연구했고, 기존 공부를 정리했으며, 나를 지탱하는 또 다른 삶의 축인 서화(書畵)에 대해 깊이 고민했다. 여유가 된다면 제주 사람들에게 나의 공부를 전하고도 싶었다.

그러자 처음엔 지옥처럼 느껴졌던 제주도의 투박한 환경이 더없이 아름다워 보였다. 지금껏 느껴 보지 못한 색다른 영감을 안겨 주었다. 유배 생활 다섯

해에 접어든 지금, 역설적으로 나는 제주에서의 유배 생활에 감사한 마음을 지니게 되었다.

지난 시간을 회고하니 문득 떠오르는 이야기가 하나 있다. 모슬포의 촌로에게서 전해 들은 '붉은 털의 야만인'에 관한 이야기인데, 이는 자신의 선조 대부터 전해 내려온 것이라 한다. 그 괴이함 때문에 아직도 생생하게 머리에 남아 있다. 촌로의 선조는 포졸로, 인조 5년(1627년) 모슬포 해변에서 붉은 털의 야만인 세 명을 잡아들였다고 한다. 그 야만인들은 커다란 키에 창백한 얼굴을 한 데다 붉은 털이 온몸을 뒤덮고 있었다. 촌로는 효종 5년(1653년)에 비슷하게 생긴 야만인들이 다시 모슬포에 출현했고 그들 또한 조정으로 압송되었다고 전했다.

그러고 보니 얼마 전 이웃 고을 차귀도에 표류했다던 김대건 신부의 이야기가 떠오른다. 그들 일행은 상해에서 인천으로 향하던 중 격한 풍랑을 만나 표류했다고 한다. 적지 않은 이들이 의도하지 않았건만 계속해서 제주에 표착(漂着, 물결에 떠돌아다니다가 어떤 뭍에 닿음)하는 것 같다. 혹시 무슨 특별한 이유라도 있는 걸까?

위치란 무엇인가?

친구에게 전화를 걸었을 때 가장 먼저 묻는 것은 무엇인가? 아마도 "너 지금 어디 있어?"라는 상대의 '위치(位置)'가 아닐까 한다. 상대방이 어디에 있는지를 알면 그 사람의 상황을 파악할 수 있기 때문이다. 예컨대 도서관에 있다면 공부하는 친구의 모습을 떠올리고, PC방이라 하면 편안한 마음으로 게임을 즐기는 모습을 상상하게 된다.

일반적으로 위치는 『국어사전』에서 '일정한 곳에 자리를 차지함'으로 정의된다. 이에 비해 지리학에서는 보다 구체적인 잣대를 두고 실증적으로(경험적 사실의 관찰과 실험에 따라 적극적으로 증명해) 파악하려 노력한다. 이런 노력의 결과 두 가지의 위치적 특성이 탄생했는데 각각을 '절대적 위치'와 '상대적 위치'라 부른다.

1998년 처음 선보여 전 세계 게임 시장을 석권한 전략 시뮬레이션 게임 〈스타크래프트〉를 잘 알고 있을 것이다. 〈스타크래프트〉는 자신의 자원 상황을 실시간으로 파악하면서 상대편의 병력과 전투를 벌이는 게임이다. 이 게임에서 종족의 특성을 떠나 상대를 제압하기 위해 가장 중요한 일은 상대 진영의 위치를 파악하는 것이다. 빠른 정찰로 상대 진영이 '어떤 지형'의 '몇 시 방향'에 있는지를 알아내야만 거기에 맞는 전략을 마련할 수 있다.

여기서 '몇 시 방향'이란 절대적 위치 중 '수리적 위치'에 해당한다. 가령 우리나라는 북위 33°~43°, 동경 124°~132°에 위치한다고 이야기하는데 이것이 바로 수리적 위치다.

자, 이제 상대 진영이 몇 시 방향에 있는지 알았다면 주변의 지형과 지물을 살펴야 한다. 다른 본진을 건설할 마땅한 자리가 있는지, 아니면 상대방 몰래 생산 건물을 지을 수 있는지 알아보는 것이다. 이러한 움직임은 게임 중후반의 상황을 보다 유리하게 끌고 갈 수 있는 사전 작업이 된다. 이렇게 주변의 지형과 지물을 이용한 위치를 절대적 위치 중 '지리적 위치'라고 한다. 우리나라를 '유라시아 대륙 동안', '반도국'이라 설명했다면 이는 지리적 위치를 표현한 것이다.

한편 여러 사람이 동시에 게임을 할 때는 내 편이 나와 가까운가, 아니면 상대편이 가까운가를 살펴야 한다. 내 편이 가깝다면 공격, 상대편이 가깝다면 방어에 비중을 두고 건물과 유닛(unit, 흔히 게임에서는 캐릭터를 뜻함)을 생산하는 것이 유리하다.

이렇게 시대 및 주변 국가들의 정황에 따라 그 의미가 달라지는 위치 특성을 '상대적 위치(관계적 위치)'라 부른다. 우리나라는 반도로써 대륙 세력과 해양 세력이 만나는 곳에 위치한다. 최근에는 경제가 크게 성장하면서 이렇듯 유리한 위치적 특성을 바탕으로 동북아시아의 중심 국가로 부상하였다. 우리나라가 통일이 된다면 한반도의 중요성은 더욱 높아질 것이다.

유배의 섬, 제주도

신생대 4기에 형성된 초기의 지형을 잘 보존하고 있는 제주도(정식 명칭은 '제주특별자치도')는 그 자체로 '화산 박물관'이다. 수많은 기생 화산, 초원, 용암에 의해 형성된 다양한 볼거리는 세계가 인정한 자연 유산이기도 하다. 하지만 제주도가 아름다운 섬으로 인식되기 시작한 지는 불과 반 세기밖에 되지 않았다. 조선 시대에는 '유배지=제주도'라는 등식이 성립되어 있었다. '아름다운 제주'에 '유배'라는 옷이 입혀질 수 있었던 이유는 무엇일까?

유배란 중죄인을 가능한 한 멀리 보내 쉽게 돌아오지 못하도록 하는 종신형에 가까운 형벌이다. 특히 조선 중기에 접어들어 사화(士禍)나 당쟁(黨爭)이 자주 일어나면서 유배 제도를 정밀하게 정비할 필요성이 높아졌다. 따라서 중국의 『대명률』(大明律, 명(明)나라의 기본 법전)을 기본으로 유배의 종류와 거리를 확정하게 되었다.

하지만 중국의 것을 그대로 모방할 수 없는 부분이 있었는데 바로 유배의 거리를 정하는 문제였다. 그 당시 『대명률』에서 규정한 거리는 3,000리였다. 중국은 면적이 넓기 때문에 원하는 만큼의 거리로 유배를 보낼 수 있었다.

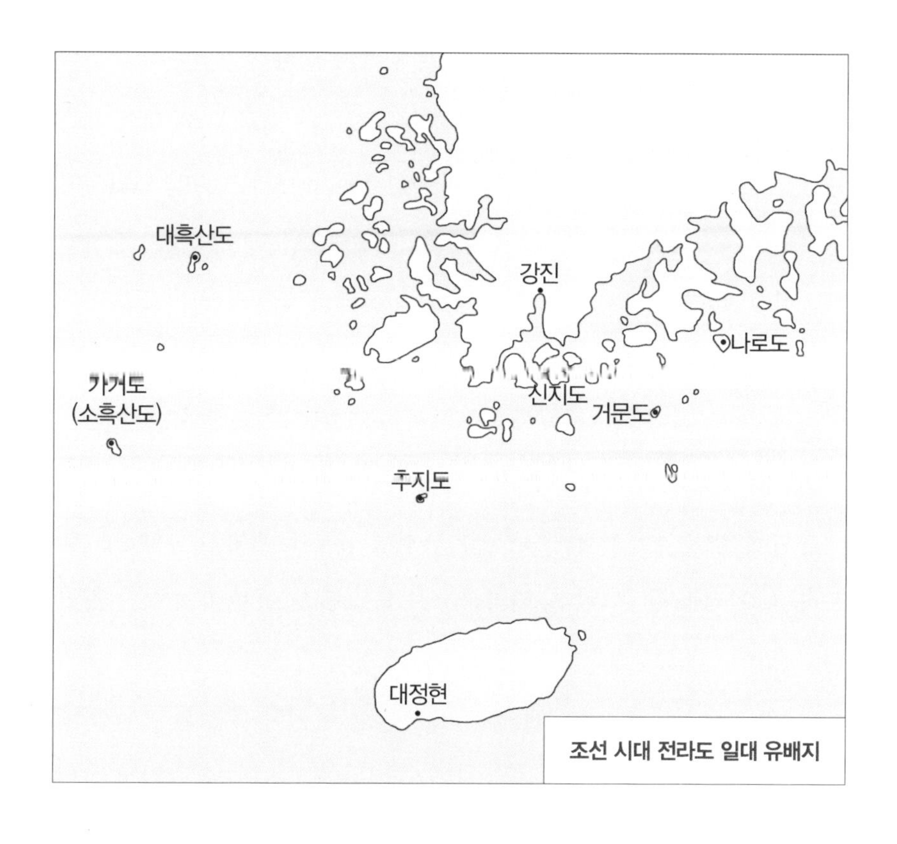

조선 시대 전라도 일대 유배지

그런데 조선은 한반도의 머리에서부터 발끝까지를 합해도 3,000리에 모자랐다. 더욱이 수도였던 한양을 기준으로 3,000리나 떨어진 곳을 찾기란 불가능에 가까웠다. 그리하여 조선에서는 직선 대신 곡선, 즉 '곡행(曲行, 꼬불꼬불 돌아서 감)'이라는 대안을 마련하여, 합산 후 3,000리를 적용코자 했다. 예컨대 정조 때 유배형을 받았던 김약행은 한양에서 970리 떨어진 경상도의 기장(현재는 부산광역시 기장군)을 시작으로, 강원도 평해를 거쳐 함경도 단천까지 약 3,000리에 해당하는 곡행길에 올랐다는 기록이 있다.

이런 복잡함을 줄이기 위해 조정에서 선택한 대안은 섬으로의 유배였다. 조선 시대의 경우 왕족이나 특수층은 강화도나 백령도, 그 밖의 계층은 전라도·경상도·평안도 연해에 있는 섬으로 유배되는 것이 일반적이었다. 섬은 그 자체로 주변 세계와 단절된다는 '고립'의 이미지가 강하기 때문이다. 이러한 섬 가운데서도 3,000리 유배의 상징적 의미를 곧추세울 수 있는 곳은 제주도가 유일했다. 『대전통편(大典通編)』•에는 죄명이 특히 중한 자 외에는 제주도에 유배시켜서는 안 된다는 기록이 남아 있다. 이는 제주도로의 유배가 매우 험난한 것이었음을 암시하는 대목이다.

특히 중앙 정계에서 권력 다툼을 하거나 음모에 휩싸인 사람들은 대부분 제주도에 유배되었다. 따라서 제주도를 찾은 유배객은 적지 않았다. 세간에 널리 알려진 추사 김정희를 비롯하여 광해군, 송시열, 최익현, 박영효 등이 '제주 유배객 명부'에 이름을 올렸다. 본토를 떠난 유배객은 험난한 바닷길을 거쳐 제주도에 들어왔다. 이들은 척박한 화산섬에서 자신의 삶을 회고함과 동시에 죽음을 직시했다.

환경이 너무 열악해서였을까? 흥미로운 사실은 유배 현실에 대한 냉엄한 인식이 다양한 문화유산의 산파 역할을 톡톡히 해냈다는 점이다. 김정희는 이곳에 머물며 추사체를 완성하고 〈완당 세한도〉 등 많은 서화를 남겼으며, 송시열은 멋진 시조를 지었다. 제주도는 아니었지만 정약용 또한 강진에서의 유배 생활을 통해 크나큰 학문적 성과를 이룰 수 있었다. 이들의 업적은 유배라는 극한 상황에서 연출된 '조선판 휴먼 스

• 조선 시대에 『경국대전』 등 여러 법령집을 한데 통합하여 편찬한 법전.

토리'였다.

이제 제주도가 '유배의 섬'이라는 옷을 입게 된 이유를 '지리'를 바탕으로 살펴보자. 한반도는 북위 33°~43°에 걸쳐 있으며, 북위 33°에 위치한 제주도는 한반도 최남단의 화산섬이다. 제주도가 갖는 절해고도(絶海孤島, 육지에서 아주 멀리 떨어져 있는 외딴섬)의 이미지는 이 같은 '절대적 위치'에서 비롯된다. 결국 제주도가 '최적의 유배지'가 될 수 있었던 이유는, 최남단이라는 절대적 위치에 '척박한 환경의 섬'이라는 이미지가 조합되었기에 가능한 일이었다.

제주도는 왜 척박할까? ★★★★★

다들 잘 알고 있듯이 제주도는 화산섬입니다. 제주도는 경사가 완만한 순상 화산으로 이루어진 섬으로 평지의 비중이 높고 화산 토양이 발달했어요. 일반적으로 화산이 분출하여 만들어진 토양은 비옥하고, 바람에 의해 쉽게 날릴 정도로 무게가 가벼운 게 특징입니다. 그럼에도 불구하고 제주도는 농경에 불리한 조건을 지녔답니다.
그 이유는 뭘까요? 결론은 강한 바람 때문에 토양의 유실이 많고, 기반암이 물이 잘 빠지는 특성을 지녔기 때문이에요. 바람에 따른 토양의 유실과 배수가 잘되는 지형 조건으로 인해 제주도는 '척박'의 대명사가 된 거죠. 하지만 농사를 지을 수 없는 이런 척박한 환경 때문에 제주도에서는 '해녀 문화'가 자리 잡을 수 있었다고 하네요.

동중국해의 중간 거점, 제주도

제주도의 절대적 위치 특성을 바탕으로 한 유명한 역사적 사건이 있다. 바로 동인도 회사의 선원이었던 헨드릭 하멜(Hendrik Hamel, 1630~1692)의 제주도 표류다. 그 당시 하멜의 조국 네덜란드는 동인도 회사를 기반으로 세계 해상 무역의 선두를 자처하고 있었다. 유럽을 넘어 아시아와 아

하멜이 타고 온 스페르웨르호를 재현한 모형(좌)과 위치 표식(우). 둘 다 하멜이 처음 상륙했던 제주도 용머리 해안에 위치하고 있다.

프리카, 더 나아가 아메리카에 이르기까지 네덜란드 국적의 선박을 찾아보는 일은 그리 어렵지 않았다. 특히 아라비아 반도의 예멘에서 일본의 나가사키로 연결된 해상 루트는 동서양을 연결하는 환상적인 무역 네트워크였다.

바로 이러한 시대적 분위기에서, 하멜은 1653년 인도네시아 자바 섬의 바타비아•를 떠나 일본의 나가사키를 향하여 항해하기 시작했다. 그런데 타이완 해협을 거쳐 제주 해역을 지나던 중 거친 풍랑을 만나 표류하다가 제주의 모슬포에 닿게 되었다. 하멜이 표류할 당시 조선의 사회

• 현재 인도네시아의 자카르타. 인도네시아가 네덜란드의 식민지였던 시절, 바타비아는 동양 무역의 거점 도시로 중국과 일본의 나가사키를 총괄하는 지역 본부 역할을 했다.

적 분위기는 그들을 환대할 만큼 여유롭지 않았다. 북으로는 만주족, 남으로는 일본에 끼어 있는 상황에서 조선이 선택할 수 있는 것은 강력한 쇄국밖에 없었다.

조선인들에게 생경한 모습이었던 네덜란드 인들은 '붉은 털의 야만인'이라 불리며 고난의 행군을 시작했다. 하멜 일행은 곧바로 나주, 전주, 공주 등을 거쳐 조정에 압송되었다가 다시 여수로 보내졌다. 그러는 동안 왕에서부터 노예에 이르기까지 다양한 사회 계층을 만났고 조선에 대한 많은 정보를 얻었다. 1666년 조선에서 사귄 친구가 마련해 준 선박을 통해 일본 나가사키로 탈출하기까지, 13년 동안 억류 생활을 한 하멜이 남긴 것은 외국인의 시선으로 바라본 조선의 사회상이었다.

그렇다면 하멜은 왜 하필 제주도에 표착했을까? 이를 우연으로 치부하기엔 제주도가 가진 지리적 위치가 무척 오묘하다. 제주도는 한반도 최남단의 섬으로, 타이완에서 나가사키로 진입하는 길목에 위치한다. 그 당시 최적의 루트는 바타비아(인도네시아) → 포모사(타이완) → 나가사키(일본)의 항로였다.

하멜은 조선 사람들과 어떻게 의사소통을 했을까? ★★★★★

하멜은 13년 동안 조선에 머물며 갖은 고생을 겪었어요. 전라도 여수에 억류되어 있을 때는 전라 좌수영의 문지기를 하기도 했죠. 그나마 하멜에게 다행이었던 건 그 당시 조선에 살던 네덜란드 인이 있었다는 사실입니다. 그는 바로 '얀 얀스 벨테브레'로, 1627년 나가사키로 가던 중 태풍을 만나 제주도 해안으로 밀려왔어요. 벨테브레는 식수를 얻기 위해 제주도에 상륙했다가 관헌에게 붙잡혀 결국 남은 생을 조선에서 보내게 됩니다. 특히 그는 조선인 부인을 얻고 이름도 '박연'으로 바꾸는 등 조선 생활에 적응하기 위해 많은 노력을 했어요. 상당한 군사 지식과 기술을 갖춘 덕분에 훈련도감에서 무기 제조를 담당하기도 했죠. 하멜이 제주도에 표착했을 때 통역을 맡았던 사람도 바로 벨테브레라고 합니다. 벨테브레는 하멜에게 통역을 해 주는 것은 물론 조선의 풍속도 가르쳤다고 해요.

따라서 항해 도중 큰 파도나 폭풍을 맞닥뜨리면 제주도에 표착하게 될 가능성이 매우 높다. 이러한 네덜란드 인의 표착은 제주도의 절대적 위치 특성에서 비롯된 것이라 해도 지나친 말이 아니다. 결과적으로 제주도의 독특한 위치 특성은 닫혀 있던 조선과 세계를 이어 주는 단초를 제공했다.

비교해서 지역을 이해하다 –제주도와 코르시카 섬

세계적으로 제주도와 비슷한 특성을 지닌 곳이 또 있을까? 나폴레옹 1세가 태어난 곳으로 유명한 프랑스령 코르시카(Corsica) 섬이 그런 곳 가운데 하나다. 수없이 주인이 바뀌면서 역사적 질곡을 겪은 코르시카 섬을, 1768년 프랑스는 마지막 주인이었던 제노바•로부터 사들였다. 이베리아 반도와 이탈리아 반도 사이의 지중해에 위치한 지리적 특성상 전략적 요충지로써 그 의미가 상당했기 때문이다.

제주도와 코르시카 섬은 여러 면에서 닮아 있다. 먼저 국토 최남단의 전략적 요충지라는 점과 해상 루트의 길목이라는 점이 그렇다. 제주도와 같은 화산섬은 아니지만, 평지가 거의 없는 척박한 환경과 유네스코가 지정한 세계 문화유산에 이름을 올린 것도 비슷하다. 또한 코르시카

• 기원전 7세기경 형성된 항구 도시로, 11세기에 자치 도시를 형성했다. 12~13세기에는 많은 해외 식민지를 획득해 지중해 일대를 장악했으나, 그 뒤 점점 쇠퇴해 19세기에 사르데냐 왕국(이탈리아)에 편입되었다.

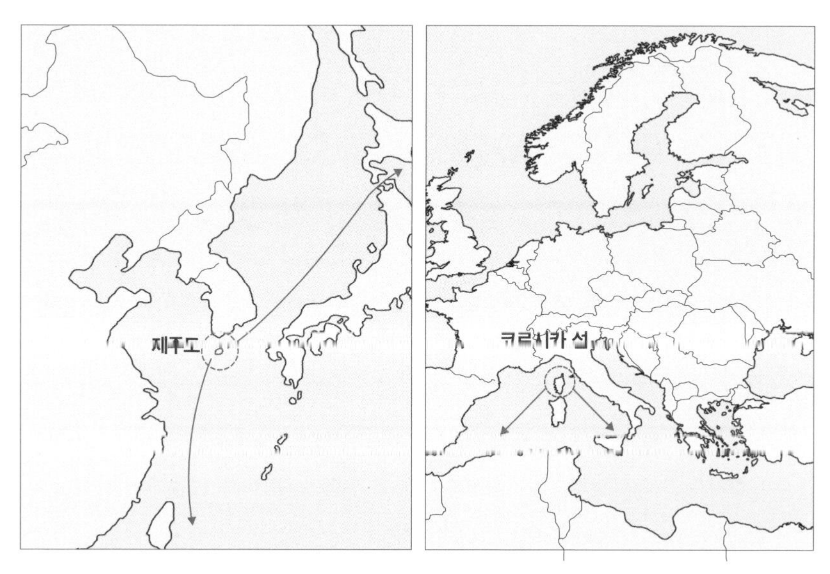

제주도는 싱가포르에서 중국, 일본을 거쳐 미국으로 향하는 해양 실크로드의 거점이며(좌), 코르시카 섬은 프랑스의 최남단에 위치해 지중해로 진출할 수 있는 교두보 역할을 한다(우).

섬은 역사적으로 유배의 섬으로 각인되어 온 제주도 못지않게, 지중해 무역의 쇠퇴로 큰 가치를 인정받지 못한 이력도 있다.

그러면 두 섬의 차이점을 알아보자. 제주도는 동북아시아와 북아메리카를 연결하는 태평양 항로의 핵심 거점으로, 바닷길을 이용한 해양 실크 로드의 '길목'이라는 지정학적 가치를 지닌다. 이와 더불어 유네스코가 인정한 천혜의 자연환경은 제주도가 새로운 도약을 꿈꾸는 데 큰 힘이 되고 있다.

반면에 코르시카 섬은 지하자원과 1차 산업인 농목업을 중심으로 경제를 꾸리고, 오랜 기간 계속된 독립운동의 여파가 여전히 남아 있다. 따라서 향후 발전 가능성은 미지수인 상태다.

만약 제주도가 우리 영토가 아니었다면 어떨까? 분명 커다란 손실일 것이다. 해양 네트워크가 강조되는 오늘날, 버려지고 소외되었던 제주도가 더할 나위 없이 소중하게 느껴지는 이유다.

안동에는 고등어가 나지 않는다?

: 음식과 지리학의 만남

등 푸른 생선의 대표 주자인 고등어는 갓 잡아서 회로 먹어도 맛있고 자글자글 조림으로 먹어도 맛있다. 하지만 뭐니 뭐니 해도 가장 맛있게 먹는 방법은 짭조름하게 소금 간을 해서 구워 먹는 것. 김이 모락모락 올라오는 쌀밥 위에 두툼한 간고등어 살 한 점이 올라와 있다고 상상해 보라. 꿀꺽, 침 넘어가는 소리가 여기까지 들리는 듯하다. 이번에는 간고등어로 유명한 안동을 찾아가 보자.

지리를 만나는 시간

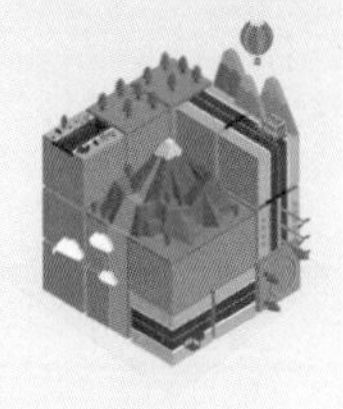

king of 지리

▶프로필 ▶쪽지 ▶친구 신청

카테고리 ▲

- 지리 + 여행
- 지리 + 사회
- 지리 + 역사
- 지리 + 음악
- 지리 + 세계사
- 지리 + 환경
  - 황사
  - 자연환경
  - 인문환경
- 지리 + 리빙
- 지리 + 미술
- 지리 + 맛집
- 지리 + 음식

방문자 통계

오늘 55 전체 410,121

이웃 블로거 ▼

공지 더위 조심하세요!

지리+여행 >경상도

내 사랑 고등어!!

2016년 4월 24일

어제 저녁 식사는 정말 특별했어요!

내가 가장 좋아하는 가수 '노라조'의 노래 <고등어>를 들으면서 고등어구이 반찬을 먹었거든요.

이보다 기가 막힌 궁합이 또 있을까요?

귀와 입으로 동시에 음미했던 그 맛! 또 다시 생각나네요, 츄릅~

댓글 12 | 엮인 글 25

ㄴ **좌니뎁** 역쉬 노라조 형님들의 음악은 최고! 진정한 대인배!

ㄴ **오메가삼** 공감! 자신만의 색깔이 확실한 가수!

ㄴ **안동사랑** 제목을 '간고등어'로 했으면 더 좋았을 텐데……. 고등어 하면 안동 간고등어 아닌교? 흐흐.

ㄴ **자갈치아지매** 무쉰 소리! 고등어 하면 부산이지예! 안동은 쩌~ 멀리 안쪽에 있다 아잉교?

ㄴ **안동사랑** 그냥 고등어가 아니라 간고등어예! 비록 안동

HOME ★ BLOG PHOTO 방명록

다녀간 블로거 ▲

DJ 빈이
궁궁귀요미
반서범마♡
진격의솔로

최근 덧글 ▼

이 쫌 내륙으로 들어와 있지만, 어디 가서 고등어 야그하면 꼭 나온다 아입니꺼!

ㄴ **간재비** 안동에는 바다에서 갓 잡은 고등어보다도 훨~씬 맛있는 고등어가 있어요. 오죽하면 제사상에도 오르겠습니까?

ㄴ **자갈치아지매** 아이고~ 무식이 죄요. 근데 어째 고등어가 안동까지 갔을까예? 이해가 안 되네예.

ㄴ **워킹딕셔너리** 노랫말 오류 정정. 고등어는 동해안보다 남해안에서 압도적으로 많이 잡힘! 아, 간고등어 먹고 싶다~!

국가 대표 생선, 고등어

지금과 달리 옛날에는 먹고사는 문제가 가장 큰 걱정거리였다. 집집마다 허리띠를 졸라매야 했던 당시에는 형편이 어려워지면 가장 먼저 밥상 위에 구조 조정의 칼날이 드리워졌다. 만약 철모르는 아이가 반찬 투정을 하면 어머니는 '김치와 국만 있으면 먹을 수 있다'며 나무라면서도 다음 날 상 위에 생선을 올리곤 했다. 생선 한 마리가 소박한 밥상을 풍요롭게 만들어 주는 감초 역할을 톡톡히 한 것이다.

그렇다면 서민의 밥상에 자주 올랐던 생선에는 무엇이 있을까? 단박에 떠오르는 생선은 고등어, 조기, 명태 등이다. 그중 명태와 고등어는 국가 대표 생선이라 부를 수 있을 정도로 즐겨 찾는 이가 많다. 특히 고등어는 등 푸른 생선의 선두 주자로, 기름에 포함된 '오메가 3•'의 효능이

• 우리 몸에 꼭 필요하지만 자체적으로는 생산할 수 없는 필수 불포화 지방산. 물고기 기름에 많이 포함되어 있다.

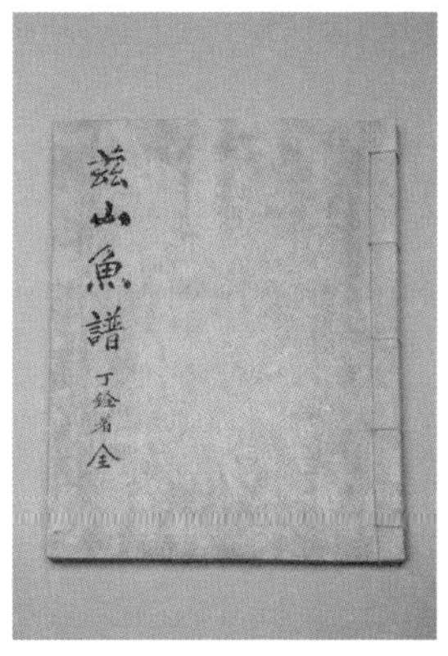

고등어를 소금 간하는 모습(좌)과 1814년 정약전이 저술한 『자산어보』(우).

알려지면서 더욱 인기가 높아진 생선이다. 이렇듯 값싸고 영양가도 풍부한 고등어를 사람들은 '바다의 보리'라고 부르며 극찬한다.

조선 시대에 편찬된 『동국여지승람』에는 고등어잡이의 방법이, 정약전이 지은 『자산어보』에는 고등어의 회유(回游) 특성이 상세하게 기록되어 있다. 이는 고등어가 조선 시대에도 서민의 밥상에 자주 올랐던 생선임을 말해 준다. 여기서 문제! 우리나라에서 고등어로 가장 유명한 지역은 어디일까? 아마 대다수가 경상북도 안동을 떠올렸을 것이다.

지역 특산물은 주문진의 오징어, 완도의 김, 금산의 인삼처럼 생산지와 특산지가 일치하는 경우가 많다. 그러나 안동은 바다와 멀리 떨어진 내륙에 위치한다. 바다 생선인 고등어가 내륙 도시 안동에서 유명세를 떨치는 현상은 보편성을 뛰어넘는 매우 특수한 사례다. 안동과 고등어, 언뜻 보기에도 궁합이 전혀 맞지 않는 이 둘의 조합은 대체 어떻게 탄생한 것일까?

안동과 고등어의 관계 짓기 1. 동한 난류

안동에서 가장 가까운 바다는 동해다. 그러므로 안동의 고등어를 얘기하려면 우선 동해와의 관계를 따지는 것이 좋다. 잠깐, 여기서 원론적인 물음 하나! 동해에서는 고등어가 왜 잘 잡힐까?

동해에는 쿠로시오 난류•에서 분기된 쓰시마 난류가 대한 해협을 통해 북쪽으로 이동하다가 연안을 따라 동한 난류로 갈라져 흐른다. 여기서 특이한 점은 동한 난류가 여름철에 동해안을 따라 북상한다는 것이다. 그리고 이때 난류성 어종인 고등어도 함께 올라온다. 고등어는 북반구를 기준으로 하여 수온이 상승하는 여름철에는 북쪽으로, 하강하는 겨울철에는 남쪽으로 이동한다. 바닷물이 차가워지는 10월 즈음 남하했다가 이듬해 봄에 다시 우리나라를 찾는 것이다. 이렇게 고등어의 예측 가능한 회유 덕에 근해(近海) 잡이로 생계를 유지했던 동해안의 어부들은 큰 수확의 기쁨을 맛보았을 법하다. 동해안에는 동한 난류를 타고 온 고등어가 풍부하게 존재했으며 여기서 잡힌 고등어가 안동으로 흘러들어갔다.

그런데 왜 하필 안동이었을까? 동한 난류는 여름에 러시아의 블라디보스토크까지 영향을 미친다. 우리나라 동해안에 근접한 도시라면 어디든 고등어를 이용한 음식이 발달했을 텐데 말이다.

• 적도 부근의 저위도 지역에서 고위도 지역으로 흐르는 따뜻한 해류. 남색을 띠며, 투명하고 소금기가 많다.

안동과 고등어의 관계 짓기 2. 태백산맥

안동은 동해안을 따라 남북으로 발달한 태백산맥에서 한 발짝 안으로 들어온 곳에 위치한다. 일명 '내륙 분지'의 형태를 띠는 도시이다. 사실 내륙에 자리한 안동의 지리적 조건은 고등어와의 관계를 오히려 멀어지게 만든다. 설령 관계를 맺는다 하더라도 태백산맥 안쪽에는 다른 분지가 많다. 예를 들어 양구, 인제, 정선, 평창, 태백도 안동처럼 충분히 고등어가 유명해질 수 있는 가능성이 있다.

하지만 다른 내륙 분지와 안동에는 분명한 차이점이 있다. 이를 확인하기 위해 지표의 기복을 표시한 지도를 보자. 동일한 태백 산지임에도 불구하고 소백 산지가 분기하는 태백시 이북과 이남의 산지 규모가 다르다는 사실을 알 수 있다. 소백 산지가 갈라지는 태백시 북쪽은 고도가 높고 산지가 넓은 반면, 남쪽은 갈수록 고도가 낮아지는 경향을 보인다. 태백 산지의 높이가 1,200~1,500m급에서 700~1,000m급으로 낮아지는 것이다. 그 원인은 다음과 같다.

태백 산지는 신생대 제3기에 동해 지각이 열리며 지표가 비대칭적으로 융기하는 과정에서 탄생했다. 이때 동서 방향으로 뻗어 나가는 힘이 한반도의 등줄기 같은 산지를 형성했는데, 한반도와 일본 열도가 활처럼 휘어 마주 보고 있는 이유도 이 때문이다. 동서 방향으로 미치는 힘은 한반도를 기준으로 했을 때 함경도와 태백 산지 북부에 집중되었고 남부는 상대적으로 약했다. 그래서 개마고원 일대와 태백 산지 북서쪽에는 크고 높은 산지가 만들어진 반면, 안동이 자리한 남쪽에는 작고 낮은 산지가 생겨났다.

예를 들어 태백시 이북 지방에서 태백 산지를 넘기 위해서는 미시령(825.7m), 한계령(1,004m), 대관령(832m), 백복령(780m) 등의 높은 고개를 거쳐야 한다. 하지만 안동과 동해안 사이에는 황장재, 창수재, 구주령 등 400m 내외의 완만한 고개밖에 없다. 남부 지방이 북부 지방보다 해발고도가 낮아 어물을 내륙으로 옮기는 데 더 수월했다는 뜻이다.

안동과 고등어의 관계 짓기 3. 소금 간

지금까지 동해안에서 고등어잡이가 가능한 이유와 어물을 내륙까지 수송했을 때 안동이 가지는 이점에 대해 살펴보았다. 이제 남은 것은 부패하기 쉬운 고등어가 왜 내륙까지 들어오게 되었는가에 대한 인문지리적 고찰이다.

삼면이 바다로 둘러싸인 우리나라는 일찍부터 어업이 활발했으나 바다 어업이 본격적으로 시작된 때는 조선 후기부터다. 그 뒤 전국 각지에 주요 어장이 형성되었고, 해안에서 잡아 올린 어물을 전국 곳곳에 보낼 수 있는 유통망도 갖추어지게 되었다. 특히 조선 후기 들어 성리학적 실천 윤리에 따른 제사 문화가 양반을 넘어 서민층까지 확대되면서 어물의 수요가 크게 증가했다. 또한 17세기에 발행된 엽전 '상평통보'가 시간이 지날수록 활발하게 쓰이면서 어물 교환이 수월해졌고 이는 어물의 유통망을 내륙 지방까지 확대시키는 기폭제 역할을 하였다.

동해에서 잡힌 고등어가 안동으로 운반되었던 경로.

어물은 쉽게 상하는 특징이 있어 주로 생산지에서 곧바로 소비하거나 겨울철에 유통하는 방식을 취해 왔다. 하지만 내륙 지방의 수요가 늘어나면서 사람들은 생선의 변질을 막기 위한 다양한 저장 방법을 개발했다. 주로 창자를 제거한 뒤 말려서 보관하는 법, 소금에 절이는 방법, 얼음을 이용해 부패의 속도를 늦추는 방법 등을 사용했는데 안동 사람들은 그중에서도 소금에 절이는 방법을 택해 고등어를 들였다.

영덕, 영해, 울진 등에서 잡힌 고등어는 80km 이상의 육로를 통해 청송 진보장이나 안동 임동면의 챗거리장을 거친 뒤 안동의 소비자에게 전달되었다. 이때 걸린 시간은 최소 1박 2일.• 동절기에는 안동 근처에서

• 남해에서 잡힌 고등어가 낙동강을 타고 올라와 왜관이나 풍천면 구담장에 도착, 다시 육로로 안동에 공급되는 방법도 있었지만, 상대적으로 동해에서 들이는 데 비해 시간이 오래 걸렸다.

소금을 쳐도 충분했지만 뜨거운 하절기에는 사정이 달랐다. 그래서 여름에 잡은 고등어는 잡자마자 내장을 제거한 뒤 곧바로 소금 간을 했다. 그리고 안동 장시로 이동하여 부패하기 직전 재차 소금 간을 해서 소비자에게 팔았다. 이렇게 복잡한 과정을 거쳐 탄생한 것이 바로 안동의 '간고등어'다. 이후 간고등어는 서민의 밥상에 오른 것은 물론 제사 음식으로도 사용되며 안동의 독특한 음식 문화로 정착했다.

제사상에 오르는 고등어 ★★★★★

조상들은 제사를 지낼 때 비늘이 없는 생선은 제사상에 올리지 않았습니다. 물론 고등어도 비늘이 없는 생선이라 여겨 제사에는 사용하지 않았죠. 하지만 내륙 깊은 곳에 위치한 지역에서는 비늘 달린 생선을 구하기가 쉽지 않았어요.
특히 종갓집이 많기로 유명한 안동에서는 거의 매달 제사를 지냈기 때문에 특히 고생이 심했죠. 그래서 어쩔 수 없이 비교적 보관이 쉬운 염장 고등어를 제사상에 올리게 되었고 아직까지도 그 전통이 이어지고 있습니다.

안동은 '간고등어'다

마지막으로 오늘날 전 국민의 사랑을 받고 있는 특산물 '안동 간고등어'의 출현에 대해 정리해 보자. 20년 전만 해도 안동에서 먹는 간고등어가 지금과 같은 전국구적인 인지도를 얻게 될 것이라고는 아무도 예상하지 못했다. 안동 사람들에게는 간고등어가 생활의 일부였지만 다른 지역 사람들은 여행 도중 간간이 어물전에 들러 구입해 가는 별미에 불과했다.

이런 상황에서 침체된 지역 경기를 살리기 위해 안동의 전통과 간고등어의 독특함을 적절히 조합하려는 시도가 이어졌다. 우선 안동시는

간잽이 기능 보유자 이동삼 옹

★★★★★

찢어지게 가난한 집안에서 태어났던 이동삼 옹의 소원은 온 식구가 밥상에 둘러앉아 배불리 먹어 보는 것이었습니다. 하지만 그런 일은 꿈에도 일어나지 않았고, 결국 먹고살기 위해 간고등어 장사를 하던 할아버지를 따라 여기저기를 돌아다녀야 했죠. 그렇게 시작한 간잽이 인생이 50년을 훌쩍 넘도록 이어졌습니다. 그가 단번에 집는 소금의 양은 작은 고등어는 15g, 큰 고등어는 20g으로 언제나 동일합니다. 어떤가요? 이동삼 옹이 간을 친 간고등어, 한번 먹어 보고 싶지 않나요?

안동 과학 대학교와 '간잽이' 기능 보유자 이동삼 씨가 함께 연구 개발한 상품 '안동 간고등어'를 특허로 등록했다. 그 뒤 1999년에 영국 엘리자베스 여왕이 안동을 방문했을 때 포장된 간고등어를 정식 출품하여 언론의 집중 조명을 받았고 이듬해인 2000년에는 '안동 간고등어' 법인을 설립했다. 그리고 현재 간고등어는 우리나라를 넘어 일본, 미국, 남미 등에 수출될 정도로 위용이 대단하다. 그렇다면 오늘날의 간고등어는 어떻게 생산되고 있을까?

여러분이 밥상에서 마주하는 포장된 간고등어는 부산 공동 어시장에 보관되었던 것들이다. 고등어의 움직임이 가장 좋다고 알려진 12월 전후의 고등어를 냉동 창고에 보관했다가 필요한 수량만큼 안동으로 가져와 간고등어를 만들어 내는 것이다. 또한 최근에는 가공에 죽염과 녹차를 활용할 정도로 트렌드에 발맞춰 다양한 제품을 생산하고 있다.

안동은 내륙 분지라는 지형 조건상 어물과 궁합이 맞지 않는다. 하지만 여느 내륙 지역에 비해 상대적으로 유리한 지리적 조건과 시대적 상황을 통해 간고등어를 하나의 음식 문화로 정착시키는 데 성공했다. 안동시가 간고등어를 세계적인 상품으로 만드는 데에는 고작 10년 남짓의 시간이 필요했다. 이를, 보편성을 벗어난 의외의 궁합이 적절한 지리적 조건을 수용하면서 발생한 결과라고 하면 지나친 억측일까?

'행복한' 세종 도시의 탄생

: 행정 수도의 지리적 입지 특성

주차장을 방불케 하는 꽉 막힌 도로. 숨도 쉴 수 없을 정도로 사람들이 가득 찬 지하철, 아니 지옥철. 1,000만 명에 육박하는 인구가 모여 사는 서울은 이미 극포화 상태다. 이러니저러니 말이 많지만 새로운 행정 수도의 필요성에 대해서는 대부분 동의하지 않을 수 없다. 그렇다면 행정 수도로는 어떤 곳이 적합할까?

지리를 만나는 시간

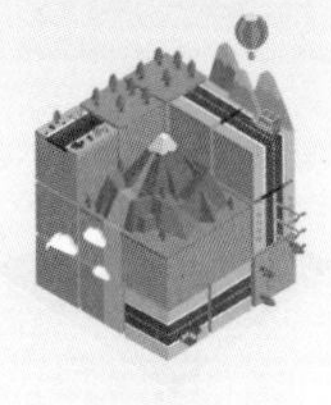

king of 지리

▶프로필 ▶쪽지 ▶친구 신청

카테고리 ▲

- 지리 + 여행
- 지리 + 사회
- 지리 + 역사
- 지리 + 음악
- 지리 + 세계사
- 지리 + 환경
  - 황사
  - 자연환경
  - 인문환경
- 지리 + 리빙
- 지리 + 미술
- 지리 + 맛집
- 지리 + 음식

방문자 통계

오늘 55 전체 410,121

이웃 블로거 ▼

공지 악플로 흥한 자, 악플로 망하리라!

지리 + 환경 > 행정 수도

세종특별자치시 건설, 무엇이 문제일까요?

2016년 4월 24일

세종시는 국토 균형 발전을 목적으로 추진된 대규모 국책 사업입니다. 정부는 세종시의 건설을 통해 수도권의 과밀화를 억제하는 동시에 행정의 효율성도 높일 수 있다고 얘기했죠. 저는 행복 도시의 취지에는 공감하지만 그 입지에 대해서는 부정적입니다. 특히 행복 도시가 수도권의 범위를 확대시키지 않을까 걱정돼요. 세종시에서 전철이 다니는 천안까지 30분, 대전은 20분밖에 걸리지 않아서 수도권이 대전까지 확장될 수 있죠. 이건 오히려 국토 균형 발전에 어긋나는 일 아닌가요?

댓글 13 | 엮인 글 2

ㄴ **드립킹** 세종시는 매우 비효율적인 정책이라고 생각하는데 님들은?

ㄴ **세tothe종** 청와대와 국회가 여전히 서울에 있기에 세종시는 앞으로도 충분히 발전가능성이 있다고 봄. 솔직히…

ㄴ **하이킹** 어찌되었건 이미 건설되었으니까 입 다물고 차

HOME BLOG PHOTO 방명록

다녀간 블로거 ▲

DJ 빈이
궁궁귀유미
민서엄마♡
진격의솔로

최근 덧글 ▼

렷! ㅎㅎ

└ 세종대왕 난 무조건 찬성!(참고로 내 고향이 근처임. 개발 효과가 적지 않음ㅋㅋ)

└ 지나던좋생 우리나라에서 추진되는 내부분의 국책 사업은 모두 자기 목소리만 내고, 근시안적인 이익만 추구하는 등 정말 보기 싫은 장면이 많아요. 철학자 칼 포퍼를 아시는지? 우리 모두 '열린사회'를 꿈꾸는 시민으로서 중론이 모아진 정책에 대해서는 좀 더 미래 지향적인 사고를 하심이 어떨까요?

└ 황당 ㅋㅋ 말이 넘 어려워요!

행복한 도시 어디 없나요?

이름이 아름다운 도시에 대한 설문 조사를 하면 어느 곳이 최다 득표의 영광을 차지할까? 왠지 듣는 것만으로도 행복해질 것 같은 '행복 도시'가 유력하지 않을까? 행복 도시는 '행정 중심 복합 도시'의 줄임말로 공식명은 '세종특별자치시(이하 세종시)'이다.

세종시는 2012년 7월 1일 출범한 우리나라의 첫 '특별자치시'로, 충청남도 연기군 전체와 공주시 및 충청북도 청원군의 일부를 흡수하며 발족하였다. '특별자치시'라는 명칭을 크게 어려워할 필요는 없다. 우리는 이미 '특별시(서울)'와 '특별자치도(제주)'를 둔 경험이 있지 않은가? 특별한 권한과 의미를 부여한 독립 행정 구역으로 보면 된다. 다만 특별시와의 차이점이라면 서울과의 구분이 용이한 범위에서, 행정 타운으로서의 성격이 특화되었다는 것이다.

행복한 느낌을 주는 행복 도시는 정확히 어디에 위치할까? 지금부터 여러분이 가지고 있는 내 손안의 컴퓨터, 스마트폰이 위력을 발휘할 차

레다. 지도 애플리케이션을 실행하여 '세종시'를 검색해 보자. 행복 도시를 찾았다면 이제 그 주변을 살펴보자. 동서남북으로 청주시, 공주시, 대전광역시, 천안시 등이 보인다. 친구를 보면 그 사람의 됨됨이를 알 수 있다고 했던가? 주변을 에워싼 도시의 면면을 들여다보니 세종시의 위치와 위상이 머릿속에 그려진다. 북쪽의 천안은 충청남도 신(新)산업의 중심지이고, 동쪽의 청주시는 충청북도의 도청 소재지, 서쪽의 공주시는 충남 산지 지역의 거점 도시, 남쪽의 대전광역시는 충청도 최대의 종합 도시이다. 각 도시의 이름에서 느껴지는 무게가 제법이다. 풍수지리의 시각을 빌려 힘주어 표현한다면, 세종시는 충청도의 핵심 도시들을 사신(四神)으로 둔 명당 중의 명당이다. 그리고 이렇게 좋은 입지를 탐냈던 것은 비단 오늘만의 이야기가 아니다.

백지 계획(白紙計劃)을 아시나요?

자신의 비전(vision)을 그리기 위해 필요한 물품을 고르라면? 필자는 생각을 담아낼 백지와 그것을 표현할 수 있는 만년필을 꼽고 싶다. 큰 성취를 이룬 사람의 대부분은 하얀 백지에 꿈을 그리고 좇았다. 뜬금없이 비전을 이야기한 이유는 비교적 이른 시점인 1970년대 중반, 신행정 수도를 구상했던 사람이 있었기 때문이다. 바로 고(故) 박정희 전(前) 대통령이다. 그는 황무지, 다시 말해 백지상태에서 새로운 행정 수도의 건설을 바랐다.

박정희 전 대통령은 1977년 임시 행정 수도 건설이라는 중대한 결정을 내리고 그에 부합하는 후보지를 물색하라고 지시했다. 그가 친필로 써 내려간 조건은 수도의 안위와 수도권의 과밀화 해결, 이렇게 두 가지로 요약할 수 있다. 휴전선으로부터 평양은 150km 거리인 반면, 서울은 불과 50km 내외였다. 거리상의 불리함은 북한과의 전면전이 재발할 경우, 돌이킬 수 없는 상황으로 이어질 수 있다고 판단한 그였다. 또한 꾸준히 증가하던 수도 서울의 인구를 억제하는 방안으로 임시 행정 수도가 필요하다고 생각했다.

백지 계획이 수립될 1978년 당시, 서울 인구는 남한 전체 인구의 5분의 1 정도를 차지하고 있었다. 현재 서울 인구의 비중도 그 당시와 비슷하다는 점에서, 이미 35년 전에 도시화에 따른 인구 집중이 정점에 달했음을 알 수 있다. 박정희 전 대통령이 서거 직전까지 청와대 집무실에서 관심을 두고 살펴본 자료가 백지 계획이라고 하니, 당시 수도 이전의 필요성이 얼마만큼 컸는지 짐작할 수 있는 대목이다. 하지만 백지 계획은 1979년 김재규 당시 중앙정보부장이 박정희 전 대통령에게 총격을 가한 '10·26 사태'로 추진력을 잃고 좌초되고 말았다. 25년이 지난 시점에서 다시 수면 위로 떠오르기 전까지 백지 계획은 전면 백지화되었던 것이다. 역사에 가정이란 있을 수 없지만 그럼에도 그날의 총성이 없었다고 가정한다면? 30년 전에 이미 새로운 행정 수도를 맞았을 가능성이 높다.

흥미로운 사실은 그때 각계의 전문가들이 2년여의 조사에 걸쳐 내놓은 최종 후보지가 충남 공주시 장기면 일대, 다시 말해 지금의 세종시라는 점이다. 과거와 현재의 중론(衆論, 여러 사람의 의견)이 동일 지역으로 수렴되었다는 것은, 현재의 세종시 일대가 새로운 행정 중심의 역할을 수행하기 위한 필요조건을 모두 갖춘 지역이라는 방증이다. 세종시는 어떠한 입지적 매력을 지녔기에 두 번의 경쟁에서 모두 승리할 수 있었을까?

세종시일 수밖에 없었나

멈춰 있던 수도 이전의 추진체에 새로운 엔진을 달아 준 사람은 고(故) 노무현 전(前) 대통령이다. 그는 2002년 대선 과정에서 신행정 수도를 충청권에 입지시킨다는 공약을 내걸고, 수도권의 분산과 균형 발전의 필요성을 역설하며 행정 수도 이전을 강력히 주장하였다.

당시 그가 펼친 논지는 행정 수도의 적합지가 세종시일 수밖에 없는 이유를 우회하여 일러 준다. 인구 50만~100만 명을 수용할 수 있는 곳, 수도로 적합한 지형과 수려한 자연 경관을 지닌 곳, 전국 어디든 2시간 이내에 도달할 수 있는 곳, 수도권과의 상호 연계가 가능한 곳, 행정 수도로써의 기능을 수행할 수 있는 인프라가 구축되어 있는 곳이 그의 입지 선정 원칙이었다. 그렇다면 우리가 행정 수도 후보지를 선정하는 전문가라고 가정해 본다면 어떨까? 『지리부도』를 펴 놓고 위의 원칙에 가장 부합하는 지역이 왜 현재의 세종시인지 따져 보자는 말이다.

먼저 인구 수용의 문제다. 50만~100만 명을 수용하기 위해서는 너른

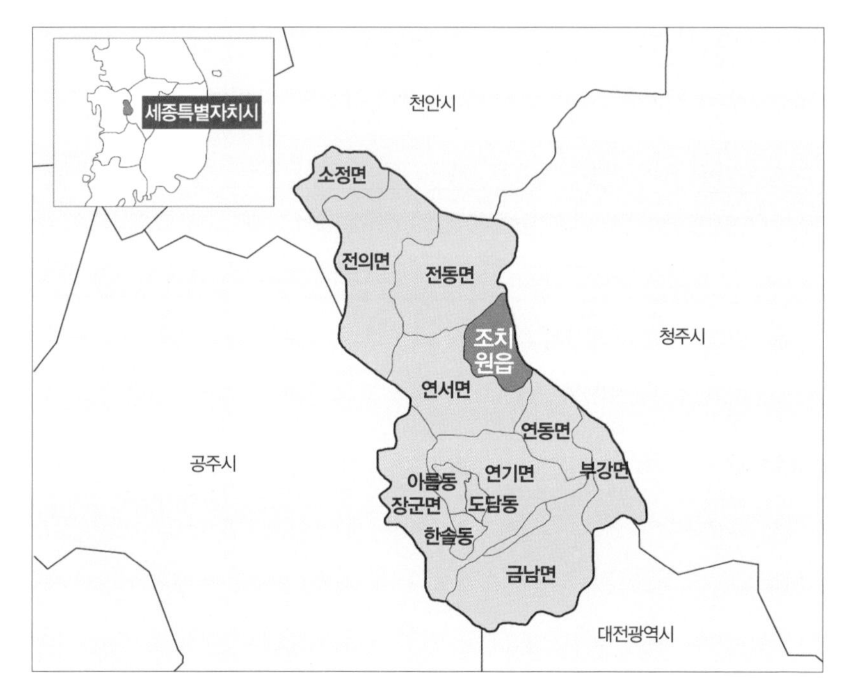

세종시는 도로망, 교통망, 통신망 등이 사방으로 막힘이 없어 큰 도시들과의 접근성이 좋은 사통발달의 최적지이다.

평지가 있어야 한다. 우리나라는 국토의 70%가 산지여서, 산지 사이마다 발달해 있는 침식 분지가 예부터 인구를 수용하는 자리였다. 넓은 침식 분지를 관통하는 하천의 규모까지 크다면 금상첨화다. 게다가 인구 수용의 문제를 해결할 수 있는 침식 분지는 수려한 자연 경관의 조건도 충족시킬 가능성이 높다. 이런 측면에서 첫 번째 조건을 수용할 수 있는 자리는 우리나라의 4대 강변에 여럿 분포함을 확인할 수 있다.

다음으로 전국 각지에 도달할 수 있는 시간 거리가 동일한 사통팔달의 요지여야 한다. 호남과 영남 그리고 수도권과 강원도를 두세 시간 안에 주파할 수 있다는 점에서 충청권은 다른 지역에 우위를 보인다. 이를 좀 더 구체적으로 살피기 위해 앞서 세종시를 둘러싸고 있는 사신(四神)을 떠올려 보자. 천안은 경부·장항·호남선의 결절지(結節地, 여러 가지 기능이 집중되는 접촉 지점을 중심으로 하여 그것과 밀접하게 연결되는 지역), 청주는 고속철도 및 고속도로의 분기점이자 공항이 입지한 곳, 공주는 천안 – 논산 고속도로의 길목, 대전은 경부선과 호남선의 분기점이자 고속도로의 결절지다. 모두 교통 분야에서 둘째가라면 서러워할 도시다. 그러므로 사동서남북의 교통 요지 측면에서 현 세종시의 위치는 가장 큰 매력을 지니고 있다고 볼 수 있다.

다음으로 수도권과의 상호 작용이 용이해야 한다. 이 또한 충청도가 가장 매력적인 장점을 지니는 항목이다. 수도권의 범위는 이미 서울, 인천, 경기를 넘어 천안과 아산권까지 확장된 상태다. 국철 1호선의 확장은 광범위한 지역의 통근 및 통학을 가능하게 하여 해당 지역을 단일 생활권으로 묶었다는 점에서 큰 의미를 지닌다. 무엇보다 2004년 개통된 고속철도를 이용하면 불과 30~40분 내에 세종시에서 서울의 도심까지 도달할 수 있으며, 세종-구리 간 고속도로(제2 경부 고속도로)가 건설됨에 따라 접근성이 더욱 향상될 것으로 예상된다.

마지막으로 행정 수도로써의 기능을 위한 기존 시설의 확충 여부다. 세종시 주변에는 청주 국제공항, 대청 호수와 대청댐의 수자원과 전력, 대전 둔산 지구의 정부 제3청사, 대덕 연구 단지, 삼군(三軍) 본부인 계룡대와 국립묘지 등 국가 기관 시설이 많이 인접해 있다. 이처럼 다양한 인프라는 행정 수도의 건설 이후 발전 가능성 면에서 높은 점수를 줄 수 있는 부분이다.

요컨대 충청도, 그 가운데에서도 세종시는 신행정 수도로써 뚜렷한 입지 포지션을 구축하고 있다. 그렇다면 종국적으로 세종시가 안고 가야 할 숙제는 무엇일까?

수도 과밀화의 문제, 비단 우리만의 문제인가? ★★★★★

세계를 살펴보면 우리처럼 수도 과밀화로 골머리를 앓고 있는 나라가 제법 많습니다. 일본, 브라질, 오스트레일리아, 파키스탄은 처음부터 천도의 목적으로 행정 수도를 계획했고, 독일과 말레이시아는 정부 부처의 분산 이전만을 고려했죠. 또한 프랑스와 영국, 스웨덴 등은 공공 기관만 이전하는 것으로 가닥을 잡아 추진 중에 있습니다.

여러 나라가 수도 이전 및 분산을 지향하는 이유는 특정 도시의 과밀화와 국토 균형 발전이라는 두 마리 토끼를 잡기 위해서입니다. 그리고 각 나라가 수도 이전을 시행하는 과정에서 발생하는 찬반 여론의 논지도 우리나라와 오십보백보죠. 그 가운데 우리나라에서만 발생하는 독특한 논란을 꼽자면, 분단국가이기 때문에 통일 이후의 상황까지 고려해야 한다는 점입니다.

국토 균형 발전의 신데렐라, 세종시

세종시는 행정 중심 복합 도시이지 서울을 대체하는 행정 수도가 아니다. 물론 '신행정 수도'를 목표로 출발했으나 2004년 말 헌법 재판소로부터 위헌 판정을 받으면서 자연스럽게 수도의 이전, 즉 천도의 명분을 잃게 되었다. 행정 수도의 충분조건은 대통령이 집무하는 청와대의 이전인데, 당시 헌법 재판소는 '청와대를 옮기려면 국회의 2/3 이상 그리고 국민투표를 통해 과반수 이상의 지지를 확보해야 한다'고 못 박았다. 이는 현실적으로 불가능한 일이어서 청와대를 위시한 외교·안보 부처는 서울에, 나머지 행정 부처는 지금의 세종시에 이전하는 것으로 결정

세종특별자치시 시청.

되었다. 어찌되었건 완성형은 아니지만 행정 기능의 분산을 통해 국토 균형 발전을 위한 밑거름을 제공한 셈이다. 사회적 갈등의 유발과 천문학적인 국가 예산 지출 등을 감수하고라도 세종시를 건설할 당위는 바로 이 대목에서 찾을 수 있다.

하지만 일각에선 세종시의 건설 효과에 대해 여전히 회의적인 입장을 취하고 있다. 그들이 주장하는 문제점을 열거하자면 세종시의 건설 효과가 너무 부풀려져 있다는 점, 행정 기능을 상실한 서울이 장기적인 관점에서 세계 도시로 나아가는 데 불리할 수 있다는 점, 지역 균형 발전을 통해 국가 경쟁력이 확보될 수 있는가의 문제, 마지막으로 충청권으로의 행정 기능 분산이 수도권의 외연적 확산에 불과하다는 점 등이다.

이 가운데 유독 눈길이 가는 부분은 충청권으로 행정 기능을 분산했을 때의 역효과다. 오랜 검증 절차를 거쳐 선정된 충청권으로의 이전이, 오히려 기존 수도권의 범위를 더욱 확장하는 결과를 초래할 수 있다는 지적은 숙고할 만하다. 만약 세종시가 완성된 뒤 이 시나리오가 작동하면 세종시 탄생의 가장 큰 명분인 '국토 균형 발전'에 정면으로 반하는 셈이 된다. 나아가 세종시를 넘어 대전광역시까지 수도권이 확장되는 최악의 상황이 발생할 수도 있다. 하지만 이는 모두 가상의 시나리오일 뿐, 완성된 세종시가 제 기능을 발휘하는 2030년에야 검증이 가능하다.

현재로써는 세종시의 순·역기능에 대해 이렇다 할 평가를 내놓을 수 없다. 다만 확실한 것은, 대다수의 국민이 세종시가 국가 균형 발전에 큰 초석이 되었으면 하는 바람을 가지고 있다는 점이다. 세종시를 낳은 우리의 선택이 '자충수'가 아닌 '신의 한 수'로 남기 위해서는 제도적으로 꾸준히 뒷받침하려는 노력이 필요하다.

영동 와인 탄생의 지리적 비밀

: 영동 와인의 세계화를 위한 조건

대형 마트에서 쉽게 구입할 수 있는 저렴한 칠레산 와인부터 수천만 원을 호가하는 프랑스산 고급 와인까지, 이제 와인은 더 이상 영화에나 등장하는 특별한 술이 아니다. 이번 장에서는 한국산 와인이 자존심을 걸고 세계 시장으로 뛰어든 영동군의 멋진 노선을 살펴보자.

지리를 만나는 시간

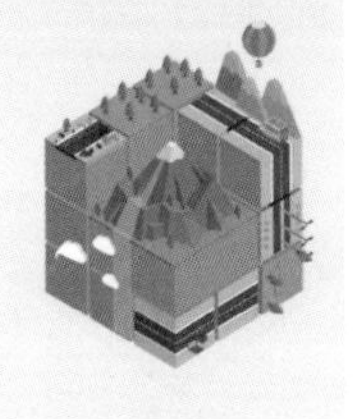

king of 지리

▶프로필 ▶쪽지 ▶친구 신청

카테고리 ▲

- 지리 + 여행
- 지리 + 사회
- 지리 + 역사
- 지리 + 음악
- 지리 + 세계사
- 지리 + 환경
  - 황사
  - 자연환경
  - 인문환경
- 지리 + 리빙
- 지리 + 미술
- 지리 + 맛집
- 지리 + 음식

방문자 통계

오늘 55 전체 410,121

이웃 블로거 ▼

공지 영동군의 멋진 도전, 응원 댓글 부탁!

지리 + 환경 > 지역화

영동 와인, 세계의 문을 두드리다

2016년 4월 24일

장 폴 쉐마린느 프랑스 보졸레 시장이 2010년 11월 24일 충북 영동군을 방문했다. 오후에는 국내에 단 하나뿐인 토종 와인 업체, '와인코리아'를 찾아 와이너리(포도주 양조장)와 와인 트레인 운영 성과에 대해 듣고 제조 과정을 견학했다. 전날 영동군은 서울 코엑스에서 열린 '지역 특화 전시회'에서 지역 발전을 견인하는 영동의 와인 산업에 대해 소개하고, 생산 중인 제품을 홍보한 바 있다.

(2010년 11월 25일자 ○○ 신문에서 발췌)

댓글 8 | 엮인 글 3

ㄴ **막걸리빨대** 뷰티풀~ 이제 우리나라도 와인 생산국 대열에 합류하는군요. 하지만 와인 하면 왠지 가식적인 느낌을 살려 주는 술이라는 편견이…….

ㄴ **와인덕후** 평소 와인을 즐겨 마시는 사람으로서 영동 와인의 발전을 기원하는 1人 ^^

HOME BLOG PHOTO 방명록

다녀간 블로거 ▲

DJ 빈이
궁금귀요미
민서엄마♡
진격의솔로

최근 덧글 ▼

ㄴ **영동짱** 황간 중학교에 다니는 학생이에요. 부모님이 포도 농사를 지으시는데 의욕이 대단하세요. 세계 최고의 와인을 생산할 수 있는 최상급 포도 재배가 목적이시랍니다. 우리 부모님 멋지죠?

ㄴ **걸렸다** 혹시 3학년 3반 영철이냐? ㅋㅋ 부모님 멋있으시다!

ㄴ **지나던중생** 정말 자랑스럽고 또 자랑스럽습니다. 지역 사이의 이해관계를 떠나 서로를 격려할 수 있었으면 좋겠습니다. 세계 속의 한국, 이제 와인으로 도전할 때입니다.

ㄴ **황당** ㅋㅋ 또 어렵게 말씀하신다!

ㄴ **백배공감** 중생 님 말씀에 절대 공감합니다. 지난 주말에 가족들과 함께 와인 트레인 타고 와인 체험장 다녀왔는데 생각보다 만족스럽더군요. 꼭 다녀오시길 강추합니다! (참고로 전 홍보 대사 아니에요.) 시작은 미미했으나, 그 끝은 심히 창대하리라!

ㄴ **황당** 헐~ 이분들 정말!!

우리나라도 엄연한 와인 생산국

의미 있는 날, 분위기 좋은 레스토랑에서 사랑하는 사람과 함께하는 자리를 더욱 빛내 줄 수 있는 요소가 있다면 바로 와인이 아닐까 싶다. 부드러운 조명과 양질의 음향 기기에서 흘러나오는 감성적인 음악, 여기에 영롱한 빛깔을 뽐내는 와인까지 더해진다면 서로에 대한 감정이 더욱 애틋해질 것이다. 과거 와인은 부유층의 전유물이어서 1960년대까지만 하더라도 특급 호텔에서만 찾아볼 수 있었다. 하지만 저가 와인의 '대중화'에 성공함으로써 지금은 세계에서 가장 많이 소비되는 술로 사랑받기에 이르렀다.

세계인의 기호(嗜好)를 사로잡은 와인에 대한 사랑은 우리나라에서도 그 열기가 뜨겁다. 1987년 와인 수입 자율화 정책이 시행되면서 국내에 본격적으로 도입되기 시작한 와인은, 현재 수입 업체가 500여 개에 이를 정도로 급격한 성장세를 보였다. 또한 음식점에서 손님에게 와인을 추천하는 사람, 즉 소믈리에(sommelier)는 커피를 제조하는 바리스

타(barista)와 함께 청소년들 사이에서 꽤 인기 있는 직종으로 올라섰다. 와인 산업의 판세가 크게 확장되고 있는 지금이야말로 우리나라가 만년 '와인 수입국'이라는 꼬리표를 떼고, '와인 생산국'으로의 영역 전이를 꿈꾸어야 할 때다.

결론부터 이야기하자면 우리나라는 꽤 오래전부터 준(準) 와인 생산국이었다고 볼 수 있다. 고려 시대인 15세기경에 이미 포도를 재배했다는 기록이 발견되었으며, 고종 황제가 나라를 다스리던 구한말에는 포도 과수원이 세워졌다. 포도 재배는 발효를 통한 와인 변환의 선결 조건이므로, 그 당시 오늘날의 와인과 비슷한 형태의 술을 빚었을 거라는 가정이 충분히 가능하다. 종갓집의 종부(宗婦, 종가의 맏며느리)가 즐겨 담갔던 과실주가 와인의 구(舊)버전이라면 지나친 억측일까?

이 대목에서 우리는 이러한 이류들을 넘어 현대식 와인 생산, 나아가 그것을 통한 세계화를 이루겠다는 당찬 포부를 지닌 충북 영동군의 도전에 주목해야 한다. 영동군은 '한국산(産) 와인'의 베이스캠프가 되기에 훌륭한 지리적 조건을 갖춘 곳이며, 국산 와인의 세계화를 꿈꾸는 선두주자이기 때문이다. 그렇다면 영동군은 와인 재배의 적지(適地)로써 후한 점수를 받을 수 있을까?

영동군의 탁월한 자연조건

우선 포도의 재배 조건을 정리해 보자. 포도는 지형 경사면이 발달하여

와인을 생산하고 보관하는 양조장을 일컬어 '와이너리(Winery)'라고 하는데, 영동을 중심으로 '와이너리 투어'가 활발히 이루어지고 있다.

낮 동안의 일조량이 풍부한 곳, 하루 사이 최고 기온과 최저 기온의 차이가 큰 곳, 연(年) 강수량 400~1,000mm에 이르는 곳 그리고 배수가 수월한 사질 토양에서 잘 자란다. 영동군이 우리나라 포도의 중심지라는 건 이 네 가지 조건에 들어맞는 지리적 환경을 지니고 있다는 얘기다.

이제 영동군이 구체적으로 어떤 자연조건을 가지고 있는지 웹 지도를 통해 살펴보자. 지도에 나타난 영동군 일대는 거대한 소백 산지에 둘러싸인 조그마한 분지 형태다. 그 규모는 주변의 옥천군이나 금산군에 비해 작지만 험준한 산지를 칼로 여러 번 벤 듯한 좁고 깊은 골짜기의 발달이 인상적이다. 영동군 일대의 이러한 특징과 포도 재배 사이에는 어떤 관련이 있을까?

첫째, 일조량의 문제다. 포도는 경사면이 발달한 일조량이 풍부한 곳에서 잘 자란다. 따라서 좁고 깊은 분지로 이루어진 영동군 일대는 포도 재배에 불리할 것으로 예상된다. 좁고 깊은 골짜기는 해가 빨리 져서 일조량이 부족할 것이기 때문이다. 하지만 경사면의 방향이 남향이라면 이야기가 달라진다. 남쪽으로 기울어진 경사면은 포도 재배에 필요한 일조량을 충분히 확보할 수 있다.

둘째, 일교차의 문제다. 고품질 포도 재배를 위해서는 일교차가 클수록 좋은데, 영동군은 소백 산지 내에 위치하여 일교차가 크다. 원리는 간단하다. 비열(比熱)이 작은 내륙 지방은 기온의 변화에 민감하여 새벽과 낮의 기온 차가 심하기 때문이다.

셋째, 강수량의 문제다. 포도는 비가 많이 오면 병이 빈번하게 발생하고 가지가 웃자라서 품질이 떨어진다. 그런데 영동군 일대의 연 강수량은 1,000mm 내외로 우리나라의 연평균 강수량 1,300mm에 비해 비교적 적은 편이다. 강수 조건 역시 합격이다.

마지막으로 토양 조건의 문제다. 영동군 일대의 흙은 자갈이 많이 포함되어 있는 사질(沙質) 토양이 주를 이룬다. 흙에 자갈과 모래가 풍부하게 섞여 있으면 공기가 잘 통하고, 포도나무도 뿌리를 깊이 내릴 수 있다. 토양 조건 역시 만족이므로 영동군은 자연조건 체크리스트 항목에서 모두 합격 판정을 받을 수 있다.

이처럼 영동군은 포도를 재배하는 다른 지역에서 볼 때 얄미울 정도로 자연조건이 좋은 곳이다. 그렇다면 영동군의 인문 조건 또한 자연조건만큼이나 탁월할까?

영동군의 합리적 인문 조건

프랑스의 작가이자 철학가인 아나이 닌(A. Nin)은 '모든 것은 되어 가는 과정'이라고 설파했다. 영동군의 포도 농업 발전 모습은 바로 이 격언을 충실히 반영하고 있다. 영동군의 포도 농사는 1920년대에 일본인이 약 300평 규모의 포도밭을 일구면서 시작되었다. 그 뒤 6·25 전쟁이 끝나고 캠벨얼리 품종의 묘목을 심으면서 본격적인 재배가 이루어졌고, 1960~1970년대에는 포도 농사가 성황을 맞으면서 재배 면적이 확대되었다. 그리고 1980년대에는 영동군 일대의 모든 읍과 면에서 포도를 생산했으며, 1990년대부터는 국내 포도 농업의 최정상 자리에 올라섰다. 2000년대 들어 성장의 안정화 단계에 접어들었다고 평가받는 영동군의 포도 재배 역사는 '되어 가는 과정'으로써 현재 진행형인 셈이다. 하지만 이렇게 영동군의 포도 산업이 최고의 전성기를 구가하게 된 데에 독특한 인문지리적 요소가 숨어 있음을 아는 사람은 그리 많지 않다.

앞서 이야기했듯이 영동군 일대는 깊고 좁은 분지로 이루어져 있다. 이때 소백 산지를 가르는 깊은 골짜기는 반대로 주변을 연결하는 교통축이 될 수도 있음을 주지해야 한다. 현재 영동군에는 국토의 대동맥인 경부 고속도로와 경부선이 지나며, 북서쪽으로 대전과 옥천, 동남쪽으로 김천과 구미, 대구를 연결하는 4번 국토가 관통하고 있다. 좁은 골짜기의 자그마한 분지를 지나는 A급 교통망은 영동군을 '폐쇄'에서 '개방'으로 인도했다. 이는 영동군이 포도 하나로 새로운 지역 발전 모델을 구상하게끔 만든 원동력이었다.

A급 교통망을 바탕으로 영동군은 포도 농가에 대한 적극적인 시설 및 정책 지원을 아끼지 않았다. '영동 포도 클러스터 사업' 추진을 통해, 단순한 포도 생산에서 벗어나 가공 및 관광까지 아우르는 패러다임의 전환을 유도한 것이다. 현재 영동군의 포도 농사와 와인 생산은 군청과 영동 대학교, 농민이 네트워크를 구축하여 상호 협력하는 시스템으로 운영되고 있다.

제7회 대한민국 와인 축제 포스터.

이상 살펴보았듯이 영동군의 인문 조건 또한 자연조건 못지않게 훌륭한 수준임을 알 수 있다. 무엇보다 산업계와 학계 그리고 정부가 적극 참여하여 지역 내의 어느 누구도 소외되지 않는 상생의 모델을 제시했다는 점에서 주목할 만하다. 이러한 노력은 지난 2009년 12월, 국립농산물 품질 관리원으로부터 '지리적 표시제(GIS, geographical indication system)'라는 훈장을 받음으로써 그 빛을 발했다. 지리적 표시제로 등록된 영동 포도는 그 자체로 하나의 브랜드가 되었으며, 세계 1등급 와인에 대한 영동군의 새로운 비전으로 재정립되었다. 어느덧 영동 와인은 내수 시장을 넘어 세계 시장을 향해 정조준하고 있다.

지리적 표시제란 무엇인가? ★★★★★

우수한 지리적 특성을 가진 농산물 및 가공품의 지리적 표시를 등록하고 보호함으로써 지역 특산품의 품질을 향상시키고 지역 특화 산업으로 육성하기 위한 제도예요. 지리적 표시제가 안착될 경우, 특산품 생산자를 보호하여 우리 농산물 및 가공품의 경쟁력을 강화시킬 수 있으며, 소비자에게 충분한 제품 정보를 제공함으로써 소비자의 알 권리를 충족시킬 수도 있죠.
또한 다른 지역에서 함부로 상표권을 이용하지 못하도록 하는 법적 권리를 부여하여 유사품의 시장 진입을 차단, 경제적 효과를 유지할 수 있습니다. 프랑스 상파뉴아르덴 주에서 생산된 발포성 백포도주나 노르망디 지방이 원산지인 카망베르 치즈 등이 대표적인 지리적 표시제 상품에 해당합니다.

영동 와인, 세계 시장을 향하여

본디 와인 세계화의 선도(先導)에 섰던 나라는 프랑스였지만 이제 특정 국가가 와인 시장을 독점하는 시대는 지났다. 여전히 프랑스, 이탈리아, 에스파냐 세 나라가 세계 와인 시장의 과반을 차지하고 있지만 동남아시아와 동유럽 그리고 신대륙이 바짝 추격하고 있는 형국이다. 그리고 우리나라의 영동군도 탁월한 지리적 조건을 바탕으로 세계 시장의 판도에 과감하게 도전장을 내밀었다.

영동 포도의 야심찬 도전에는 바로 '지역화' 전략이 숨어 있다. 영동군이 취하는 전략은 크게 두 가지다. 하나는 세계 선두 그룹과의 정보 네트워크 구축이며, 다른 하나는 지역 축제의 활성화를 통한 확고한 브랜드 구축이다. 영동군은 와인 선진국들과 네트워크를 구축하여 상호 기술 교환 및 전수를 추진 중이다. 구체적인 와인 기술의 이전과 와인 관련 전문 교육을 위한 인적·기술적 교류 방안을 수립함은 물론 와인 선진 도시들과의 자매결연을 통해 유대를 강화하고자 노력하고 있다.

또한 영동군은 매년 포도 축제를 개최하여 지역 브랜드의 이미지 상승을 꾀하고 있다. 특히 포도에 관한 모든 것을 체험할 수 있는 포도빌(vill)의 구축과 와인 트레인의 도입 등은 일회적으로 그치게 되는 지역 축제의 지속 가능성을 높여 주었다. 덧붙여 포도는 재배지의 환경 조건에 따라 맛이 달라진다는 속성을 생각해 볼 때, 영동군만의 독특한 품종을 개발한다면 세계에서 유일무이한 와인을 생산할 수도 있을 것이다.

세계가 하나의 질서로 재편되는 과정을 세계화라 한다면, 가장 긍정적이고 합리적인 세계화는 오히려 독특한 지역화의 성착을 통해 이루어질 수 있다. 탁월한 지리적 조건을 지니고 있는 영동군이 와인 산업에 관한 '제대로 된' 스토리텔링을 구축할 수 있다면 세계 시장에서 충분히 살아남을 수 있다. 이런 맥락을 두루 고려했을 때 세계 유일의 와인 생산은 결코 꿈에서만 논할 이야기가 아니다. 유럽의 전유물로 인식되었던

'와인&시네마 열차'는 라이브 공연, 영화 관람, 와인 시음, 강의 등 다양한 체험 행사를 즐길 수 있는 대표적인 복합 여행 상품이다.

최상급 와인 제조에 대한 영동군의 도전은 그래서 더욱 가치 있다.

마지막으로 영동 와인이 세계인의 미각을 감동시킬 수 있는 날이 온다면, 그 공의 8할은 영동군의 탁월한 지리적 조건에 돌려주어야 하지 않을까 싶다. 인간이 생산하는 모든 것은 자연이 허락하는 만큼만 받아 갈 수 있는 선물이니 말이다.

시간에 따라 겹겹이 쌓이는 공간층, 신탄진

: 나루터 취락의 시공간적 변천

교통수단은 공간의 운명을 좌우하는 힘을 지닌다. 황무지를 별천지로 바꾸거나, 별천지를 서서히 소거시키는 힘을 지닌다는 소리다. 교통수단이 남겨 놓은 상흔은 우리 국토의 곳곳에 남았다. 이러한 공간의 변증은 대전광역시 북단에 자리한 신탄진에서도 찾아볼 수 있다. 이번 시간에는 길의 변화가 낳은 신탄진의 공간 변화에 대해 살펴보자.

지리를 만나는 시간

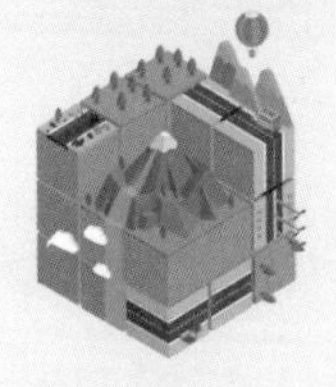

king of 지리

▶프로필 ▶쪽지 ▶친구 신청

카테고리 ▲

- 지리 + 여행
- 지리 + 사회
- 지리 + 역사
- 지리 + 음악
- 지리 + 세계사
- 지리 + 환경
  - 황사
  - 자연환경
  - 인문환경
- 지리 + 리빙
- 지리 + 미술
- 지리 + 맛집
- 지리 + 음식

방문자 통계

오늘 55 전체 410,121

이웃 블로거 ▼

공지 선플을 다는 당신의 손끝에서 아름다운 세상이 만들어집니다.

지리 + 환경 > 일제 강점기

신탄진 담배의 역사

2016년 4월 24일

오늘은 담배에 관한 이야기를 잠시 할까 해요. 담배는 정부에서 공식적으로 허가한 기호 식품의 일종입니다. 최근 금연 열풍이 불면서 흡연자들의 설 자리가 점점 좁아지고 있지만 아직도 많은 이가 주머니 속의 담배를 든든한 동반자로 인식하고 있죠. 애연가이셨던 저희 아버지도 여러 종류의 담배를 즐겨 피우셨어요. 그중에서도 가장 인상에 깊었던 담배는 바로 '신탄진'! 아마 대부분 처음 들어 본 이름일 거예요. 이 담배는 1965년 제1차 경제 개발 5개년 계획의 일환으로 신탄진 지역에 연초 제조창이 준공된 것을 기념하여 만들어졌다고 합니다.

댓글 21 | 엮인 글 16

└ **낭만자객** 처음 보는 담배네요. 얼마 전 무궁화 열차를 타고 가다가 신탄진역에 정차했던 기억이 납니다. 역 이름이 참 멋지다고 생각했어요.

└ **밀덕** 진(津)으로 끝나는 도시는 방어와 나루터의 기능을

HOME BLOG PHOTO 방명록

다녀간 블로거 ▲

DJ 빈이
군군귀요미
민서엄마♡
진격의솔로

최근 덧글 ▼

담당합니다. 아마 신탄진도…….

ㄴ **빵상** 제가 신탄진 사는데 나루터 같은 거 없거든요. 우리 동네가 규모는 작지만 그래도 엄연히 대전광역시에 속하는 지역이랍니다.

ㄴ **오빤훈남스타일** 신탄진 담배 맛있죠. 옛날 생각나네요. 담배 인삼 공사 본사가 아마 신탄진에 있죠?

ㄴ **이브** 헉, 오빤훈남스타일 님은 도대체 나이가?

ㄴ **지리사랑** 좋은 이야기가 많이 오가는군요. 우선 지리 종결자로서 몇 가지 오해를 짚고 넘어가죠. 먼저 담배 인삼 공사는 현재 KT&G로 공식 명칭이 바뀌었습니다. 그리고 신탄진에는 실제로 조그만 나루터가 있었습니다. 하지만 무엇보다도 신탄진을 유명하게 만든 건…….

ㄴ **빵상** 그것은?!

모든 역사는 길로 통한다

언어를 사용하는 것은 영장류의 특권이다. 인간은 언어를 이용해 다른 사람과 의견을 교환하며 이는 다양한 소통으로 이어져 '문화의 탄생'으로 귀결된다.

마찬가지로 공간 역시 소통의 도구로써 기능한다. 그리고 그 매개자는 지역과 지역을 연결하는 '길(路)'이다. 길은 맨 처음 어느 지역을 통과한 사람을 뒤따른 결과로 만들어진다. 미국의 시인이자 사상가 로버트 프로스트(Robert Lee Frost)는 그의 시 「가지 않은 길」에서 '자기 자본'이 중요해진 오늘날, '길'이 갖는 복합적 의미를 은유적으로 표현했다. 반면에 지리학에서의 '길'은 뜻이 명료하다. 바로 교통수단이 지나는 곳!

우리나라의 교통수단은 시대에 따라 변천했다. 마치 생물체가 나이를 먹음에 따라 성장하듯, 기술의 발달은 교통수단의 다양화에 기여했다. 과거에는 우마차와 배, 근대에는 철도와 자동차가 주요 교통수단으로 활용되었으며 현대에 들어서는 고속철도와 비행기가 등장하였다.

교통수단은 역사의 흐름을 반영하면서 공간을 점유해 왔다. 교통수단의 발달은 곧 길이 이어지는 공간의 변천이다. 어떤 지역은 역사의 중심에서 벗어나 있다가 길이 들어서면서 새로운 공간 질서 속으로 편입되었으며, 어떤 지역은 중심에 서 있다가 길이 사라지면서 쇠퇴했다. 길이 도시의 흥망성쇠를 좌우한 셈이다.

오늘날 대전광역시 북단에 자리한 신탄진은 다양한 길의 역사와 그에 따른 공간의 변증을 보여 주는 지역이다. 신탄진에 가면 세월의 흐름에 따른 공간의 누층(여러 층)을 읽어 낼 수 있다. 이번에는 길과 관련된 신탄진의 변화를 따라가 보자.

조그마한 나루터 취락의 전형, 신탄진

본디 신탄진의 출발은 나루터 취락이었다. 과거 토목 기술은 지금에 비할 바가 못 되었다. 그 당시의 기술력으로는 전 국토에 지금과 같은 교량을 놓는 일이 불가능했다. 그러니 자연이 놓아 준 물길에 배를 띄워 건널 수밖에. 산지의 비중이 높은 한반도의 특성상 주요 육상 교통로는 하천에 의해 간섭을 받는다. 이러한 자연조건에서 탄생한 것이 이른바 나루터 취락이다. 역사적으로 자주 언급되는 낙동 나루, 한강 나루, 곰나루(충청남도 공주의 옛 이름) 등과는 견주기 어렵지만 신탄진은 나름 회덕에서 청주로 가는 주요 길목을 차지하고 있었다.

신탄진이 두각을 드러내기 시작한 것은 고려 시대에 확립된 조운 제

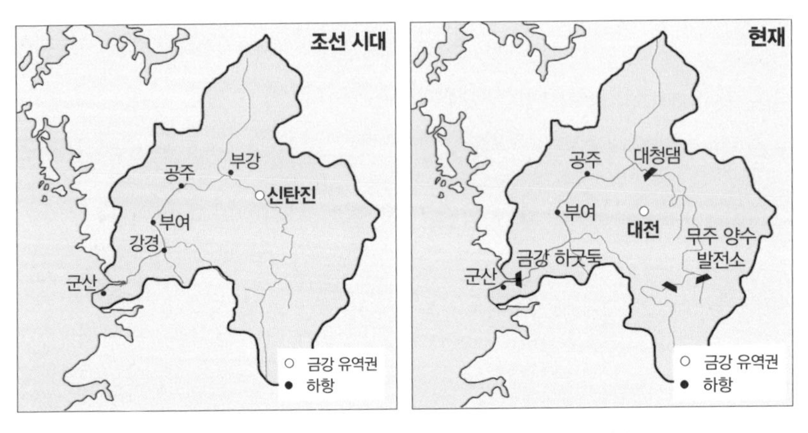

현재와 달리 조선 시대에는 금강을 따라 도시가 발달했던 것을 확인할 수 있다.

도가 조선 시대 들어 급격히 발전하면서부터다. 특히 조선 시대 후기, 화폐 및 농업 혁명의 결과로 발생한 시장 경제 발달은 물자 수송을 더욱 부채질했다. 이러한 시대적 분위기 속에서 신탄진은 자연스레 자신의 존재감을 드러냈다.

우선 신탄진은 금강 유역 가운데 상류에 위치해 있다. 그 당시 금강의 수운 체계에서 주요 하항 역할을 담당했던 곳은 군산, 강경, 부여, 공주, 부강 등이었는데 신탄진은 금강 수운의 가항(운항이 가능한 곳) 종점이었던 부강과 가장 가까웠다. 그래서 부강에서 주요 물자를 내린 뒤 좁은 산지의 물길을 따라 처음 당도하는 곳이 신탄진이었다. 이렇게 신탄진은 충청북도 내륙과 부강을 연결하는 소규모 하항으로써 조선 후기까지 물자 수송의 연결고리 역할을 담당했다.

이제 지도를 살펴보자. 옛날 신탄진 나루터의 위치는 지금의 문평동 일대였다. 그런데 가만히 지도를 보고 있자니 조금 의아한 생각이 든다.

나루터가 있었던 곳이라면 분명 하천 옆이어야 하는데, 오늘날의 문평동은 하천에서 한 발짝 안으로 들어와 있다. 이에 대해서는 두 가지 해석이 가능하다. 첫 번째는 신탄진이 하항으로써의 기능을 상실한 뒤 인간이 의도적으로 매립하여 흔적을 없앴다는 것이고, 두 번째는 자연의 힘에 의해 일대의 지형 경관이 변형되었다는 것이다. 신탄진은 전자와 후자 가운데 어떤 사례에 해당될까?

무게 중심의 이동

신탄진 일대는 금강과 갑천(甲川)이 만나는 합수목(아우라지)에 해당한다. 일반적으로 두 하천이 만나는 곳은 유속이 감소하면서 이동하던 물질이 퇴적되는 양상을 보인다. 특히 신탄진에서 부강에 이르는 물길은 매우 좁아서 다른 지역보다도 물질이 쌓이기에 적합했다. 그렇게 지금의 문평동 일대는 금강과 갑천을 타고 내려온 물질들이 퇴적되어 넓은 저습지이자 범람원이 되었다. 이러한 저습지는 약간의 강수에도 물이 쉽게 불어나 갈수기만 아니면 나루터로써의 기능을 발휘하는 데 유리하다. 하지만 앞서 의문을 제기하였듯 지금의 문평동 일대는 하천과 꽤나 거리가 있다.

문제 해결의 실마리를 찾기 위해 신탄진(新灘津)이라는 지명의 뜻을 살펴보자. 신탄진의 한자를 풀어 보면 '새로운 여울에 자리한 나루'라는 의미가 된다. '새로운 여울'이라는 표현을 썼다는 것은 전에 흐르던 물

을축년 대홍수 이후 물길이 나뉜 강남, 송파 일대의 지도.

길이 변경되었음을 암시한다. 근처의 지명을 조금 더 찾아보면 과거의 여울 자리도 가늠할 수 있다. 바로 '을미기 공원' 일대다. 을미기는 한자어 '을탄(乙灘)'이 변형된 것으로, 이러한 지명을 얻게 된 이유는 갑천이 마을 앞에서 굽이쳤기 때문이다. 이처럼 문평동 일대는 하천의 범람이 잦아서 잦은 유로 변경이 있었던 지역이다. 김정호가 『대동여지도(大東輿地圖)』에 이 지역 일대를 신탄(薪灘)이라 적은 것도 그만큼 범람으로 인한 지형의 변화가 심했기 때문이었다고 볼 수 있다. 그렇다면 신탄진이 나루터로써 기능하지 않게 된 것은 언제부터일까?

1925년은 한강 및 낙동강 유역의 범람원 지역에 큰 변화가 생기던 때였다. '을축년 대홍수'라 불리는 거대한 수마가 전 국토를 휩쓸었던 것이다. 단기간 태풍과 호우가 집중되면서 우리나라의 저지대 상당수가 침수되는 피해를 당했는데 신탄진도 여기에서 자유로울 수는 없었다. 을축년 대홍수는 그 당시 신탄진 앞으로 지나던 물길을 훨씬 크게 굽이치도록 바꾸어 버렸다. 그리고 상당한 양의 퇴적 물질을 쌓아 신탄진의 나루터 기능을 상실하게 만들었다. 결과적으로 신탄진 일대는 거대한 자연의 힘에 의해 애초의 모습을 잃고 기능마저 상실하게 된 것이다. 그리고 이는 신탄진의 무게 중심을 문평동 일대에서 오늘날의 신탄진역 주변으로 이동하게 하는 자연적 요인으로 작용했다.

이제 기존의 범람원 저습지에 위치했던 나루터의 쇠락과 오늘날의 신탄진 형성이 어떤 관계를 맺고 있는지 알아볼 차례다.

나라를 집어 삼킨 수난, 을축년 대홍수 ★★★★★

1925년 7월 9일 중부 지방을 중심으로 추적추적 비가 내리기 시작했습니다. 3일이 지난 뒤 빗줄기는 잠시 멈추는가 싶더니 다시 5일 동안 하늘에 구멍이라도 뚫린 듯 폭우를 쏟아부었죠. 이때 서울에 내린 강수량은 무려 753mm. 연평균 강수량의 절반이나 되는 양이었습니다.

이 폭우로 인해 서울은 쑥대밭이 되었습니다. 한강이 범람해 용산, 마포, 송파, 잠실 일대가 물에 잠겼고, 404명이 물에 빠져 목숨을 잃었죠. 전국적으로는 모두 647명이 홍수로 인해 사망했습니다. 폭우는 일대의 지형도도 바꾸어 놓았습니다. 대표적인 예로 우리가 알고 있는 잠실은 한강 가운데 있던 잠실 섬이 사라지면서 새로 생긴 곳이에요. 이때 한강의 최고 수위는 뚝섬에서 13.59m로 아직까지도 깨지지 않고 있습니다.

철도 교통은 신탄진의 변화를 부르고

대홍수와 함께 일대의 변화를 주도한 또 다른 요인은 일제가 부설한 철도였다. 본디 신탄진은 서울과 부산을 잇는 영남대로•에서 한 발짝 벗어난 곳이었다. 하지만 1905년 개통된 경부선 철도가 신탄진과 부강을 지나면서 부강-공주 간 수운 이용이 현격히 퇴보하기 시작했고, 집산지

• 조선 시대 때 서울과 부산을 잇는 육로를 지칭한다. 죽령, 조령(문경새재), 추풍령을 넘는 세 가지의 루트가 있었다. 보통 보름을 걸어야 한양에 도달했으며 가장 많이 사용된 길은 조령(문경새재)이었다.

역할을 했던 공주는 쇠퇴의 길로 접어들었다.

철도는 근대 역사에서 빼놓을 수 없는 공간 변화의 핵심 요소이다. 특히 경부선의 건설은 소규모 촌락에 불과했던 대전을 오늘날의 광역시로 성장하게 하는 변곡점이 되었다. 1905년 부산에서 시작된 경부선이 대전역과 신탄진역을 지나고, 1912년에는 대전과 익산을 잇는 호남선이 개통되면서 금강 내륙 수로를 축으로 삼던 지역 경제는 경부선과 호남선 철도를 중심으로 재편되었다. 거짓말처럼 수백 년을 이어온 수운이 퇴조하고 순식간에 철도 교통이 그 자리를 대신하게 된 것이다.

신탄진 역시 과거 나루터 중심에서 오늘날의 신탄진역 중심으로 시가지가 재구성되었다. 철도 개통 초기만 하더라도 을미기 마을의 야트막한 구릉대를 기준으로 왼쪽에는 나루터, 오른쪽에는 철도로 성장한 마을이 입지해 있었다. 하지만 나루터 기능이 아예 사라지게 되면서 신탄진역을 기점으로 인구가 밀집되기 시작했다. 이러한 변화의 흐름은 문평동 일대에 서던 오일장이 신탄진역 근처로 이동한 데에서도 입증된다. 1960년대 연초 제조창(오늘날 KT&G), 제지 공장, 콘크리트 회사 등이 신탄진에 입지하게 된 것도 경부선 철도 및 고속도로가 이곳을 경유했기 때문이다.

신탄진의 또 다른 흥밋거리

신탄진의 지도를 들여다보면 우리나라의 핵심 교통로가 제법 많이 지나

철도, 고속도로, 국도 등 여러 교통로가 집중되어 있는 신탄진 일대의 모습.

고 있음을 알 수 있다. 경부 고속철도, 경부 고속도로, 경부선 철도, 17번 국도가 반경 1km 안에 모두 몰려 있다. 과거의 신탄진 나루터까지 접목시킨다면 무려 다섯 개의 교통로가 한 지역에서 만나게 된다. 국토의 대동맥이라 할 수 있는 핵심 교통로가 이처럼 좁은 곳을 동시에 지나는 것은 우연일까?

신탄진 일대의 위성사진을 보자. 경부 고속도로 남이 분기점에서 신탄진까지 거의 일직선으로 놓인 도로가 보인다. 이 구간에는 고도 300~400m의 구릉대가 연속적으로 펼쳐져 있지만 터널은 없다. 다시 말해 터널을 뚫지 않고 도로를 놓을 수 있을 만큼 곧게 뻗은 골짜기가 남북으로 발달해 있다는 이야기다.

이런 사실을 염두에 두고 지도를 살피면 신탄진이 주변 산지 사이에 쏙 들어간 분지라는 점도 알 수 있다. 게다가 신탄진 북쪽에는 청주시와 세종시, 남쪽에는 대전광역시가 있다. 이들을 연결할 수 있는 곳을 찾다

보면 자연히 신탄진 자리에 눈길이 가게 마련이다. 요컨대 신탄진은 주요 생활공간을 연결하는 중간 기점으로써의 의미가 남다른 지역이라 할 수 있다. 소백산맥을 통과하는 추풍령 일대, 수도권으로 진입하는 목천 일대도 신탄진과 유사한 조건을 지닌 곳이다.

마지막으로 한 가지 더! 과거 나루터가 있었던 문평리 일대에는 주요 교통로가 단 하나도 지나지 않고 있다. 이는 대청댐이 완공되기 전까지 꾸준히 물난리를 겪었던 문평리 일대의 지형 조건과 무관하지 않다. 이처럼 우리가 살아가는 공간에는 다양한 시간의 누층이 포개어져 있으며 그 속에는 제법 흥미로운 이야기가 많다.

지리로 풀어 보는 과거의 운하

: 태안 가적 운하와 김포 굴포 운하

지난 2008년 한반도 대운하 사업 정책을 둘러싸고 전 국민이 갑론을박을 벌이기 전까지 '운하'는 우리에게 다소 생소한 개념이었다. 그러나 우리나라의 운하 건설 역사는 여러분이 생각하는 것보다도 훨씬 깊다. 자연적 기술적 한계에 부딪혀 제대로 된 운하를 만들지 못했을 뿐 운하 건설에 대한 열망만큼은 거의 세계 최고 수준이라고 보아도 좋다.

지리를 만나는 시간

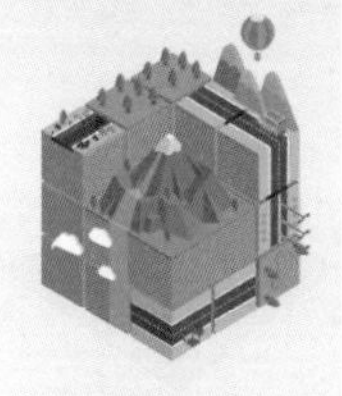

king of 지리

▶프로필 ▶쪽지 ▶친구 신청

카테고리 ▲

- 지리 + 여행
- 지리 + 사회
- 지리 + 역사
- 지리 + 음악
- 지리 + 세계사
- 지리 + 환경
  - 황사
  - 자연환경
  - 인문환경
- 지리 + 리빙
- 지리 + 미술
- 지리 + 맛집
- 지리 + 음식

방문자 통계

오늘 55 전체 410,121

이웃 블로거 ▼

공지 무플 방지 위원을 초빙합니다.

지리 + 환경 > 고려 시대

고려청자 매병의 아름다움

2016년 4월 24일

여름 방학 동안 목포에서 국립 해양 문화재 연구소가 주최하는 <매병(梅甁) 그리고 준(樽) -향기를 담은 그릇> 특별 전시회에 다녀왔습니다. 이번 전시회는 지난 2010년 태안 마도 해역에서 출토된 매병 2점이 보물로 지정된 것을 기념하기 위한 행사였어요. 개인적으로 흥미로웠던 점은 오늘날 돈을 주고도 살 수 없을 만큼 귀중한 매병을 옛사람들은 꿀과 같은 식재료를 보관하는 데 썼다는 거예요. 그들은 매병이 이렇게 값비싼 문화재가 될 거라고 상상이나 했을까요?

댓글 11 | 엮인 글 17

ㄴ **좌니뎁** 아~ 여름휴가를 목포 근처로 갔는데…… 괜찮은 전시회를 그냥 지나쳐 버렸네요. 역시 아는 만큼 보이는 건가요…….

ㄴ **최순우의후예** 고려청자 매병을 바라보고 있으면 고요의 아름다움 속에 한 가닥 부푼 정이 엷은 즐거움마저 풍겨 준다. 부드럽고도 훔훔한 병 어깨의 곡선이 허리로 흘러서 다시 굽다리로 벌어진 안정된 자세도 빈틈이 없지만, 그 위에

HOME BLOG PHOTO 방명록

다녀간 블로거 ▲

DJ 빈이
궁궁귀요미
민서엄마♡
진격의솔로

최근 덧글 ▼

기품 있게 마감된 작은 입의 조형 효과는 이 병의 아름다움을 거의 지배하고 있다는 생각을 갖게 해 준다.

매병덕후 묘사 쩍이네! 이거 님이 쓰신 거예요? 부럽부럽~

최순우의후예 『무량수전 배흘림기둥에 기대서서』에서 발췌했습니다. 죄송~^^;

톰밀러 바다에서 국보급 도자기를 발견했다고요? 바다에 도자기가 왜?

매병덕후 이유는 간단합니다. 고려 시대 때부터 연안 해역을 따라 세곡을 실은 배가 다녔기 때문이죠. 그 배가 풍랑을 만나 좌초된 겁니다!

톰밀러 답변 감사! 그런데 왜 하필 그 지역에서 발견된 거죠?

지리덕후 후후. 내가 나서야 할 때로군. 그 이유는 바로…….

해저 유물이 발견되는 곳의 공통점

"○○ 해역에서 국보급 유물 수십 점을 발견했다!"

잊을 만하면 심심치 않게 들려오는 희소식이다. 이때 발견된 유물은 고려 시대의 청자, 조선 시대의 분청사기, 백자가 주를 이룬다. 이렇게 지정된 국보만 해도 상당수다. 국립 해양 문화재 연구소는 어민들의 신고도 예의 주시하고 있다. 어망에 걸린 주꾸미의 빨판에 붙어 있던 유물이 문화재로 둔갑하는 경우가 있기 때문이다.

흥미로운 점은 유물이 발견되는 해역이 한정적이라는 것이다. 해저 유물이 나오는 지역은 전라남도 영광의 칠산 앞바다, 충청남도 태안의 안흥량(安興梁), 임천의 남당진(南唐津), 황해도의 장산곶(長山串), 경기도 강화의 손돌목(孫乭項), 전라남도 해남의 울돌목 등이다. 이들은 모두 폭이 좁은 해역이라는 공통점을 지니며 그중에서도 특히 안흥량, 손돌목, 울돌목 등이 유명하다.

여기서 모두가 다 아는 서해안의 특징에 기초해 간단한 해저 유물 발

발굴 유적지	유물	발굴 유적지	유물
신안 방축리	14세기 중국 선박	신안 완자도	14세기 고려 상감 청자
제주 신창리	12~13세기 중국 자기	보령 원산도	13세기 청자 향로
태안반도	14세기 고려청자	안산 대부도	12~13세기 선박
완도 어두리	12세기 고려자기	태안 대섬	12세기 고려청자
진도 벽파리	13~14세기 중국 선박	태안 마도 1호	13세기 고려청자
무안 도리포	14세기 고려 상감 청자	태안 마도 2호	13세기 고려청자
목포 달리도	13~14세기 고려 선박	태안 마도 3호	고려청자
군산 비안도	12~13세기 고려청자	태안 원안	고려청자
군산 십이동파도	12세기 고려청자	태안 마도 해역	고려청자
군산 야미도	12세기 고려청자	인천 선업벌	고려청자

국내 해저 유물 발굴 현황

견 시나리오를 만들어 보자.

서해는 조수 간만의 차가 크다. → 거대한 조류가 상대적으로 좁은 지역을 드나들 때에는 물살이 빨라진다. → 이곳을 통과하는 배는 난파될 위험이 높다. → 청자를 운반하는 배가 이곳에서 난파된다. → 바다에 가라앉은 물품들을 후세 사람들이 발견한다. → 유물들이 귀중한 문화재가 된다.

좁은 해역에서 유물이 자주 출토되는 까닭을 설명할 수 있는 그럴듯한 시나리오다. 하지만 한 가지 의문을 지울 수가 없다. 굳이 이처럼 위험한 지역으로 배가 지나간 까닭은 무엇일까? 위험이 도사리고 있다는 사실을 알면서도 왜 그들은 이곳을 항해할 수밖에 없었을까?

이번 시간에는 이러한 궁금증을 풀기 위해 안흥량과 손돌목의 에피소드를 묶어 비교 지역의 시각에서 살펴보고자 한다. 크게 다르지 않은 시간과 공간 조건을 지닌 곳도 지리학의 시선으로 살펴보면 꽤나 재미있는 차이점을 도출할 수 있다.

조운 제도의 걸림돌, 안흥량과 손돌목

예나 지금이나 국가의 재정은 세금으로 충당한다. 화폐 경제가 발달하기 전에는 곡물을 세금으로 징수했고, 이렇게 거두어들인 세곡은 안전하게 조정으로 들이는 것이 중요했다. 그래서 고안된 것이 조운 제도다. 조운이란 지방 군현의 세곡을 조창(漕倉, 조세로 거둔 현물의 수송과 보관을 위해 강가나 바닷가에 지어 놓은 창고)에 보관했다가 하천이나 바닷길을 이용해 서울의 관곡 창고, 즉 경창으로 운반하는 제도를 뜻한다. 조운 제도는 고려 시대에 완성되어 조선 시대에 보다 체계적으로 보완되었다. 그리고 서해를 지나는 세곡선의 상당수가 바로 안흥량과 손돌목을 거쳤다.

이제 안흥량과 손돌목의 위치를 살펴보자. 태안반도에서 가장 서쪽으로 돌출된 부분에 가의도가 있다. 이 섬과 육지(태안군 근흥면 정죽리) 사이의 좁은 물길이 안흥량이다. 안흥량은 외해의 강한 바람과 파도를 피할 수 있는 곳으로 해상 루트의 주요 길목이었다. 손돌목도 안흥량과 유사한 조건을 지니고 있다. 강화도와 경기도 김포시 사이에는 '염하'라는 좁은 물길이 있다. 그중에서도 김포시 대곶면 신안리 근처의 물길이 유

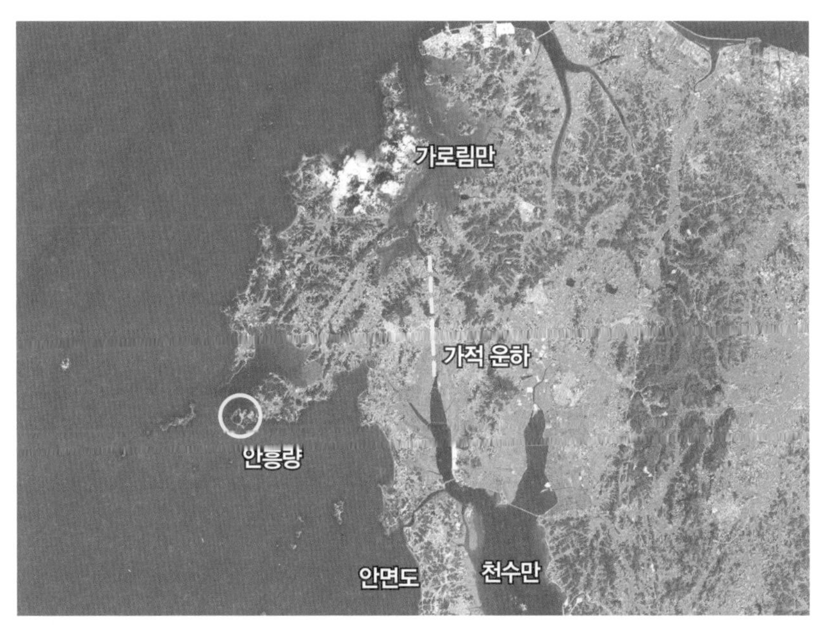

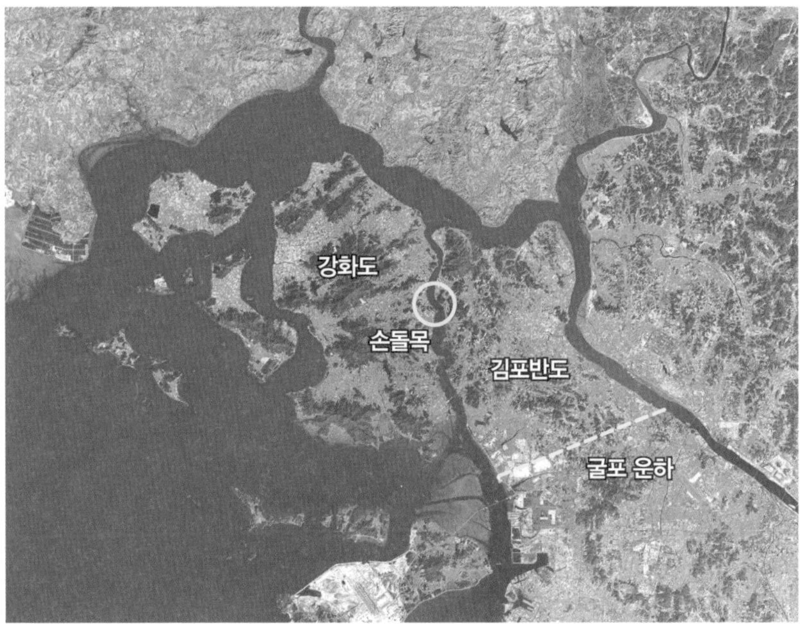

안흥량 위치와 가적 운하 자리(위), 손돌목 위치와 굴포 운하 자리(아래).

달리 굽이치는데 그곳이 손돌목이다. 이곳 역시 외해의 악조건을 강화도가 막아 주는 형국으로 조운 제도의 종점이었던 벽란도(고려 시대)와 경창(조선 시대)으로 가는 마지막 길목이었다.

하지만 앞서 이야기했듯 서해안의 좁은 해역은 들고 빠지는 강한 조류 때문에 그만큼 물살이 빨라지는 현상이 발생한다. 과거 이 구간을 항해하는 뱃사람들에게 빠른 물살은 양날의 검이었다. 빠른 물살은 운항에 필요한 힘을 덜어 주었지만 그만큼 난파로 이어지는 경우도 많았다. 특히 해안의 드나듦이 복잡하고 암초가 많은 지역에서는 좌초되기 일쑤였다. 조선 태조(재위 1392~1398, 조선 제1대 왕)에서 세조(재위 1417~1468, 조선 제7대 왕)에 이르기까지 70년 동안의 기록에 따르면 안흥량에서 파선·침몰된 선박이 200척에 이르고 1,200여 명이 목숨을 잃었으며, 미곡은 1만 5,800석이 손실되었다고 한다. 손돌목의 경우에도 1727년에 40여 척, 1730년에는 70여 척의 배가 침몰했다는 기록이 남아 있다.

이런 상황에서 조운 제도를 안정적으로 유지해야 하는 국가는 고심하지 않을 수 없었고 고육지책으로 내놓은 것이 육지에 바닷길을 내는 것, 즉 운하 건설이었다.

위험해도 어쩔 수 없어! ★★★★★

육지에서 멀리 떨어진 넓은 바다는 수심이 깊고 물살이 빠르지 않아서 비교적 편하게 항해를 할 수 있습니다. 하지만 육지와 가까운 연안은 물살이 빠르고 암초가 많아서 배가 좌초될 확률이 높죠. 이런 사실을 알면서도 과거 세곡선이 굳이 연안을 따라 움직인 이유는 무엇일까요? 바로 폭풍우 때문입니다.
망망대해에서 폭풍우를 만나면 난파는 물론 목숨까지 잃을 수 있어요. 그래서 좌초의 위험을 감수하고라도 대피처가 가까운 연안을 따라 항해한 것이죠. 실제로 과거에 발생한 해난은 바람 또는 그에 기인한 파도가 절대적 원인이었습니다. 발생 시기는 7월에 가장 많았으며, 5월부터 11월까지 대부분의 해난 사고가 발생했어요.

피할 수 없다면 뚫어라!

여러분이 정책 결정권자라면 두 지역에 적절한 운하 자리가 어디라고 생각하는가? 먼저 안흥량을 피해 갈 수 있는 운하 자리를 살펴보자. 천문학적인 공사 비용과 노동력의 소모를 감수해 가며 운하 공사를 감행하는 이유는 가능한 한 외해와 마주하지 않는 물길로 안전하게 세곡을 운반하기 위함이다. 이러한 전제를 염두에 두고 보령 앞바다 원산도를 지나 천수만과 가로림만으로 연결되는 운하의 모습을 떠올려 보자. 리아스식 해안의 이점을 살려 거리를 직선으로 연결하면 큰 이득을 볼 수 있을 것이다.

손돌목 일대도 마찬가지다. 손돌목을 거치지 않고 서울 경창에 도달할 수 있는 최단 거리를 계산해 보자. 지금의 영종도 남쪽에 바닷물이 드나들 수 있는 물길을 내어 한강의 지류인 굴포천과 연결시킬 수 있다면 운송 시간과 거리를 비약적으로 줄일 수 있다. 이와 같은 인공 뱃길을 성공적으로 만들 수 있다면 조운 시스템은 획기적인 발전을 이룰 수 있을 것이다. 이렇게 두 지역의 운하는 기필코 완성해야 하는 운명적 과제로 탈바꿈하였다.

이제 뜻을 세웠으니 정면으로 돌파하는 일만 남았다. 세곡선의 난파는 곧 국고의 손실이었으므로 조정은 운하를 건설하는 데 상당한 공을 들였다. 특히 태안 가로림만과 천수만 사이를 가로지르는 가적 운하는 7km를 파내야 하는 대공사였다. 이 공사는 고려 인종 12년(1134년)에 처음 시작되어 난항을 거듭하다가 조선 현종 10년(1669년)에 최종 중단되었는데 안타깝게도 운하는 결국 완성되지 못했다.

손돌목을 피해 가는 굴포 운하도 역사적 맥락이 비슷하다. 고려 고종 때(1230년대) 시작된 이 공사는 조선 중종 때(1530년대)까지 300여 년에 걸쳐 진행되었지만 역시 실패로 끝나고 말았다. 이후 일제 강점기에 일본이 홍수를 조절하고 식민지를 약탈할 목적으로, 1960년대 산업화 시절에는 경인 지역의 물류 수송을 위해 굴포 운하 건설을 고려하였으나 끝내 착공되지 않았다.

태안 가적 운하와 김포 굴포 운하는 조운 제도가 확립된 고려 시대 때부터 오늘날까지 꾸준히 관심을 받아 왔다. 하지만 둘 다 각고의 노력을 기울였음에도 불구하고 마지막까지 빛을 보지 못했다. 진인사대천명(盡人事待天命)이라 했거늘 무엇이 옛사람들의 노력을 수포로 돌아가게 만들었을까?

★★★★★

굴포의 뜻, 정확히 알고 가자!

태안에는 굴포 포구가 있으며 김포에는 굴포천이 흐르고 있습니다. 도대체 이들 지명에 들어 있는 '굴포'는 무슨 뜻일까요? 과거에는 운하를 가리켜 '굴포(掘浦)'라고 불렀습니다. 즉 두 지역 모두 운하 건설을 추진했기 때문에 굴포라는 이름이 지명에 쓰이게 된 것이죠. 그런데 태안에 만들어진 굴포는 흔히 '가적 운하'라고 불리기도 합니다. 가적 운하는 북쪽의 가로림만과 남쪽 천수만 유역의 적돌강의 앞 글자를 따서 붙인 이름이에요. 이렇듯 굴포의 비슷한 쓰임으로 인해 정확한 지명을 가리키는 데 혼란이 올 수 있는 만큼 여기에서는 태안 가적 운하와 김포 굴포 운하로 구분하여 사용하도록 하겠습니다.

수백 년 노력을 무산시킨 지형 장벽

서해에 면한 육지에 물길을 내고자 할 때에는 크게 두 가지를 고민해야 한다. 첫째는 지면보다 낮은 바닷물을 들이기 위해 땅을 깊게 파내는 것이고, 둘째는 조수 간만의 차이를 극복하는 것이다. 두 가지 조건 중 더 까다롭게 느껴지는 것은 후자다. 땅이야 파내면 그만이지만 수시로 드나드는 바닷물의 간섭을 피하는 일은 좀처럼 쉬워 보이지 않는다. 그러나 가적 운하와 굴포 운하는 첫 번째 조건조차 극복하지 못하고 공사를 중단했다. 다시 말해 기초 공사인 굴착(掘鑿, 땅이나 암석 등을 파고 뚫는 일)도 제대로 해내지 못했다.

두 지역의 오랜 숙원 사업을 좌초시킨 결정적 원인은 단단한 암반이었다. 문헌에 따르면 가적 운하의 경우 "지하에 단단한 암반층이 있어서 중도 포기", 굴포 운하의 경우 "인천 원통현 지역의 암석 구간을 뚫지 못해 수포로 돌아갔다"는 대목이 나온다. 그 당시의 기술력으로는 암반을 뚫는 일조차 버거웠던 것이다.

태안반도의 지질도를 살펴보면 가적 운하 공사 구간이 화강암으로 이루어졌음을 알 수 있다. 화강암은 갈라진 틈이 적고 덩어리져 있을 경우 매우 단단한 성질을 지닌다. 북한산, 설악산, 계룡산 등의 바위 덩어리들도 지표에 노출된 화강암이 오랜 세월을 견디면서 잔존한 것이다.

굴포 운하는 조선 중종 때 우의정과 좌의정을 지낸 김안로가 주도적으로 이끈 대규모 사업이다. 그는 인천의 주안 염전 수로와 한강변 굴포천에서 동시에 공사를 시작하여, 물길을 원통이 고개까지 끌고 왔으나 결국 이 고개를 뚫지 못해 실패하고 말았다. 원통이 고개는 현재 인천 남동구 간석 오거리에서 부평으로 넘어가는 언덕으로, 풍화에 강한 백악기 화산암으로 이루어져 있다. 금오산, 무등산, 영남 알프스 일대가 백악기 화산암으로 만들어진 대표적 산지다. 결국 가적 운하와 굴포 운하는 풍화에 강한 화강암과 화산암에 의해 완공이 좌절되고 말았다. 폭약과 중장비가 국토의 지형을 바꾸는 오늘날의 관점에서 보면 납득하기 어려운 일이다.

★★★★★

굴포 운하에 대한 풍수지리적 해석

굴포 운하의 실패에 대한 흥미로운 주장이 있습니다. 원통이 고개를 굴착할 당시 산맥을 자르면 전주 이(李)씨의 사직이 위태로우니 중단하라는 정조 임금의 어명이 있었다는 거예요. 이는 정조가 지금의 김포 시청 뒷산에 있는 조상의 능을 참배하고 돌아가는 길에 "장릉(章陵)은 계양산을 안산(案山)으로 하고 비단 병풍처럼 둘러싸여 지세가 매우 좋다. (중략) 옛날에 듣건대 김안로(金安老)는 조수(潮水)를 40리까지 통하게 해 원통현(圓通峴)에 이르러 그쳤다 하는데, 이곳은 만년토록 감싸 호위할 땅이니 어찌 인력으로 파고 깨뜨릴 여지가 있겠는가."라고 말한 데에서 비롯된 것이죠. 만약 정조가 오늘날까지 살아 있었다면 시원하게 뚫린 경인 아라뱃길을 보며 어떤 표정을 지었을까요?

두 운하가 남긴 유물

가적 운하의 공사 실패에 따른 대안은 두 가지로 귀착되었다. 하나는 천수만의 내해에 도착한 세곡을 육로로 수송하는 방법이고, 다른 하나는 조운의 편의를 위해 육지를 절단하여 섬으로 만드는 것이다. 육로 수송의 흔적은 북창, 상창, 중창, 하창, 창벌 등의 지명으로 남아 오늘날까지 전해진다. 후자의 흔적은 1970년 안면 대교를 준공하기 전까지 섬으로 존재했던 안면도에서 찾을 수 있다. 원래 육지와 이어져 있었던 안면곶은 1638년 충청감사 김육이 운하 공사를 지시하면서 섬이 되었다. 안면도 탄생의 당위는 19세기 충청 연해 지역의 해난 지도를 보면 쉽게 이해

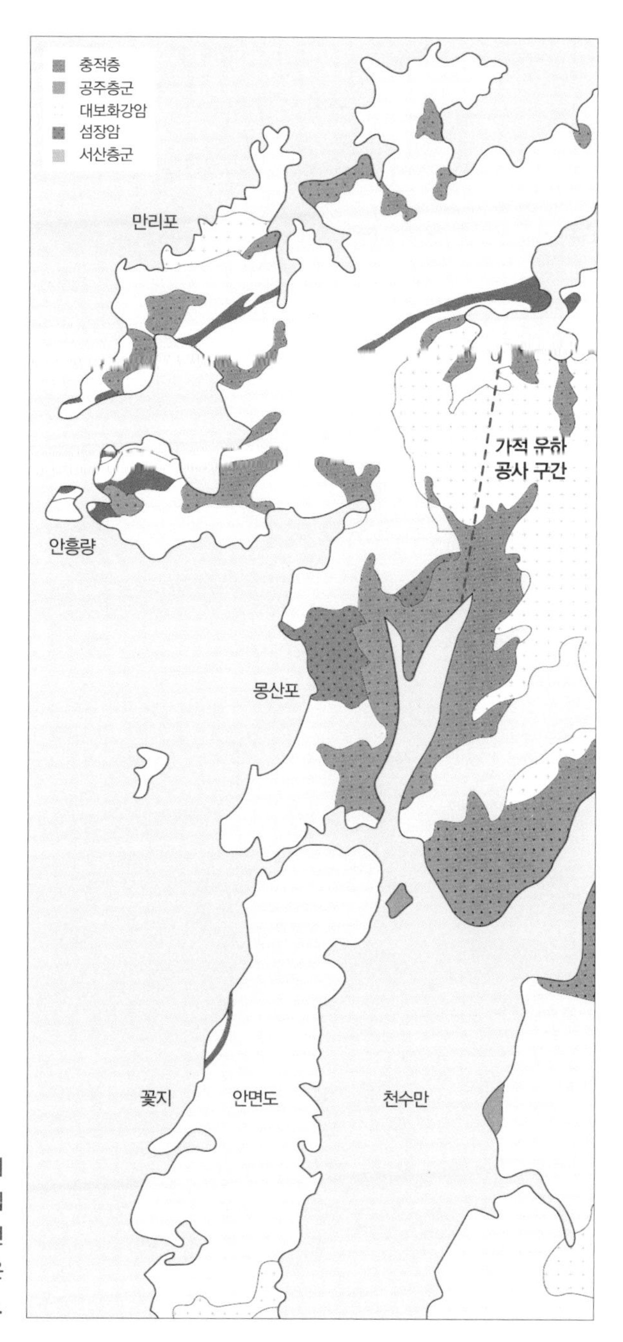

가적 운하가 들어설 자리에는 대보화강암이 관입되어 있었기 때문에 조선 시대의 기술력으로는 운하 개발이 역부족이었다.

할 수 있다. 가적 운하는 해난처 대부분을, 안면도는 안흥량 이남의 해난처를 피해 갈 수 있는 최적지였다.

고려 시대, 조선 시대, 일제 강점기를 거쳐 현대까지 꾸준히 관심을 받아 오던 굴포 운하는 2011년, 한강 하류의 행주 대교에서 출발해 인천 청라 국제도시 북쪽을 지나 서해로 연결되는 '경인 아라뱃길'로 이름을 바꾸어 탄생했다. 18km에 이르는 경인 아라뱃길의 주목적은 물류 수송 외에도 홍수 예방, 문화 공간 조성을 통한 삶의 질 향상 등이다. 이처럼 가적 운하와 굴포 운하는 그 목적과 실패 원인은 유사하지만 그 결과가 미치는 영향은 사뭇 다른 양상으로 전개되었다.

이중환, 강경에서 『택리지』를 낳다

: 조선 후기 하항 도시

1751년, 이중환은 20여 년간 전라도와 평안도를 제외한 전국을 돌아다닌 뒤 『택리지』를 완성하였다. 바야흐로 조선 시대 최고의 인문지리서가 탄생하는 순간이었다. 이중환이 『택리지』를 완성한 곳이 바로 충청도의 강경이다. 그 당시 강경은 각 지역의 주요 산물이 활발하게 거래되는 하항이자 전라·경기·충청 지방을 아우르는 거점 도시였다. 이중환의 발자취를 따라 강경을 찾아가, 조선 후기에 발달했던 하항 도시의 역사와 특징을 살펴보자.

이중환과 볼테르, 카톡으로 대화하다
: 1730년 어느 날

이중환(오전 10:10)

볼테르 선생, 안녕하시오. 나는 조선의 이중환이라 하오. 반갑소이다.^^

볼테르(오전 10:15)

조선이라…… 아! 그렇군요. 하멜 씨의 『난선제주도난파기』(『하멜 표류기』)를 통해 당신의 나라를 알게 되었어요. 내용이 참 흥미롭더군요.^^ 그런데 내 번호를 어찌 아셨습니까? ㅎㅎ

이중환(오전 10:20)

아, 초면에 실례가 많소. 우연히 당신 블로그를 방문했다가 당신의 필력에 감탄한 적이 십수 번이라오. 특히 적잖이 굴곡진 인생살이가 나와 비슷한 점이 많은 것 같아 친구로 추가해 두었소. 친절하게도 프로필에 연락처가 있기에 실례를 무릅쓰고 연락했소이다.

볼테르(오전 10:22)

아, 그러셨군요. 아무튼 반가워요. 나는 영국에서 공부하다 얼마 전 고국인 프랑스로 돌아왔습니다.

이중환(오전 10:25)

프랑스라…… 가지고 있는 〈곤여도 병풍〉•을 보니 이곳과는 상당히 멀리 떨어져 있더군요.

볼테르(오전 10:30)

이쪽 세상에 대해 아신다니 기분이 좋습니다.^^ 나는 최근 역사 철학에 관심이 많은데, 유럽뿐만 아니라 중국, 인도로까지 관심의 영역이 넓어지고 있습니다. 이렇게 인연이 된 김에 조선에 대해서도 공부해 보고 싶군요. 그나저나 먼 이국땅에 계시는 당신이 나와 비슷한 점이 많다 하셨는데, 그것이 무엇인지 무척 궁금하네요.

이중환(오전 10:40)

아, 그거 말이오? 실은 당신 블로그를 살피면서 참으로 많이 놀랐습니다. 나는 여러 가지 사정으로 벼슬을 그만두고 전국을 유랑하고 있소이다. 나는 우리나라 팔도를 체계적으로 정리해 보는 것이 꿈이라, 나름대로 수집한 정보가 상당하오. 그런데 그것을 어떻게 엮어 낼지가 의문이외다. 그런데 당신은 네덜란드에 머물면서 학문에 대해 눈을 떴다고 회고하셨더군요. 네덜란드가 어떤 곳이기에 선생의 사상에 큰 영향을 주었는지 궁금하여 이렇게 연락을 드렸소이다.

• 1602년에 예수회 이탈리아 인 신부 마테오 리치와 명나라 학자 이지조가 함께 목판으로 찍어 펴낸 〈곤여 만국 전도〉를 1708년 조선에서 필사해 인쇄한 것을 말한다.

볼테르(오전 10:55)

정말 야심찬 계획을 가지고 계시군요. 일단 원대한 당신의 계획에 찬사를 보냅니다. 음…… 네덜란드는 내가 지금까지 다녀 본 여러 나라 중, 가장 학문적으로 자유로운 곳이었습니다. 대학을 갓 졸업하고 3년 정도 머물면서, 내 조국 프랑스에 대해 깊은 회의가 들었더랬죠. 특히 미신과 편견이 지배하는 프랑스의 면모를 알게 되었어요. 또 네덜란드에서도 로테르담은 유럽 최대의 하항(河港, 하천에 있는 항구)인데, 세계 각지에서 몰려든 사람들로 인해 수많은 정보가 넘쳐 나던 곳이었습니다. 한마디로 내 인식의 지평이 넓어졌다고 볼 수 있죠. 그래서 내 학문적 기반이 그곳에서 시작되었다고 회고한 것입니다. 이해가 되시는지요?

이중환(오전 11:00)

그런 뜻이었군요. 듣고 보니 큰 영감이 뇌리를 스치는군요. 사람과 물자가 모이는 곳이라면…….

조선 시대 도시 발달의 특징

역사학자들은 임진왜란(1592~1598)과 병자호란(1636)을 기점으로 조선을 전기와 후기로 구분한다. 태조 이성계에서 비롯된 하나의 왕조임에도 시기를 두어 구분하는 이유는 둘의 차이가 무척 뚜렷하기 때문이다. 그 당시 조선의 변화는 소니(SONY)의 '워크맨'이 '시디플레이어'로 변화하는 차원과는 질적으로 다른 성격을 지닌다. 시디플레이어로의 변화가 기존의 것을 버리지 않고 계승·발전하는 '새로움'이었다면, 조선 전·후기의 변화는 '워크맨'이 '아이팟'으로 진화한 것과 같이 기존의 체제가 완전히 탈바꿈한 '혁신'이었기 때문이다. 조선 후기의 전방위적 변화는 도시에도 반영되어 전기와 후기의 도시 발달 양상은 이복형제마냥 차별적인 특성을 지니게 되었다.

조선 전기의 도시들은 공공 기능이 상업 기능보다 우위에 있었다. 예

조선 시대(좌)와 현재(우)의 광화문 앞 육조 거리 모습.

컨대 조선의 도읍 한양에는 광화문 앞의 육조 거리•를 중심으로 다양한 행정적·정치적 기능이 집중되었다. 오늘날로 말하면 종합 '행정 타운'인 셈이다. 하지만 상업의 기능은 행정을 뒷받침하는 도우미 역할에 그쳤다. 마찬가지로 조선 팔도의 거점 도시인 한성부·공주부·전주부 등도 상업보다 통치를 위한 행정 중심지의 성격이 강했다.

도시의 기능이 행정에서 상업으로 옮겨 간 것은 조선 후기에 들어서다. 청(淸)나라 및 일본과의 교역량 증가, 금속 화폐의 유통과 장시(場市)의 전국적 확대를 통해 상업에 종사하는 인구가 폭발적으로 증가했다.

• 오늘날의 세종로로, 광화문 앞에서 황토현(현재 광화문 사거리)까지에 이르는 대로를 말한다. 경복궁의 남쪽 정문인 광화문 앞 좌우에 의정부를 비롯한 이조·호조·예조·병조·형조·공조의 육조(六曹) 등 주요 관아가 건설되면서 형성되었다.

이러한 변화와 더불어 주요 대도시의 상업 기능이 강화되었고, 교통의 결절지에는 신흥 도시가 탄생했다. 특히 강경, 문경, 목천, 남포 등 수운을 기반으로 한 하항 도시들의 성장이 두드러졌다. 행정 중심이었던 조선의 도시는 후기의 상업 발달기를 거치면서 상업 중심의 패러다임으로 자연스럽게 전환되었던 것이다.

조선 후기의 꽃미남 도시, 강경의 흥망성쇠

성어기인 요즘 하루 100여 척이 넘는 배가 포구를 드나든다. 충북, 전북, 경기 남부 등 각지에서 모여든 상인들이 미곡과 어염(서민 생활의 필수품인 생선과 소금을 아울러 이르는 말), 수공업 제품 등을 놓고 열띤 흥정을 벌이고 있다. 저잣거리에는 고향이 제각각인 사람들로 성시를 이루며 객주(다른 지역에서 온 상인들의 거처를 제공하고 물건을 맡아 팔거나 흥정을 붙여 주는 일을 하던 상인)의 여인네는 음식 준비로 분주하다. 사람들의 얼굴마다 고단한 피로의 흔적이 역력하건만 입가의 미소는 좀체 떠나질 않는다. 두툼한 돈 꾸러미가 이 손에서 저 손으로 움직이는 동안 정박했던 뱃머리 하나가 빠지기 무섭게 새로운 뱃머리가 빈자리를 파고들었다.

조선 후기 강경의 모습을 묘사한 글이다. 당시 강경은 갓 잡아 올린 활어마냥 생동감이 넘쳐 나는 곳이었다. 강경은 젓갈을 좋아하는 사람이라면 한 번쯤 들어 봤을지도 모를 이름이지만 지금은 그리 유명한 도시가 아니다. 그러나 일제 강점기까지만 해도 대구·평양과 함께 3대 시장으로 손꼽히는 거대한 고을이었다. 지금은 지방의 읍에 불과한 강경이 오늘날의 광역시급에 견줄 만한 수준이었다니 쉽게 납득하기 어려울 것이다. 강경은 무슨 까닭으로 조선 후기의 대표적인 신흥 도시가 되었고 또 급격한 쇠락의 길을 걷게 되었을까?

장항과 군산 앞바다에서 직선거리로 약 35km 내륙으로 들어가면 강경을 만날 수 있다. 현재는 금강 하굿둑에 의해 바닷길이 막혔지만 과거에는 금강을 통해 배들의 출입이 매우 활발했다. 해안이 아닌 내륙에 입지해 있는데도 서해안의 밀물을 이용하여 큰 배가 진입할 수 있었던 것이다.

삼국 시대부터 큰 번성을 누렸던 부여나 공주보다 강경의 발달이 두드러졌던 까닭은 밀물이 강경까지만 이르렀기 때문이다. 밀물은 거대한 경강선(전라도·충청도에서 올라오는 세곡을 운반하던 배)과 지토선(지방 토착민이 소유한 배)을 쉽게 내륙으로 안내하였다. 물론 작은 배로는 부여와 공주, 멀리는 부강까지 이를 수 있었지만 거대한 배들이 정박할 수 있는 하항의 조건으로 봤을 때 강경만 한 곳이 없었다. 게다가 논산, 익산, 부안, 김제로 이어지는 넓은 평야대의 길목에 입지해 있어, 결정적으로 충청과 호남을 아우를 수 있는 이점이 있었다. 선뜻 이해가 어렵다면 『지리부도』나 웹 지도를 준비하여 앞서 말한 지역들을 하나씩 짚어 보라. 강경이 내륙에 갇혀 있는 부여나 공주와는 비교할 수 없을 정도로 개방적 조건을 지녔음을 알 수 있다.

강경의 성장은 이러한 지리적 조건과 19세기 초 대자본을 지닌 객주

1920년대 강경 서창 포구 일대의 모습.

의 등장이 맞물리면서 배가되었다. 강경에서는 조선 최대의 곡창 지대였던 금강 유역의 미곡은 물론, 지역의 수공업 제품과 서해안의 어염을 비롯해 동해안의 북어까지 거래되었다. 사람과 물자가 쉴 새 없이 교류되던 강경은 최고의 '소통 공간'이었다.

이렇듯 강경의 과거는 정말 찬란했다. 하지만 20세기 초에 접어들어 운명이 뒤바뀌기 시작했다. 1905년 경부선을 시작으로 호남선·장항선 등이 차례로 개통되면서 수운 중심의 물류 운반 시스템이 육로 중심으로 바뀐 것이다. 강경은 자신이 누렸던 여러 기능들을 논산과 대전으로 넘겨주어야 했다. 경부선과 호남선의 결절지인 대전은 오늘날 광역시로 성장했고, 수운 교통의 꽃미남 강경은 조그마한 읍으로 쇠락했다. 사람과 물자가 만날 수 있는 '교통수단'이 도시 발달에 미치는 영향력은 실로 막강한 것이었다.

『택리지』의 산파, 강경

조선 시대 이중환은 시대의 역작 『택리지(擇里志)』(1751)를 저술하였다. 이중환은 일생 동안 단 한 권의 책을 남겼지만 그 책은 조선 시대 최고의 인문지리서로써 큰 의미를 지닌다. 『택리지』는 '사민 총론(四民總論)'•, '팔도 총론(八道總論)'••, '복거 총론(卜居總論)'•••, '총론(總論)'의 4개의 장으로 구성되었는데 눈길을 끄는 것은 「팔도 총론」이다. 현대 과학 문명이 없던 시절, 팔도에 대해 자세히 서술할 수 있었던 이유는 그의 독특한 인생 역정에서 비롯되었다.

이중환의 고향은 현재의 공주시 장기면이다. 이곳은 당시 삼남(三南, 충청도·전라도·경상도 세 지방을 통틀어 이르는 말) 대로상의 교통의 요지로써, 한양에서 내포(충남 서북부의 가야산 주변을 가리키는 이름), 청주, 전주 등으로 빠져나가는 길목이자 금강 수로와도 연결된 교통의 결절지였다. 이곳에서

• 조선을 구성하는 사민(四民), 곧 사(士)·농(農)·공(工)·상(商) 네 가지 신분이나 계급의 백성을 설명한 부분.

•• 각 도별 역사·자연환경·산업·취락·지역의 특징 등을 이야기한 부분.

••• 복거(卜居)는 '살 만한 곳을 가려서 정한다'는 뜻으로, 입지 조건을 바탕으로 살기 좋은 곳을 택하여 타당성을 설명한 부분이다. 이중환은 입지 조건으로 지리(地理)·생리(生利)·인심(人心)·산수(山水)의 4가지를 들었다.

성장한 이중환은 소년 시절 부친을 따라 강릉 일대를 여행하였고, 문과에 급제한 뒤에는 김천도 찰방(각 도의 역참을 관장하던 벼슬)을 지냈다. 김천역(驛)은 경상우도와 충청도 일대의 교통로가 교차하던 곳이어서 다양한 지역 정보를 손쉽게 접할 수 있었다.

그러나 출세 가도를 달리던 이중환은 목호룡의 고변(告變, 반역 행위를 고발함) 사건에 연루되어 유배 생활을 하게 되었다. 이때부터 그는 한곳에 적을 두지 않고 전국 각지를 돌아다녔다. 오랜 유배 생활은 몰락한 사대부로서 수선이 유토피아를 찾는 과정으로 승화되었으며 그에게 방대한 지리적 지식을 안겨 주었다. 그런 그가 『택리지』를 탈고한 곳은 다름 아닌 '강경'이었다.

이중환이 저술의 마지막 장소로 '강경'을 택한 이유는 무엇일까? 그것은 그가 활동하던 18세기 중반 강경의 모습에서 찾을 수 있다. 앞서 말했듯이 강경은 조선 후기 3대 시장 중 하나인 '강경장(江景場)'이 들어

이중환이 『택리지』를 완성했던 팔괘정의 모습. 저 멀리 뒤편으로 금강이 보인다.

서던 하항이었다. 강경은 전라·경기·충청 지방을 아울렀고 그중에서도 전라 지역을 향해 두 팔을 벌리는 듯 개방되어 있었다. 이중환은 굴곡진 인생 탓에 전국 각지를 유랑하였지만 전라도와 평안도 일대는 한 번도 밟아 보지 못했다. 추측컨대 이 대목에서 이중환은 크게 고민하지 않았을까 싶다. 길지 않은 여생 동안 두 곳을 모두 돌아다니며 정보를 수집하는 일이 불가능했기 때문이다.

이중환이 택한 방식은 평안도는 문헌을 통한 간접 정보로 구성하는 것이었고, 전라도는 강경에서 정보를 수집하는 것이었다. 특히 일대의 거점 도시였던 강경이 호남의 사각지대를 충실히 메워 줄 수 있으리라 판단했던 듯하다. 이중환은 금강이 내려다보이는 팔괘정에서 『택리지』를 탈고하였다. 부족한 지역 정보는 저잣거리와 객주를 찾아 정리하는 방식을 택했다. 강경은 그가 '복거 총론'에서 강조했던 '생리' 조건의 확실한 증거이자 『택리지』 탄생의 산파로써 이중환에게는 더없이 소중한 공간이었던 것이다.

신임사화의 계기가 된 목호룡의 고변 사건 ★★★★★

숙종의 세 아들 가운데 왕위를 이을 수 있는 나이까지 성장한 왕자는 경종과 연잉군(영조)뿐이었습니다. 그중 경종이 왕위에 올랐으나, 생모 희빈 장씨가 숙종에 의해 죽음에 처해졌다는 것과 건강이 약하다는 점 때문에 왕으로서 그 위치를 확고하게 굳히지 못했죠. 그러자 노론은 연잉군을 왕세제로 책봉할 것을 주장했습니다. 소론은 반대했지만 아들이 없었던 경종은 노론의 주장에 밀려 이를 허락할 수밖에 없었어요. 더 나아가 노론은 경종의 병을 이유로 왕세제의 대리 청정까지 주장했는데 이는 소론의 반대로 이루어지지 못했죠.

그 와중에 목호룡의 고변 사건이 터집니다. 1722년, 노론이었던 목호룡이 소론에 가담하면서 노론이 역모를 도모했다고 고변한 거예요. 그 결과 대다수의 노론이 화를 입게 됩니다(신임사화). 하지만 1724년 영조가 즉위한 뒤 신임사화가 소론의 모함이었음이 밝혀져 결국 목호룡은 사형을 당합니다. 그리고 이중환은 목호룡과 함께 이 사건을 주도했다는 혐의를 받고 1726년 절도(絕島)로 유배되고 말았어요.

강경의 이중환, 로테르담의 볼테르

시야를 세계로 넓혀 로테르담으로 향해 보자. 네덜란드의 로테르담은 유럽 최대의 무역항으로, 북해 연안으로부터 약 40km 내륙에 입지해 있다. 로테르담의 가장 큰 장점은 유럽의 각국과 거미줄처럼 얽혀 있는 교통망을 통해 '소통'하고 있다는 것, 마스 강과 라인 강 수운의 종착지라는 것이다. 탁월한 하항 기능을 바탕으로 지역을 아우를 수 있었던 지리적 이점은 강경과 매우 유사하다.

사람과 물자가 모이는 곳은 다양한 정보가 융합되어 새로운 지식 생산을 위한 최적의 장소가 될 수 있는데, 그런 면에서 로테르담은 조선 후기의 강경과 많이 닮아 있다. 그 당시 네덜란드의 로테르담은 유럽에서도 종교와 사상의 자유가 상대적으로 넓게 보장되던 곳이었다. 자유 무역이 성행하고 근대적 자유 문화가 꽃피웠던 네덜란드에서는, 금서(禁書)였던 데카르트(R. Descartes, 1596~1650)의 『방법 서설』, 루소(J. J. Rousseau, 1712~1778)의 『사회 계약론』 등이 출판되었다.

18세기 유럽 계몽주의를 대표한 볼테르는 프랑스 관용(톨레랑스) 정신의 상징적 인물로 평가받는다.

이중환과 동시대를 살았던 프

랑스의 사상가 볼테르(Voltaire, 1694~1778) 또한 사상적 기초를 네덜란드에서 닦았다. 세계 각지 사람들이 몰려드는 이점을 활용하여 다양한 언어를 습득하였고 진정한 자유의 가치를 깨달았다. 지리학자 이중환은 조선 후기 최고의 하항 시장인 강경, 볼테르는 유럽 최고의 하항인 로테르담에서 학문을 완성하거나 기반을 닦은 셈이다.

두 도시의 지리적 이점은 조선 최초의 과학적 인문지리서인 『택리지』와 프랑스 계몽주의의 도화선이 되었던 『철학 서간』•의 퇴비가 되었다. 흥미로운 것은 볼테르가 중세 유럽을 지배했던 가톨릭에 날선 비판으로 일관한 반면, 이중환은 조선을 지배했던 풍수지리적 사관을 극복하지 못했다는 점이다.

• 1733년에 프랑스의 문학자 볼테르가 영국에 갔을 때의 견문(見聞)을 바탕으로 쓴 서간 문집. 영국의 정치·경제·종교에서의 자유주의를 소개하고 프랑스를 비판하였다.

신도안을 아시나요?

: 풍수지리적 명당의 변천사

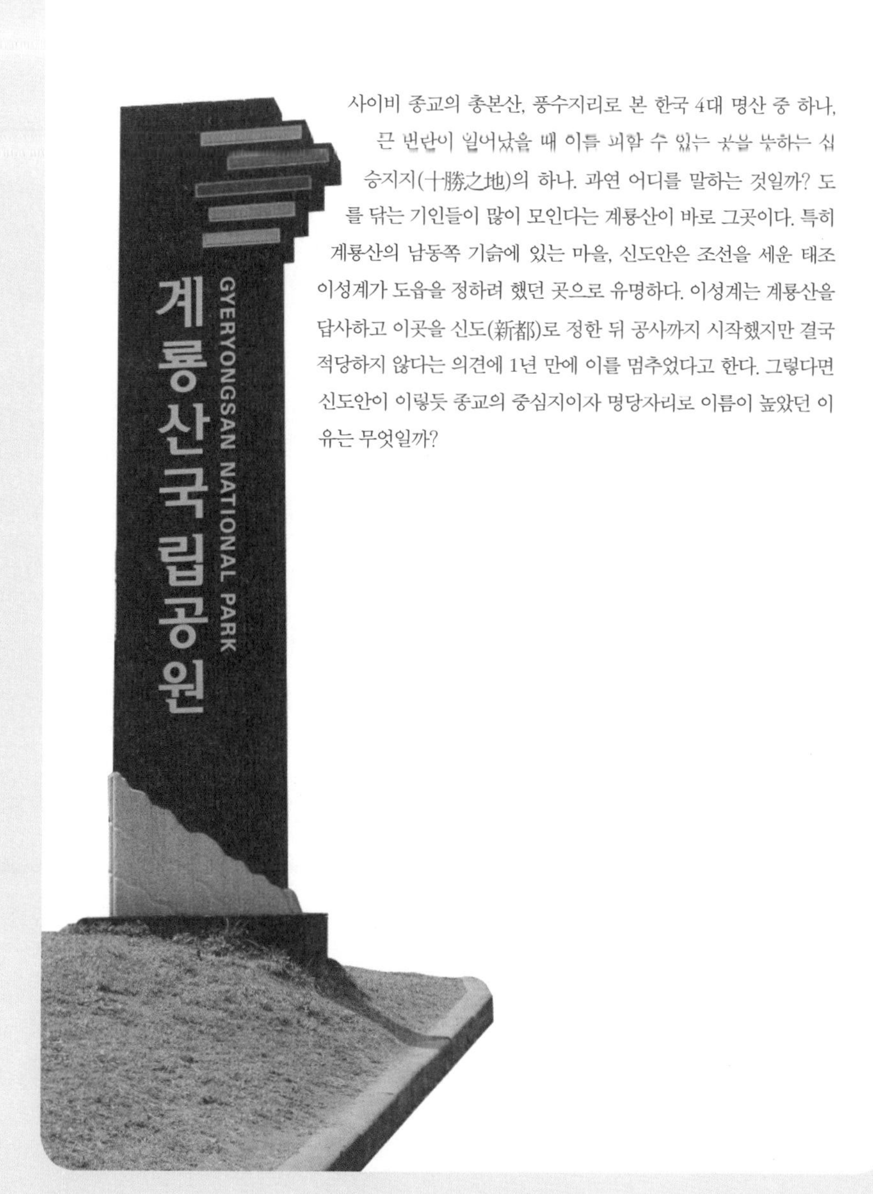

사이비 종교의 총본산, 풍수지리로 본 한국 4대 명산 중 하나, 큰 변란이 일어났을 때 이를 피할 수 있는 곳을 뜻하는 십승지지(十勝之地)의 하나. 과연 어디를 말하는 것일까? 도를 닦는 기인들이 많이 모인다는 계룡산이 바로 그곳이다. 특히 계룡산의 남동쪽 기슭에 있는 마을, 신도안은 조선을 세운 태조 이성계가 도읍을 정하려 했던 곳으로 유명하다. 이성계는 계룡산을 답사하고 이곳을 신도(新都)로 정한 뒤 공사까지 시작했지만 결국 적당하지 않다는 의견에 1년 만에 이를 멈추었다고 한다. 그렇다면 신도안이 이렇듯 종교의 중심지이자 명당자리로 이름이 높았던 이유는 무엇일까?

첫 번째 휴가 나왔습니다!

안녕하세요.^^ 자대 배치를 받고 첫 휴가를 나온 홍길동입니다. 정확히 3개월 만에 인사드립니다. 그동안 나름대로 파워 블로거였는데, 이젠 제 블로그를 찾는 분이 거의 없네요. 업데이트를 안 하니, 이해는 합니다. but〉 서운 서운(ㅠㅠ)

그래서 블로그를 처음 시작하는 마음으로 다시 컴퓨터 앞에 앉았습니다.

입대 전까지 제 블로그가 '얼리 어답터'• 의 성격이었다면, 지금부터는 '군대 생활'에 관한 이야기를 해 보려고 합니다. 내무반이나 근무지에서 있었던 다양한 에피소드를 따로 메모해 두었거든요. 저 대단하죠?^^ 그나저나 어떤 이야기부터 시작해야 하나……. 아! 첫 번째 이야기로 이것만큼 흥미로운 건 없을 듯하네요.^^ 제가 근무하는 곳은 충남 계룡시에 있는 '계룡대'라는 곳입니다.

(잘 모르시는 분은 육해공군의 통합 본부가 모여 있는 종합 기지라 생각하면 쉬울 듯~)

보직은 헌병이고요.(헌병 아시죠? 군대 경찰, 이른바 'M.P.'라고 하죠.)

헌병은 군기 단속, 교통정리, 교도반 운영, 행사장 경비 등의 임무를 담당합니다.

• early adopter, 제품이 출시될 때 가장 먼저 구입해 평가를 내린 뒤 주위에 제품의 정보를 알려 주는 성향을 가진 소비자군(群).

그중에서도 가장 핵심이라 할 만한 임무는 주요 출입처의 입구를 통제·관리하는 일입니다. 저는 1년 365일, 24시간, 다른 헌병들과 교대로 부대의 정문을 지키고 있습니다.(중요한 보직이라는 말씀!^^)

그런데 한 달 전쯤이었던 것 같아요. 대낮에 이상한 복장의 남자가 찾아와서 막무가내로 들여보내 달라고 하는 겁니다. 왜 그러냐고 물었더니 본인은 저 안에 들어가야 살 수 있다는 겁니다.

저는 행정 안내실에 가서 절차를 밟으라고 말씀드렸죠. (사실 민간인은 사전에 승인을 받아야 하고, 해당 부대 현역 군인의 안내가 없으면 출입할 수 없거든요.)

그랬더니, '내가 누군지 아느냐'에서 시작해 '지금 나를 몰라보면 나중에 불상사를 겪게 될 것'이라는 둥 정말 소름이 쫙쫙 돋는 불경한 이야기를 늘어놓는 겁니다. 그러다가 느닷없이 주문 같은 것을 외우기도 하고요. 저는 너무 놀라 위병소에 있는 선임에게 보고했습니다. 그랬더니 선임은 그냥 두면 조금 있다가 갈 거라며 너무 신경 쓰지 말라고 하더군요.

그렇게 정문 한쪽에서 한동안 소란을 피우더니 큰 절을 두 번 올리고는 유유히 사라졌습니다. '군 생활을 하다 보니 별일을 다 겪는구나' 싶었는데, 그 일이 있은 뒤로 두 달 동안 세 번이나 비슷한 일을 겪었죠.

어떤 스님은 점잖은 목소리로 한번 들어가 볼 수 있는 방법을 알려 달라고도 하셨어요. 들어가 봐야 그냥 군부대인데, 뭐 특별할 것이 있을까요? 전 도무지 그 이유를 알 수 없었습니다. 하지만 내무반 선임을 통해 그 이유를 알게 되었습니다. 그 이유는 뭘까요?

궁금하시면 다음 포스팅으로……^^

조선의 유토피아, 십승지지

사람은 누구나 '유토피아'를 꿈꾼다. 완벽한 제도를 갖춘 사회는 존재할 수 없는데도 물질문명이 발달할수록 '아틀란티스(Atlantis, 대서양에 있었다고 하는 전설상의 대륙)'에 대한 목마름은 깊어만 간다. 유토피아적 행복을 추구하는 인간의 보편적 심리는 동서고금을 막론하고 다양한 모습으로 표출되어 왔다. 개인의 영역에서는 어떨까? 그 옛날 결혼이나 대학 입시가 있을 경우 마당의 장독대는 어머니들의 '성소(聖所)'였다. 비록 정화수에 촛불 하나가 다였지만 집안의 대소사는 이곳에서 비롯되고 끝을 맺는 경우가 많았다.

또 마을에서는 마을 어귀의 당수나무(마을을 지켜 준다는 거목)나 서낭당(토지와 마을을 지켜 주는 서낭신을 모신 집)이 그 역할을 대신했다. 이들에 대한 믿음은 부락의 안녕을 기원하는 민속 신앙으로 발전하기도 했다. 그 밖에 종교에서는 절대자가 차지하는 공간이 성소로 표현되었다. 단군이 세웠다는 '신시(神市)'나 삼한 시대에 하늘 신에게 제사를 지내던 공간인

계룡산은 신라 시대에는 오악 중 하나로, 조선 시대에는 삼악 중 하나로 꼽혔던 명산으로써,
지리산에 이어 역대 두 번째로 국립공원으로 지정되었다.

'소도(蘇塗)' 등은 절대자에 대한 인간의 경외에서 비롯된 성소의 대표적 사례다. 이렇듯 공간의 변화무쌍한 '성소화'는 그것에 기댄 사람들에게 큰 위안을 주며 제 몫을 톡톡히 해 왔다.

전란과 세도 정치로 혼란스러웠던 조선 중기, 백성에게 큰 힘이 되어 준 것은 국가의 흥망성쇠를 기술한 예언서 『정감록(鄭鑑錄)』이었다. 임진왜란과 병자호란을 겪으며 어려워진 백성의 삶은 삼정•의 문란과 당파 싸움으로 더욱 피폐해져 갔다. 이때 등장한 『정감록』은 풍수지리와 도참사상(앞날의 길흉에 대한 예언을 믿는 사상)을 등에 업고 민심의 이상향, 곧 유토피아를 예언하며 백성의 마음을 사로잡았다.

• 나라의 정사(政事) 가운데 가장 중요한 전정(田政)·군정(軍政)·환곡(還穀)의 세 가지. 토지세와 군역의 부과 및 양곡 대여와 환수를 이른다.

『정감록』에는 왕조가 고려에서 조선으로 바뀔 것이며 조선은 500년 후에 망하고 정(鄭) 씨가 왕위에 오를 것이라는 내용 등이 기록되어 있다. 그중에서도 전쟁이나 환란이 생길 경우 이를 피할 수 있는 곳을 친절히 꼽아 준 점이 흥미롭다. 경상도 풍기에서 전라도 부안에 이르기까지, 10개의 성소가 십승지지(十勝之地)라는 카테고리로 묶여 자세히 안내되어 있다. 십승지지 중 계룡산은 지기(地氣, 땅의 기운)와 지령(地靈, 땅의 신령스런 기운)이 매우 탁월한 곳으로 전해진다.

계룡산과 신도안의 풍수지리

예나 지금이나 계룡산은 유명하다. 왜 유명한지 이유를 묻는다면 이렇게 답할 수 있다. 하나, 계룡산은 신라 시대에 오악(五嶽, 우리나라의 이름난 다섯 산)으로 꼽혔다. 토함산, 지리산, 태백산, 부악(父岳, 지금의 팔공산)과 더불어 명산으로 이름이 높았다. 둘, 국립공원이다. 나라에서 보호하는 산이니 유명할 수밖에 없지 않을까? 국립공원은 아무나 하는 게 아니다! 셋, 갑사·동학사·신원사 등 20개가 넘는 사찰이 있다.

오악으로 꼽힌 영산(靈山)이니 유명한 절이 입지하는 건 당연한 이치다. 넷, 이 일대에서 찾아보기 힘든 화강암 돌산이다. 중생대에 관입한 마그마가 식어 굳어진 거대한 화강암체, 그것에서 비롯된 기암괴석들이 계룡산을 이룬다. 따라서 풍광이 좋음은 두말할 나위 없다. 이뿐만이 아니다. '계룡산'이라는 지명은 하늘을 뜻하는 계(鷄), 땅과 바다를 상징하는 용(龍), 사람을 뜻하는 산(山)으로 이루어져 있다. 이는 풍수지리의 근간을 이루는 '천지인(天地人, 우주의 주장이 되는 하늘·땅·사람을 함께 이르는 말) 사상'과 상통한다. 우주와 땅과 사람이 하나라는 합일(合一) 사상을 지명으로 받들고 있는 셈이다. 여러 면에서 계룡산이 갖는 의미는 지대한데 그 중심에 바로 '신도안(新都案)'이 있다.

신도안은 계룡산을 기준으로 남쪽 산기슭에 자리한다. 위성사진으로 계룡산 주변을 살피면 움푹 파인 분지를 확인할 수 있는데, 그곳이 신도안이다. 신도안의 풍수지리적 면모를 자세히 살펴보자. 풍수의 기본 원리인 장풍득수(藏風得水, 바람을 피하고 물을 구하기 쉬운 곳)에 입각하여 볼 때, 한양이 득수에 용이한 반면 신도안은 장풍에 탁월하다. 현무[•] 격인 삼불봉(775m)을 중심으로 좌청룡(성인봉)과 우백호(국사봉)의 연속된 능선 줄은 주작[••]과 만나 주변으로부터 신도안을 완벽히 고립시킨다. 상대적으로 문이 열려 있는 남쪽도 입구의 폭이 300m 정도밖에 되지 않는 천혜의 장풍 형국이다.

신도안은 또한 산줄기와 물줄기가 태극 모양을 이루는 산태극수태극(山太極水太極) 형국을 충족한다. 먼저 산태극을 보자. 풍수에서는 백두산의 정기가 끝맺음을 하는 곳이 덕유산이고, 다시 이 기운이 역으로 상승하여 대둔산을 거쳐 계룡산에서 종결된다고 본다. 더욱이 신도안은 주

• 북쪽 방위를 지키는 신령을 상징하는 짐승으로, 거북과 뱀이 뭉친 모습으로 형상화된다.

•• 남쪽 방위를 지키는 신령을 상징하는 짐승으로, 붉은 봉황으로 형상화된다. 신도안의 경우 대둔산이 주작에 해당한다.

변을 둘러싼 산세의 형국이 둥글게 구부러져 있다는 점에서 산태극의 조건을 갖추었다. 다음으로 수태극이다. 마찬가지로 분지를 빠져나가는 두계천이 흑석리역 부근에서 갑천(甲川)이 되고, 다시 신탄진에서 금강으로 귀설되어 서해로 빠져나간다. 이 또한 넓게 구부러진 태극의 모양새로 수태극을 충족한다. 여기에 신도안 풍수의 화룡점정 격인 수컷과 암컷의 용추(龍湫, 폭포수가 떨어지는 바로 밑에 있는 깊은 웅덩이)가 더해져, 신도안이 자아내는 풍수지리적 신비감은 극에 달한다. 다시 말해 신도안은 풍수의 조건에서 둘째가라면 서러워할 명당 중의 명당인 것이다.

★★★★★

사람의 행복이 '자연'에 달려 있다고?

'풍수지리설'이란 말을 들어 본 적이 있나요? 풍수지리설이란 '산세(山勢)·지세(地勢)·수세(水勢) 등을 판단하여 이것을 인간의 길흉화복(吉凶禍福)과 연결시키는 설'을 말합니다. 풍수지리설에서는 방위(方位)를 청룡(동쪽)·주작(남쪽)·백호(서쪽)·현무(북쪽)의 4가지로 나누어요. 그리고 모든 산천이 이들 4개의 동물을 상징한다고 여기죠.

그리고 풍수지리설에서는 집을 짓거나 묏자리를 잡을 때 좋은 곳이 따로 있다고 생각합니다. 가령 땅속에 물이 흐르는 자리는 정기(精氣)가 방해받기 때문에 좋지 않습니다. 또 바람에 의해 정기가 흩어지는 곳도 마찬가지죠. 이런 자리에 집을 짓거나 조상의 묘를 쓰면 그 후손은 화를 입게 됩니다. 반대로 좋은 자리에 집을 짓거나 묏자리를 잡으면 자손은 그 정기를 받아 부귀를 누리며 오래 살 수 있고요.

이처럼 자연과 인간의 삶이 깊은 관계가 있다는 생각은 이미 중국의 전국 시대 말기에 시작되었어요. 그 뒤 삼국 시대 때 우리나라로 들어와 고려 시대에 전성기를 이루었죠. 오늘날에도 풍수지리설은 묏자리를 잡거나 집을 지을 때 여전히 많은 이들에게 위력을 떨치고 있답니다.

조선 최초의 궁궐터, 신도안

'명당' 신도안은 조선을 세운 태조 이성계의 천도 계획에서 뜨거운 감자로 부상하였다. 고려가 멸망한 뒤 민심 수습과 국교(國敎) 전환 등을 이유로 개성을 버리고 수도를 옮기기로 결정한 태조 이성계. 그는 모든 것을 새로 시작해야 할 당위를 천도에서 찾으려 했다. 첫 번째로 물망에 오른 곳은 고려 중기에 건설된 남경(南京), 곧 한양이었다.

태조는 '삼각산(지금의 북한산)에 제왕의 도읍이 될 만한 터가 있다'는 도참설을 근거로 한양을 활용할 계획이었다. 하지만 왕조 교체기에 단행한 성급한 천도 계획인지라 수구 세력을 설득하는 데는 한계가 있었다. 그 뒤 태실증고사[•] 권중화가 '계룡산 도읍 지도'를 헌상한 일을 계기로 다시 천도에 대한 논의가 시작되었는데 그가 거론한 공간이 바로 '신도안'이었다.

하지만 태조의 천도 계획은 신도안에 첫 삽을 뜬 지 1년여 만에 무산되었다. 애써 시작한 천도 계획을 전면적으로 수정한 이유는 무엇일까? 여러 가지가 있겠지만 크게 두 가지 요인이 작용한 결과로 볼 수 있다. 하나는 조선 전기의 인문지리서 『신증동국여지승람』[••]에서 힌트를 얻을 수 있다. 이 책 본문에는 "태조가 즉위한 후 계룡산 남쪽으로 도읍을 옮기려 했으나 (중략) 조운 길이 멀어 그만두었다."라는 내용이 기술되어 있다. 신도안이 금강에서 상당히 멀어 조운에 불리하다는 점을 이유로 든 것이다.

다른 하나는 그 당시 경기도 관찰사로 있던 하륜(1347~1416)의 상소에서 알 수 있다. 하륜은 상소에서 신도안의 지리적 위치가 상대적으로

• 후손들의 풍수 발복을 위하여 왕실의 태를 안치할 좋은 장소를 물색하고 택하는 관리.

•• 1530년, 이행 등이 왕명에 따라 『동국여지승람』을 증보하고 개정한 인문지리서.

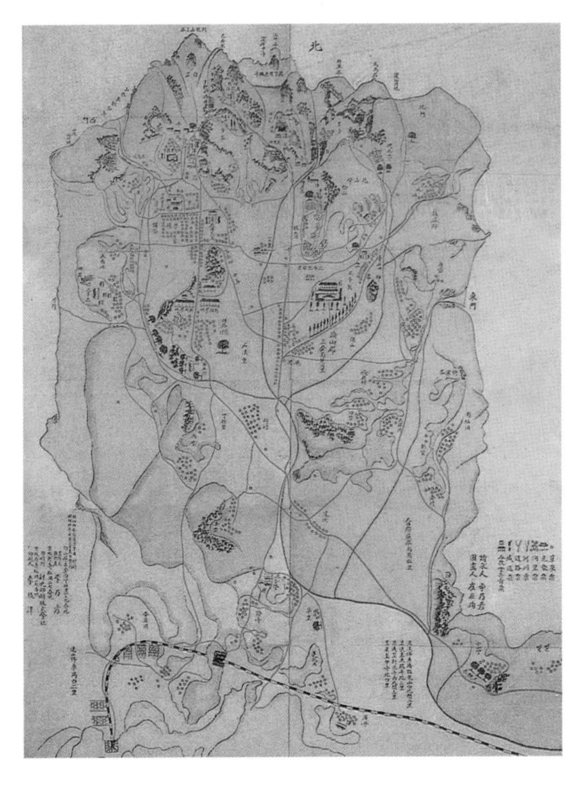

이내언이 그린 신도안 지도 (1929년)

남쪽에 치우쳐 있다는 점과, 중국 송(宋)나라의 풍수학자 호순신(胡舜申, 1131~1162)의 풍수론에 위배된다는 점을 역설했다. 하륜의 상소에 의해 천도가 무산되었다는 것에는 학자들의 다양한 해석이 있으나, 확실한 사실은 신도안으로의 천도가 무산되면서 후보로 밀려났던 한양이 조선의 수도로 급부상했다는 점이다.

그 뒤 조선 시대와 일제 강점기를 거쳐 오늘에 이르기까지 수도 한양의 위상은 흔들림이 없다. 출발이야 어찌되었건 한 번 쌓아올린 공든 탑은 쉽게 무너지지 않는 법이다.

'민족 종교'의 메카, 신도안!

태조 이성계의 개국 황태자에서 비운의 주인공으로 밀려난 신도안은 이후 어떤 역사적 행보를 보였을까? 흔히 역사적인 인물이 배출된 공간에는 여러 가지 풍수지리적인 해석이 덧붙는다. 풍수지리를 논하는 학자들은 이 시대 핵심 인걸들의 생가터 해석을 이미 끝마친 상태다. 예를 들어 충청북도 음성군 원남면 행치마을에 있는 반기문 유엔 사무총장의 생가는 일대의 양기(陽氣)를 모두 수렴하는 길지(吉地)이며, 경상북도 구미시 상모동에 있는 고 박정희 전(前) 대통령의 생가는 금오산의 정기를 받은 명당 터라는 식이다. 이는 풍수지리설에 바탕을 둔 '왕은 명당에서 탄생한다'는 믿음이 핵심 인걸들의 생가터에 대한 사후 해석으로 이어진 것이다.

그런데 신도안은 순서가 반대다. 『정감록』에 제시된 것처럼 풍수학적으로 매력이 넘치는 장소이다 보니 이곳에 유토피아적 왕도(王都)가 출현할 것이라는 믿음이 더욱 강해져만 갔다. 그러나 태조는 조선이 멸망하고 정씨 일가가 새로운 나라를 세운다는 내용이 담긴 『정감록』의 본질을 이미 알아차리고 있었다. 따라서 신도안에 사람이 거주하는 것을 허용치 않았다. 그 결과 신도안에는 태조 이후 구한말에 이르기까지 사람이 거의 살지 않았다.

그런데 1915년 정토사를 시작으로, 청림교·천진교 등 많은 신흥 종교가 유입 또는 창립해 저마다 사찰을 짓고 정착하면서 인구가 급속히 증가하였다. 특히 6·25 전쟁과 같은 난세를 겪으며 민중 종교의 수는

1975년을 기준으로 100여 개까지 늘어났다. 불교계, 기독교계, 동학계, 유교계, 봉남계, 단군계, 도교계 등 종류도 매우 다양했다.

이들이 신도안에 몰려든 배경에는 '후천 개벽 사상(後天開闢思想)'도 큰 힘을 발휘했다. 후천 개벽 사상이란 '이전 시대의 불합리한 사회는 가고 머지않아 새로운 이상향이 도래한다'는 일종의 메시아주의(messianism)다. 이곳을 찾은 민중 종교자들은 계룡산을 중심으로 펼쳐질 새로운 낙원을 염원했다. 스스로 종교를 창시하고 본인이 바로 새 시대의 주인공이라 여겼다.

따라서 암자 하나만 지어 놓고 신도가 없는 경우도 허다했으며 기껏해야 6명 내외의 종교 집단이 절반에 육박했다. 첨단 시대를 살아가는 우리에게 그들의 믿음은 선뜻 동의하기 어려운 부분이 많다. 그럼에도 불구하고 신도안에 몰려든 많은 민중은 『정감록』의 실현을 꿈꾸며 새 시대의 주인공이 되길 기원했다.

그 많던 민족 종교는 다 어디로 갔을까?

여기까지 읽고 신도안이 과연 어떤 곳인지 궁금증이 생겨 그곳을 찾아가 볼 생각이 드는가? 만약 그렇다면 미안하지만 마음을 접어야 한다. 이제 그곳에는 함부로 들어갈 수 없기 때문이다. 이유를 알기 위해선 새마을 운동이 활발하게 전개되었던 1970년대로 거슬러 올라가야 한다.

새마을 운동은 '잘살아 보자'는 농촌 근대화 사업으로 시작해 범국민적으로 확산된 대표적인 사회 운동이다. '조국의 근대화'라는 명목으로 미신 타파를 부르짖던 박정희 정부에게 신도안의 민족 종교는 눈엣가시나 다름없었다. 헌법에서 보장하는 종교의 자유도 계룡산 국립 공원화 정책 앞에 위엄을 잃었고, 1975년에는 종교 정화 사업이 이들을 압박했다. 우후죽순 격으로 형성된 민중 신흥 종교들은 정부가 주도하는 창연한 근대화에 역행하는 주한 것이었다. 설상가상으로 고 박정희 전 대통령이 죽은 뒤 12·12 군사 정변으로 집권한 신군부는 비밀리에 '6·20 계획'* 을 단행하여 이 일대의 민간인마저 다른 곳으로 이주시켰다.

민족 종교와 민간인이 떠난 신도안에는 계룡대가 들어섰다. 그 당시 신군부는 행정 수도 이전도 검토했지만 여론을 감안해 삼군 본부를 이전했다고 한다. 안보와 전략상 천혜의 지형 조건을 지닌 곳으로 신도안을 낙점한 것이다.

게다가 신도안은 『정감록』에 소개된 국권 교체의 상징적 공간으로, 쿠데타로 집권한 신군부 세력이 정당성을 확보하는 데도 큰 힘을 주었을 것으로 여겨진다. 여하튼 『정감록』에 전해지는 새 시대의 명당은 믿음이 강한 자가 아닌, 힘 있는 자의 것이 되었다.

갑작스런 이주 정책에 신도안을 떠나야 했던 그들이 선택한 것은 격렬한 저항이었다. 하지만 막무가내로 들이대는 공권력을 무슨 재주로 막을 수 있단 말인가? 신도안을 떠나 이주한 대부분의 사람들은 정부에서 미봉책으로 마련한 분양 특혜 등을 뿌리치고 대전·논산과 같은 주

• 1983년에 있었던 육해공군 통합 본부의 도심 외곽 이전 사업.

변 지역으로 이주했다. 승지에 발을 들일 수는 없게 되었지만 최소한 계룡산을 바라볼 수 있는 곳으로 이주한 것이다. 현재의 신도안은 민족 종교의 메카로써 현실적인 위상이 퇴락하였다. 하지만 신도안은 이상향을 그리는 소수의 사람들에겐 여전히 매력적인 '성소'이자 '길지'로 남아 있다.

출발 KTX, 유토피아 or 디스토피아

: 철도 교통의 발달

'공간과 시간의 소멸'. 19세기 초, 영국에서 처음 운행을 시작한 철도의 엄청난 영향은 이 한마디로 압축된다. 철도가 발달하면서 같은 시간 동안 과거의 몇 배에 이르는 공간상의 거리를 이동할 수 있게 되었기 때문이다. 그 뒤 1899년 우리나라에서도 철도가 개통되었고, 기차는 한반도를 빠르게 질주하며 많은 사람과 물자를 실어 날랐다. 그리고 2004년, 마침내 KTX가 도입되면서 우리 철도 역사는 새로운 이정표를 세웠다. 이번에는 철도 교통이 불러온 대한민국 공간과 시간 단축의 역사를 함께 살펴보자.

어느 촌로의 고백

충청북도 청원군의 어느 시골 마을. 한 촌로가 농사일을 뒤로하고 높이 솟은 콘크리트 교각에 기대앉아 막걸리를 마시고 있었다. 막걸리는 추석 명절에 서울에 사는 아들 내외가 다녀가면서 사다 준 것이다. 촌로는 서울 막걸리의 깔끔하고 톡 쏘는 맛을 좋아한다. 한 잔을 들이키면 시원한 청량감을 주고, 다시 한 잔을 비워 넣으면 기분 좋은 취기를 선물하는 서울 막걸리. 그래서인지 자식들은 고향을 찾을 때면 으레 서울 막걸리를 트렁크에 한 아름 싣고 내려왔다.

할아버지는 얼마 전 완공된 거대한 콘크리트 교각에 기대 가을 들녘의 풍성한 정취를 바라보며 명절에 다녀간 서울 손주들의 재롱을 한 장면씩 떠올렸다. 큰 소리로 할아버지를 부르며 달려오는 손주들을 품에 안던 일, 성묘를 오가며 나눴던 담소, 늦은 밤까지 펼쳐진 손주들의 재롱 잔치 등이 주마등처럼 스쳐갔다. 불과 3일밖에 지나지 않았건만 녀석들이 머물다 간 이틀간의 시간은 홀로 남겨진 할아버지의 옆구리를 더욱 허전하게 만들었다. 할아버지는 "할멈이라도 저세상으로 떠나지 않았다면 이토록 외롭지는 않았을 텐데……."라는 혼잣말을 하염없이 되풀이했다. 그렇게 하나하나의 이미지가 머릿속을 잠식해 들어갈 때마다 어느새 할아버지의 손은 막걸리 사발에 다가가 있었다.

잠시 뒤 할아버지가 기대 있던 콘크리트 교각 위로 무언가 쏜살같이 지나갔다. 미세한 요동이 전해 오는가 싶더니 이내 저 멀리 사라져 가는 요상한 물체였다. 할아버지는 마을을 관통하는 거대한 교각에 큰 관심을 기울이지 않았기 때문에 고속철도가 지나는 길이라는 것을 몰랐다. 그저 지루한 농사일에서 잠시 쉬고 싶을 때 널따란 그늘을 제공하는 교각이 고마울 뿐이었다. 할아버지는 연거푸 막걸리 두 잔을 비워 낸 뒤, 그늘을 벗어나 처음으로 교각 위를 올려다보았다. 때마침 서울로 향하는 고속철도가 저 멀리 번개처럼 달려가고 있었다. 기능이 시원치 않은 할아버지의 동체 시력은 촌음을 다투며 지나가는 고속철도의 꼬리만을 겨우 잡아낼 뿐이었다.

삽시간에 지나가는 요상한 물체가 뭔지 꼭 알아내리라 다짐하는 차에, 길을 지나던 마을 이장이 할아버지의 시야를 가로막았다. 할아버지는 반가운 마음에 막걸리 한 잔을 건네며 요상한 그것에 대해 물었다. 이장은 그것이 엄청나게 빠른 고속철도라는 사실과 이를 이용하면 서울에서 부산까지 2시간 반이면 간다는 이야기를 해 주었다. 할아버지는 핏대를 올려 가며 설명하는 이장의 말을 가로막고, 우리 동네에서 서울까지도 가느냐고 물었다. 5분 거리의 오송역에 가면 불과 45분 만에 서울에 도착할 수 있다는 이장의 말에 할아버지는 소스라치게 놀라 몇 번을 되물었다. 45분이면 당도할 수 있다는 말을 거듭 확인한 할아버지는 집으로 돌아와 아들에게 전화를 넣었다. 손주가 너무도 보고 싶은데 오늘 잠시 다녀갔으면 좋겠다는 말을 전하자 아버지의 애틋한 마음을 읽은 아들은 바로 찾아뵙겠다고 전했다. 지금은 오후 5시, 서울역에서 아내와 아이들을 만나 내려가면 7시 전에 도착할 것이라고 이야기했다. 할아버지가 하

던 일을 갈무리하고 집으로 들어가면 5시 30분, 이래저래 씻고 준비하면 아들 내외가 도착한다는 말인데 할아버지는 도무지 믿기지 않았다. 대관절 얼마나 빠르기에 이토록 빨리 올 수 있단 말인가? 순식간에 아들 내외와 손주를 맞이하게 된 할아버지의 심장은 심하게 요동치고 있었다.

비행기보다 빠른 고속철도?

서울 명동에서 부산 벡스코*까지 가장 빠르게 갈 수 있는 방법은 무엇일까? 아무래도 비행기를 이용하는 것이 가장 빠르지 않을까? 제주도도 1시간이면 주파하는 비행기의 아우라는 그 어떤 교통수단을 갖다 들이밀어도 상대가 되지 않을 듯 보인다. 하지만 KTX라면 감히 하늘을 가르는 비행기에 도전장을 내밀어 봄 직하다. 무슨 이유에서일까?

우선 명동에서 비행기를 타고 가는 최단 방법을 생각해 보자. 명동에서 서울역까지 10분이 걸리고, 서울역에서 김포 공항까지 직통으로 연결되는 공항 철도를 타면 30분 내로 김포 공항에 도착한다. 이후 발권을 하고 수속을 밟아 탑승하는 데 대략 1시간 10분 정도 걸리며, 김해 공항까지 40분을 날아간다. 김해 공항에서 빠져나와 부산으로 가는 리무진

* BEXCO. 부산광역시 해운대구에 있는 전시 및 컨벤션 센터. 각종 회의와 전시회, 이벤트를 주로 개최하는 종합 전시관이다.

버스를 이용해 1시간 20분을 달리면 목적지인 벡스코에 도달할 수 있다. 구간별 소요 시간을 모두 더하면 대략 3시간 50분이 소요된다.

반면에 KTX를 이용하는 최단 코스를 생각해 보면, 명동에서 서울역까지 10분, 발권 후 탑승하는 데 20여 분, 부산까지 이동하는 데 2시간 35분, 부산역에서 벡스코까지 지하철로 약 30분이 소요된다. 이를 모두 합하면 3시간 40여 분이다. 이것만을 놓고 보면 가장 빠르다고 인식되었던 비행기보다 오히려 KTX의 이용이 더욱 합리적이라는 결론에 이른다. 게다가 KTX는 항공편보다 가격이 저렴하며, 교통수단을 갈아타는 번거로움을 최소화할 수 있기 때문에 매력이 배가된다. 상식적으로 납득할 수 없는 결과가 우리 공간에서 벌어지고 있는 셈이다.

세계로 눈을 돌려도 사정은 마찬가지다. 예를 들어 에스파냐에서 마드리드를 출발해 바르셀로나까지 이동할 때를 생각해 보자. 항공편의 경우 공항으로의 이동 시간 및 대기 시간, 탑승 수속 등을 고려하면 3시간이 넘게 소요된다. 반면에 고속철도 아베(AVE)는 2시간 50분이면 충분하다. 또한 사전 예약을 이용하면 항공편보다 비용 면에서도 저렴하다. 이쯤 되면 '천하제일' 항공 교통을 주눅 들게 만든 고속철도, KTX의 탄생 비밀이 궁금해질 법도 하다.

땅을 나는 독수리, KTX가 탄생하기까지

이제 시간을 1899년 9월 18일 오전 9시로 돌려 보자. 장소는 경인 철도

우리나라 최초의 노선인 경인선을 달리는 기차의 모습.

회사 앞. 시간의 촉수가 발달한 사람이라면 1899년이 노량진과 제물포를 연결하는 조선 최초의 철도 경인선이 개통된 기념비적인 해였다는 사실을 금세 알아챘을 것 같다. 이때 첫 기차에 올랐던 〈독립신문〉의 기자는 "화륜거(기차를 일컫는 말) 구르는 소리는 우레 같아 천지가 진동하고 수레 속에 앉아 영창을 내다보니 산천초목이 모두 활동하여 달리는 것 같아 나는 새도 미처 따르지 못한다. 팔십 리 되는 인천을 순식간에 당도했다."라고 전했다. 자연력에 의존하던 그 당시 사람들에게 거대한 증기기관차가 뿜어내는 검은 연기와 폭음 그리고 속도는 가히 충격적이었을 것이다. 지금으로써는 그 시대 철마의 속도가 시속 20~30km에 불과했다는 사실에 실소할 수도 있지만 기관차와 마주한 선조들은 그 규모와 굉음에 압도되고도 남음이 있었다. '검은 요괴'라 불리던 증기 기관 철도의 개통은 조선의 근대를 알리는 요란한 경적과도 같은 것이었다.

그 뒤 1905년 서울과 부산을 잇는 경부선의 개통을 시작으로 철도 노선의 확장은 꾸준히 이어져 왔다. 일제가 군사적 목적과 함께 원료 및 식량 약탈을 위해 급속히 철로를 놓은 아픈 속내가 있음에도 불구하고 철도의 성장은 역설적으로 너무나 도드라졌다. 이는 철도가 조선 경영의 골자였기 때문에 빚어진 결과였다.

해방 이후 1967년에 증기 기관이 디젤 기관으로 대체되면서 기차는 더욱 빠른 속도로 공간을 가르게 되었다. 이와 더불어 서민의 발이 되어준 여객 철도와 물자를 수송하는 화물 철도가 비약적으로 성장했다. 이들의 성장은 국토 공간에 적지 않은 파장을 일으켰고 철도역이 들어선 대전, 익산, 신의주와 같은 도시는 급속도로 성장했다. 하지만 처음 철도가 개통된 이래 지난 100년간의 변화는 새로운 노선을 건설하거나 객차를 업그레이드하여 속도를 조금 높이는 수준에 머물렀다. 따라서 이렇다 할 공간이나 속도 혁명은 요원한 상태였다. 이렇듯 답보를 거듭하던 우리나라의 철도 역사에 일대의 지각 변동을 유발한 사건이 있었으니 그것은 바로 고속철도, KTX의 도입이었다. KTX의 도입은 국민 통합을 위한 국책 사업의 일환으로, 지방과의 보다 원활한 소통과 국토의 균형 발전을 위한 고육지책이 빚어낸 결과물이었다.

유토피아, KTX

과정이야 어떻든 결과적으로 2004년 4월, 한국형 고속철도 KTX가 개통되면서 우리나라 철도 역사에는 큼지막한 이정표가 세워졌다. KTX는 세계에서 다섯 번째로 도입된 고속철도다. 1964년 10월, 일본의 신칸센이 도쿄-오사카 운행을 시작한 이후, 1981년 프랑스의 테제베(TGV), 1991년 독일의 ICE 등 세계 각국은 고속철도 건설에 박차를 가했다. 세계에서 고속철도를 운행하는 국가는 모두 20여 개국인데 주목할 것은 중국에 이어 항공과 도로 교통에 의존해 왔던 미국이 고속철도 도입을 추진했다는 점이다. 이는 면적이 작은 나라에서부터 큰 나라에 이르기

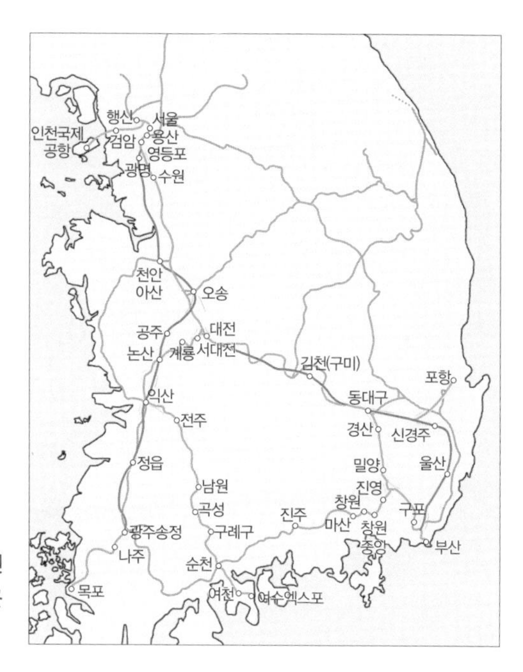

KTX 노선도. 경부선, 호남선, 경전선, 전라선 총 4개의 노선이 전국 곳곳으로 이어져 있다.

까지, 고속철도가 후한 점수를 받았다는 의미가 된다. 특히 우리나라의 KTX는 여러모로 장점을 지녔다는 사실이 기록으로 증명되고 있다.

KTX는 시속 300km를 넘나드는 속도로 철로를 오가는 교통수단이다. 육상에서 도달할 수 있는 최고의 빠르기를 구현하는 셈이다. 비행기가 이륙할 때 굉음을 내며 폭발적으로 달리는 속도가 시속 240km라는 점에 미뤄 볼 때, KTX는 빨라도 너무 빠른 육상 교통이다. 최근 우리나라는 최고 시속 430km로 서울에서 부산을 90분 내에 주파하는 차세대 KTX '해무'를 개발하는 데 성공하기도 했다. 이러한 변화는 전국을 반나절 생활권으로 만들었을 뿐 아니라 더 많은 관광의 기회를 불러옴과 동시에 다양한 업무의 빠른 처리를 가능하게 하는 등 우리 생활에 많은 변화를 가져왔다.

예컨대 대전에 사는 사람이 교통비가 더 들더라도 수준 높은 의료 서비스를 받기 위해 서울로 이동하거나, 대구나 부산에 사는 사람이 서울의 문화생활을 즐기기 위해 상경하는 경우 등 생활의 패러다임 자체가 흔들리고 있다. 반면에 부산의 모 백화점은 주말 쇼핑객 절반이 외지인으로 채워지며 서울에서만 개최되던 국제회의도 대전, 대구, 부산 등 지방 광역 도시로 확산되고 있다. 한편 KTX의 역사(驛舍)는 회의 장소로도 일품이다. 이동하는 시간까지 합하면 1박 2일은 족히 걸리던 회의가 당일로 가능해져 사회적 비용을 줄일 수 있기 때문이다. 게다가 저렴한 정기권을 끊어 서울에 적을 두고 대전과 대구권까지 통근하는 사람의 비중도 늘어나는 추세라고 하니 이러한 변화는 가히 '생활 혁명'이라 불릴 만하다.

2020년까지 전국에 KTX 고속철도망 구축이 완료되면 정부는 전 국민의 80%, 전 국토의 82%가 KTX의 수혜 범위에 들어가게 될 것으로 예측하고 있다. 이는 전국이 하나의 도시처럼 연계됨을 의미한다. 특히 경제적인 변화가 상당할 것으로 기대되면서, 정부는 'KTX 경제권' 전략에 박차를 가하고 있다. 고속철도역을 중심으로 교통·경제 거점 기능을 촉진해 지역별로 특성화시켜 전국을 하나의 도시처럼 발전시키자는 취지에서다. 만약 주변 지역과의 연계 교통망을 잘 확충하여 역세권을 중심으로 개발 가치를 효과적으로 높인다면 지역 발전의 새로운 전기를 마련할 수 있게 된다.

덧붙여 말하자면 KTX는 화석 연료 대신 전기를 사용하기 때문에 지구 온난화와 녹색 성장의 측면에서도 긍정적이다. 요즘 상황만을 놓고 보면 KTX는 21세기 유토피아적 공간 혁명의 신데렐라가 되었음을 부인하기는 어려울 것 같다.

제3세대 KTX 해무, 그 모습을 드러내다! ★★★★★

2013년 5월 16일, 한국 철도 기술 연구원 등 50여 개 기관이 5년간 모두 931억 원을 투입해 만든 차세대 KTX '해무'가 마침내 공개되었습니다. 해무의 최고 속도는 시속 430km로, 2세대 KTX인 산천보다 시속 80km가량 빨라요. 해무가 경부선 서울~부산 구간에서 대전·대구역 2곳만 정차하며 최고 시속 400km로 상업 운행한다면 운행 시간은 1시간 36분으로 줄어들게 되죠. 해무의 개발로 우리나라는 프랑스(시속 575km), 중국(시속 486km), 일본(시속 443km)에 이어 세계에서 네 번째로 빠른 고속철 기술을 보유하게 됐습니다. 하지만 안전성이나 승차감, 소음 문제를 생각하면 지나친 속도 경쟁이 반드시 좋은 것은 아니에요. 독일은 1988년, 일본은 1996년 이후 이 같은 속도 경쟁을 멈춘 상태라고 합니다.

하지만 이 대목에서 한 가지 짚고 넘어가야 할 것이 있다. 바로 본말전도(本末顚倒), 결과에 치중한 나머지 일의 근본 줄기는 잊고 사소한 부분에만 사로잡힐 수 있음을 잊어서는 안 된다. 핑크빛 미래의 청사진 속에 가려진 그늘도 냉정하게 살펴야 한다는 의미다. 본디 KTX의 도입은 수도권 과밀화의 해결과 국토 공간의 효율적인 소통을 위해 정부가 야심차게 준비한 프로젝트다. 하지만 그만큼 부작용도 만만치 않다. 빠른 KTX 네트워크를 필두로 한 메가시티•의 구현은 이상적이나 의료·교육·문화 시설 등의 경쟁력이 높은 서울로의 집중화, 이른바 빨대 효과(Straw effect)가 우려되기 때문이다. 구멍이 좁은 빨대로 음료를 빨아들이듯 대도시가 주변 중소 도시의 인구와 경제력을 섭렵하는 기현상이 심화되고 있다는 소리다.

이러한 사례는 도시를 기능적으로 연결하는 교통망이 확충되면 심심치 않게 발생한다. 예컨대 춘천시는 서울-춘천 간 고속도로가 개통하면서, 거제시는 거가 대교가 개통하면서 각각 서울과 부산에 대한 의존도가 심화될 조짐을 보이고 있다. KTX는 한 발 더 나아가 국가 수준에서 지방 대도시를 수도권에 종속시키는 도구적 성격이 강하다고 볼 수 있다.

고속철도의 도입이 국토 공간 구조에 어떤 변화를 미쳤는지 연구한

• megacity, 핵심 도시를 중심으로 일일 생활권이 가능하도록 기능적으로 연결된 대도시권.

내용에 따르면, KTX의 개통에 따른 접근성의 향상이 시간이 갈수록 경남권과 경북권의 인구 배출 요인으로 작용하고 있음을 알 수 있다. 이는 처음 고속철도를 도입할 때 정책적 주안점이었던 수도권 과밀화의 해결과는 정반대 결과다. 따라서 최근의 연구는 KTX의 도입이 국가 공간 구조에 미치는 영향력이 어느 정도인지를 좀 더 정확히 파악하는 데 중심을 눈다. 이러한 맥락에서 1960년대 일본의 신칸센으로 소외된 고베시의 아픔은 우리나라에서도 충분히 재현될 소지가 다분하다. 첨단 유토피아를 지향하는 KTX의 개통이 자칫 디스토피아로 가는 첩경이 될 수 있음을 예의 주시할 필요가 있다.

세계의 고속철도 그리고 남겨진 과제

경제 수준이 높은 나라일수록 고속철도 사랑앓이는 심해지는 추세이다. 현재 세계에서 고속철도 경쟁의 선두에 있는 국가는 프랑스, 중국, 일본, 독일이다. 이들 국가에서는 이미 최고 시속 500km를 넘나드는 기술력을 보유하고 있다. 이는 수치상으로 서울에서 부산까지 1시간에 주파하는 놀라운 속도다. 육상 교통으로써는 언감생심 꿈조차 꿀 수 없었던 항공편의 영역을, 고속철도가 보란 듯이 잠식해 들어가는 형국이다.

특히 국토가 넓은 중국의 경우 고속철도에 대한 애정은 더욱 각별하다. '철의 실크 로드'를 꿈꾸는 중국은 현재 자체 기술력은 물론 최장거리 노선 신기록을 경신한 상태이다. 심각한 경영 적자를 겪고 있는데도 그들이 계속 고속철도를 놓을 수밖에 없는 이유는 오직 하나, '넓은 국토의 효율적 이동' 때문일 것이다. 정시성, 안정성 그리고 가격 경쟁력에서도 항공보다 앞서는 고속철도는 그들의 성장에 이미 필수 불가결한 존재가 되었다.

이제 고속철도의 탄생을 정리해 보자. 과거 증기 기관의 발명은 인간과 세계의 공간을 압축하여 이질적인 공간을 균등하게 만들어 놓았다. 거리의 마찰 감소는 독특한 지방색을 퇴색시킴과 동시에 자본의 원활한 순환을 증가시켰고 철도가 지나는 도시를 빠르게 성장시켰다. 인간의 공간 지배력 상승은 국가 스케일의 경제 시스템을 발족시키는 계기가 되었으며 이러한 시대적 당위는 철도 경쟁의 도화선이 되었다. 이는 경제 수준의 상승에 따라 보다 빠르고 효율적인 교통 시스템의 욕구로 이어져 고속철도가 탄생한 것이라 할 수 있다.

시대의 흐름상 고속철도를 외면할 수 없다면 오히려 남겨진 과제는 단순하다. 이는 빠름과 효율성을 얻는 대신 잃거나 소외되는 것을 꾸준히 살피려는 노력일 것이다. 마지막으로 정말 궁금하다. 경이로운 속도 경쟁의 끝은 과연 어디일까?

'성장'하는 도시들의 티핑 포인트

: 실리콘 밸리와 방갈로르의 지리적 입지 특성

길을 지나다 보면 똑같은 음식 또는 물건을 파는 가게가 오밀조밀 모여 있는 모습을 볼 수 있다. 이렇게 유사 업종의 가게가 한곳에 모이는 이유는 집적 효과를 통한 매출 증대가 그만큼 보장되기 때문이다. 이는 산업 현장에서도 마찬가지이다. 독보적 위치를 가진 한 업체가 어느 한곳에 자리를 잡으면 다른 업체들도 시너지 효과를 누리기 위해 그곳으로 몰려든다.

지리를 만나는 시간

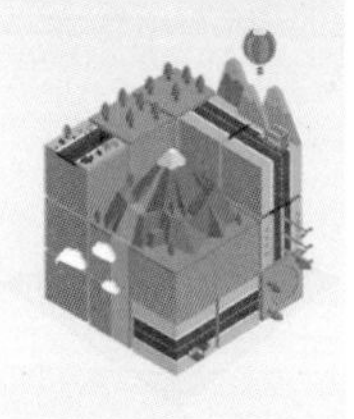

king of 지리

▶프로필 ▶쪽지 ▶친구 신청

카테고리 ▲

- 지리 + 여행
- 지리 + 사회
- 지리 + 역사
- 지리 + 음악
- 지리 + 세계사
- 지리 + 환경
  - 황사
  - 자연환경
  - 인문환경
- 지리 + 리빙
- 지리 + 미술
- 지리 + 맛집
- 지리 + 음식

방문자 통계

오늘 55 전체 410,121

이웃 블로거 ▼

공지 실리콘 밸리와 방갈로르에 대해 아시는 분, 댓글 부탁!

지리+여행 >첨단 도시

방갈로르의 무서운 성장, 실리콘 밸리 거기 서!

2016년 4월 24일

실리콘 밸리(Silicon Valley). 구글, 인텔 등 무수히 많은 소프트웨어 산업체가 군집해 있는 첨단 산업의 메카. 누구나 한 번쯤은 실리콘 밸리에 대해 들어 본 적이 있을 것이다. 하지만 실리콘 밸리를 위협하는 새로운 첨단 도시가 있으니, 바로 인도의 '방갈로르(Bangalore)'. 아직 실리콘 밸리에는 미치지 못하지만 방갈로르의 성장세는 무서울 정도다. 지난 10년 동안 가장 빠르게 성장한 이 도시는 미국의 종합 정보지 <뉴스위크>로부터 '21세기를 이끌어 갈 세계 10대 첨단 과학 기술 도시'로 선정되는 기쁨을 누리기도 했다. 실리콘 밸리와 방갈로르는 어떠한 공통점과 차이점을 지니고 있을까? 또 이와 같은 첨단 도시들의 시작은 어떠할까? 아, 궁금하다. 궁금해!

댓글 12 | 엮인 글 25

└ 만(프로그래머)렙 실리콘 밸리라…… 꼭 한번 가 보고 싶

HOME BLOG PHOTO 방명록

다녀간 블로거 ▲
DJ 빈이
상상키요미
민서엄마♡
진격의솔로

최근 덧글 ▼

네요.

ㄴ **스티븐잡스** 지난서울 실리콘 밸리의 구글 본사에 나녀왔어요. 사람도 별로 없고 깔끔해서 정말 살기 좋은 동네 같더군요.

ㄴ **만(프로그래머)렙** 우아~ 정말요? 잡스 님 너무 부러워요. 사실 제 꿈이 '구글러'거든요.

ㄴ **순수소년** 실리콘 밸리라는 말을 들으면 왜 성형 수술 생각이 날까요? 실리콘이 가득 생산되는 계곡이라…… 흐흐.

ㄴ **나똑똑** 실리콘 밸리는 실리콘 반도체를 생산하는 기업이 산타클라라 카운티라는 계곡 지역에 대거 몰려 있기 때문에 붙여진 이름입니다. 더 궁금한 게 있나요?

ㄴ **순수소년** <개그 콘서트>에서 다큐멘터리 촬영하는 소리하고 계시네. 헛똑똑 님, 저도 알거든요? 농담과 진담 좀 구분하시죠.

ㄴ **나수석** 농담이란 '실없이 놀리거나 장난으로 하는 말'인데, 그럼 당신은 남을 실없이 놀리거나 장난한 거네요. 사과하세요.

ㄴ **정관장** 대구 사과 드릴까, 영주 사과 드릴까? 크크. 대책없는 양반이구먼. 그렇게 유식하면 글쓴이가 던진 질문에 명쾌하게 답이나 해 주시구려~.

'성장'하는 도시?

정자와 난자가 만나 수정되면 염색체들의 오묘한 섭리 속에서 생명이 잉태된다. 그리고 태아는 어머니와의 생존 유대를 강화하면서 무럭무럭 자란다. 이때 우리는 태아의 발육을 '성장'이라는 단어로 대체하여 쓰기도 한다. 생물학적 속성을 지니는 개체들은 성장이라는 연속된 흐름을 이어 가다가 죽음으로 일생을 마감한다. 그런데 유기체가 아닌 특정 대상에도 인과 관계에 기초한 성장의 논리를 도입한 사례가 많다. 바로 '우주의 성장', '인구의 성장', '기업의 성장' 등 그 대상이 시간 흐름의 선상에 놓이게 된 경우다. 지리학에서 빼놓을 수 없는 관심 분야인 '도시' 또한 성장이라는 흐름 속에서 발생과 소멸을 논할 수 있다. 도시도 살아 있는 유기체와 마찬가지로 '발생을 통한 성장'을 하기 때문이다.

그렇다면 도시는 어떤 조건하에서 어떤 과정을 거쳐 성장하는 것일까? 우리나라의 전통적인 도시들은 풍수와 관련된 형세나 외적 방어, 물을 얻거나 홍수를 피하기 쉬운 곳에 자리해 왔다. 그리고 근대의 산업

도시들은 원료와 수출입의 이점을 따질 수 있는 곳에 자리하여 성장과 부침을 거듭해 왔다. 그러나 현대 사회에 접어들면서 산업 구조는 지식 정보와 고부가 가치의 지적 생산을 중시하는 방향으로 변화했다. 소위 '첨단의 메카'라 불리는 IT 기반 도시들이 급성장한 것이다.

지리학의 줌 렌즈를 통해 IT 기반 도시들의 성장 과정을 살펴보면 재미있는 포인트를 발견할 수 있다. 미국의 실리콘 밸리와 인도의 방갈로르 그리고 우리나라의 대전광역시까지 고부가 가치를 지향하는 이 도시들은 과연 어떤 성장 포인트를 가지고 있을까?

그들의 '자연지리적' 입지 포인트

특정 도시의 입지 특성을 보다 쉽게 읽어 내기 위해서는 먼저 자연지리, 즉 지형과 기후의 밑그림을 찾아보는 것이 좋다. 우선 실리콘 밸리 일대의 위성지도를 놓고 축척 비율을 조정하면서 넓게, 또 좁게 바라보자. 실리콘 밸리는 미국 서부의 로키 산맥 서쪽 말단에 위치한 샌프란시스코 근처에 자리하며 좁게는 샌프란시스코 만(灣)을 끼고 있는 동남부 지역을 이른다. 행정 구역상으로는 캘리포니아 주(州) 산타클라라 카운티다. 특이한 점은 실리콘 밸리 일대에 골짜기가 무수히 발달해 있다는 것인데, 이는 태평양판과 북아메리카 판의 상호 작용으로 땅이 북서-남동 방향으로 엇갈린 결과이다. 실리콘 밸리는 그 경계를 따라서 발달한 샌안드레아스(San Andreas) 단층 위의 골짜기에 위치한다.

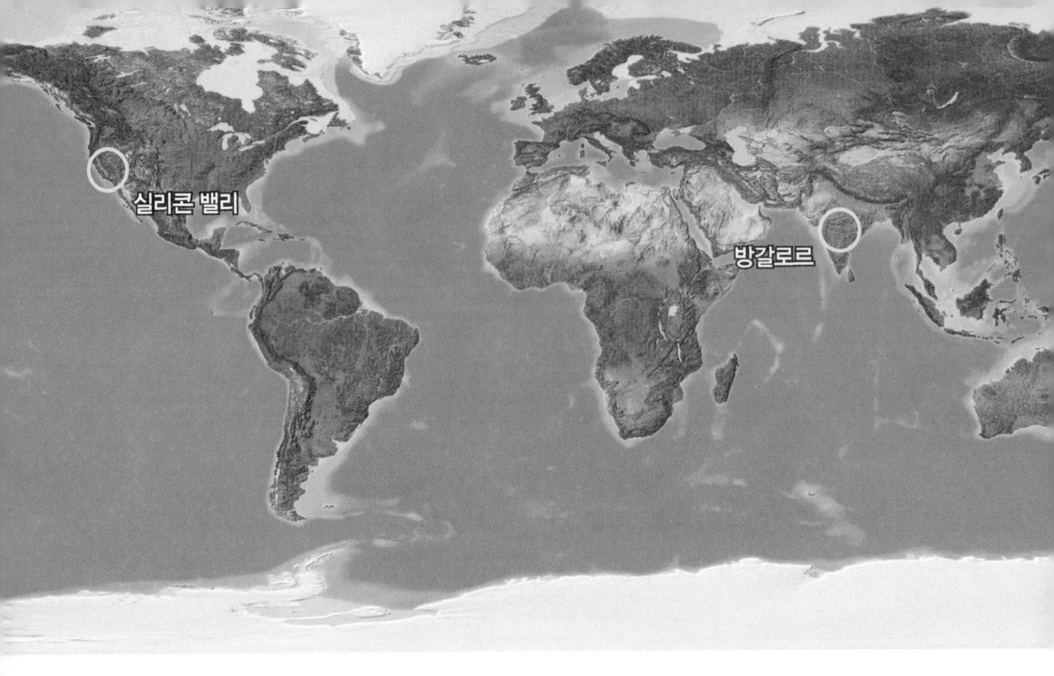

미국의 실리콘 밸리와 인도의 방갈로르 위치.

이제 인도 방갈로르의 지형 조건으로 눈을 돌려 보자. 인도 남부의 데칸(Deccan) 고원에 위치한 방갈로르는 주변이 매우 평탄한 편이다. 이처럼 광대한 지역이 기복 없이 평탄한 이유는 선캄브리아대에 형성된 기반암 위를 중생대 백악기에 분출된 용암이 덮었기 때문이다.

이쯤에서 우리는 실리콘 밸리와 방갈로르의 뚜렷한 차이점을 두 가지 발견할 수 있다. 첫째, 실리콘 밸리가 불안정한 지반에 입지한 반면 방갈로르는 상대적으로 매우 안정된 지반 위에 위치한다. 둘째, 실리콘 밸리는 해안을 끼고 발달했지만 방갈로르는 깊은 내륙에 들어가 있다.

사실 지금껏 살펴본 두 지역의 지형 조건은 첨단 IT 산업 시설의 입지 조건과 별 상관이 없다. 하지만 기후 조건을 따져 보면 사정이 달라진다. 실리콘 밸리 일대는 한 해 내내 맑은 날씨를 자랑하는 곳으로 미국에서 유일하게 지중해성 기후가 나타난다. 그 때문에 연평균 기온이 20℃ 내외를 유지하며 12월에서 3월까지의 우기를 제외하면 비가 거의 내리지 않는다. 방갈로르 역시 열대 기후에 속하지만 해발 920m 높이에 위치하여 연중 14~35℃의 쾌적한 날씨를 자랑한다. 또한 아라비아 해와 벵골만 사이의 내륙 중간 지점에 있어서 습도가 낮은 편이다.

우기가 짧고 온화한 날씨는 '첨단 산업의 공공의 적'이라 불리는 습도의 간섭을 최소화할 수 있는 이상적인 조건이다. 요컨대 실리콘 밸리와 방갈로르의 자연지리적 입지 조건에서는 지형보다 기후 조건이 더 중요한 공통분모인 것이다. 이제 두 지역의 자연지리적 밑그림 위에 인간이 얹은 인문적 채색 과정을 알아보자.

지진이 만든 단층 ★★★★★

샌 안드레아스 단층은 남동 방향으로 이동하는 북아메리카 판과 북서 방향으로 이동하는 태평양판이 만나 형성되었어요. 이 단층은 1906년 4월 18일 샌프란시스코 부근에서 진도 8.3의 대지진이 발생하면서 생긴 것으로 유명하죠. 판과 판의 경계 지역에서 일방적인 횡압력이 작용한 알프스·히말라야·안데스 산맥 등과는 달리, 샌 안드레아스 단층은 땅이 소멸되거나 생성되지 않고 서로 어긋나는 특징을 보입니다.
우리나라에서는 경북 양산시 일대의 단층이 이와 유사한 형태를 가지고 있어요. 이러한 단층대는 풍화와 침식이 활발하여 큰 골짜기가 발달하는 곳이 많고 화산 활동보다는 지진이 자주 발생합니다.

그들의 '인문지리적' 성장 포인트

실리콘 밸리는 화려한 명성과는 다르게 그다지 역사가 길지 않다. 제2차 세계대전 이전의 산타클라라 일대는 대부분 농장과 과수원이었으며 미국에서 농업 생산성이 높기로 손꼽히는 지역이었다. 대규모의 농업 지역이 첨단 산업 도시로 전환하게 된 티핑 포인트는 바로 스탠퍼드 대학교의 설립이었다.

1891년 미국에서 '철도왕'으로 이름을 떨치던 릴런드 스탠퍼드(Leland Stanford, 1824~1893)는 재산을 좀 더 의미 있게 사용하고자 대학을 설립했다. 그 당시 스탠퍼드는 유용한 지식을 통한 실용주의에 깊은 관심을 보였는데, 이를 토대로 다양한 벤처 기업이 스탠퍼드 대학과 협력·상생의 관계를 이어 가면서 실리콘 밸리 탄생에 이바지하게 되었다. 마치 복잡하게 엉킨 실타래가 풀리듯, 기업이 인재를 육성하면 그 인재가 다시 기업을 만들고 거기에서 또 다른 인재를 육성하는 식이었다. 우리가 익히 알고 있는 인텔과 휴렛팩커드(HP), 야후, 구글, 네크워크 사업체인 시스코, 소프트웨어 개발 업체인 선마이크로시스템즈는 이러한 과정이 되풀이되면서 탄생했고, 실리콘 밸리는 오늘날 선벨트(Sunbelt)라 불리는 미국 남부 지역의 핵심 거점으로 자리매김할 수 있었다.

그렇다면 '아시아의 실리콘 밸리'라 불리며 인도 소프트웨어 산업의 급성장을 이끌고 있는 방갈로르는 어떻게 성장했을까? 방갈로르 역시 실리콘 밸리와 마찬가지로 그 역사가 길지 않다. 19세기 인도를 통치했던 영국인들은 남인도 해안의 불볕더위를 피해 선선한 기후의 고원 지대에 통치 본부를 설치하였고 그 뒤 1960년대 국방·항공 관련 연구소가 설립되면서 방위 산업의 중심지로 주목을 받기 시작했다. 하지만 현재 방갈로르의 8할을 이룬 티핑 포인트는 인도의 저렴한 노동력과 우수한 인적 자원을 높이 평가한 미국의 텍사스인스트루먼츠 사(社)가 1985년 방갈로르로 진출한 것이다. 이어 모토로라, 인포시스와 같은 혁신 기업이 줄줄이 방갈로르에 연구소를 세우면서 지식의 선순환 고리가 형성되었고, 이를 인도 정부가 대폭적으로 지원하며 방갈로르는 폭발적인 발전 동력을 얻을 수 있었다. 그리고 지금 방갈로르는 '고급 인력이 많기 때문에 그곳에 갈 수밖에 없다'는 당위가 형성될 정도로 집적 효과를 톡톡히 누리고 있다.

세계 IT 소프트웨어 산업의 중심지, 실리콘 밸리에는 약 4,000개 이상의 기업이 모여 있다.

인도 제5의 도시 방갈로르에는 650여 개의 다국적기업과 1,500개 이상의 IT 회사가 모여 있다.

첨단 산업의 선두에 있는 도시들의 성장 동인(動因, 어떤 사태를 일으키거나 변화시키는 데 작용하는 직접적인 원인)은 의외로 단순하다. 성장을 위한 하나의 초석이 제대로 놓이면 그것을 발판 삼아 다양한 성장 요인이 집적된다. 다시 말해 실리콘 밸리의 스탠퍼드 대학과 캘리포니아 대학 버클리 캠퍼스(보통 'UC버클리'라고 부른다), 방갈로르의 인도 과학 연구소와 라만 연구소처럼 우수한 교육 기관이 존재하거나, 고급 인력을 지속적으로 끌어올 수 있는 기회가 제공되면 선순환의 고리가 형성되어 도시가 급격하게 발전하는 것이다. 나아가 고급 인재들이 높은 삶의 질을 누릴 수 있는 쾌적한 환경까지 뒷받침된다면 도시는 성장 속도에 날개를 달 수 있다.

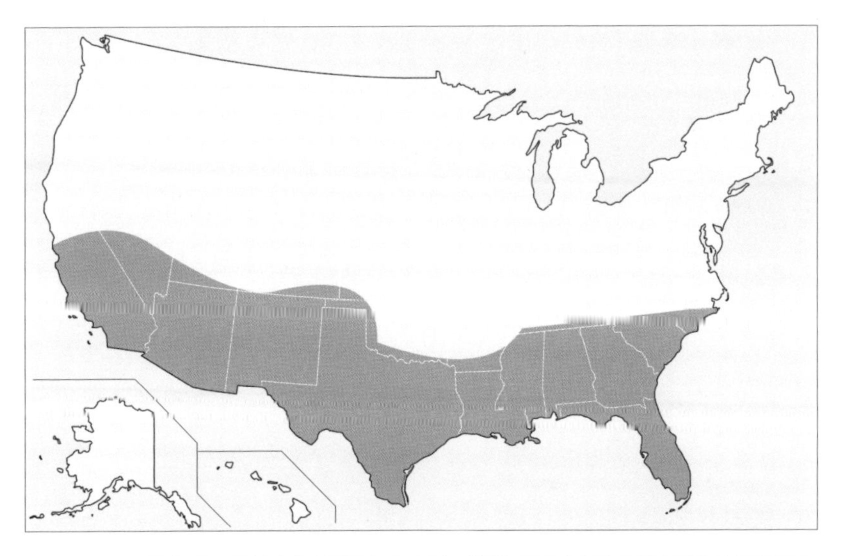

선벨트는 미국 남부의 북위 37도 이남 지역을 가리키며 약 12개 주(州)에 걸쳐 있다.

★★★★★

부유층이 많이 사는 선벨트

선벨트는 미국 남부의 노스캐롤라이나 주에서부터 캘리포니아 주에 이르는, 북위 약 37도 이남의 따뜻한 지역을 일컬어요. 평균 일조 시간이 길어서 선벨트라는 이름이 붙었죠. 이 지역의 주요 산업은 원래 농업이었지만 1970년대 이후 백인들이 쾌적한 거주 환경을 찾아 이곳으로 몰려들면서 각종 산업이 발달하기 시작했습니다. 특히 항공기와 전자 산업이 비약적인 발전을 이루었는데 이는 구매력을 가진 부유층이 이 지역에 많이 살기 때문입니다.

우리나라의 대덕 연구 단지는?

끝으로 비교 지역학의 관점에서 '대한민국의 실리콘 밸리'라 불리는 대전 대덕 연구 단지의 탄생에 대해 살펴보자. 대덕 연구 단지의 설립 과정을 한 단어로 표현하자면 '궁즉통(窮則通)'이라 할 수 있다. 궁즉통은

『주역(周易)』에 소개된 단어로, '궁즉변(窮則變), 변즉통(變則通), 통즉구(通則久)'의 줄임말이다. 즉 궁하면 변하고, 변하면 통하고, 통하면 오래간다는 뜻으로, '난관이 있어도 주저앉지 않고 새로운 길을 찾고자 혼신의 힘을 기울이면 궁함이 반드시 통한다.'라는 철학이 담겨 있다.

우리나라 근대 산업의 중심은 외국 자본과 기술을 토대로 한 경공업과 중화학 공업이었다. 하지만 1970년대에 들어 과학 기술의 혁신 없이는 더 이상 성장이 어렵다는 목소리가 힘을 얻었고, 이를 바탕으로 연구와 산업 등을 집적하여 고도의 발전을 주도할 연구 단지 건설을 구상하게 되었다. 이때 서울에 있던 한국 과학 기술 연구소(KIST, Korea Institute of Science and Technology)와 한국 과학원(KAIS, Korea Advanced Institute of Science)이 대전으로 합병·이전하면서 한국 과학 기술원(KAIST, Korea Advanced Institute of Science and Technology)이 되었고 이를 바탕으로 다양한 국책 연구소와 민간 연구소가 대전에 밀집하게 되었다. 이러한 맥락에서 볼 때, 대덕 연구 단지 형성의 티핑 포인트는 실리콘 밸리나 방갈로르와 달리 '정부의 의도적인 개입'에 있다고 설명할 수 있다. 또한 대덕 연구 단지의 입지에 중요하게 작용한 것은, 시대적 수요와 수도권의 과밀화를 억제하기 위한 지방 균형 발전 전략과 같은 인문학적 요인이었다. 대덕 연구 단지가 실리콘 밸리나 방갈로르처럼 세계적인 첨단 IT 기반 도시로 거듭날 수 있을지 관심을 가지고 지켜보도록 하자.

지리학의 프리즘으로 바라본 공간의 변화

: 득량만

2020년 완공을 목표로 하는 새만금 방조제는 그 길이가 무려 33.9km에 이른다. 만약 이 방조제가 성공적으로 건설될 경우, 여의도 면적의 95배에 달하는 2만 8,300ha의 간척지가 도시 및 농업 용지로 쓰이게 된다. 이렇듯 우리나라의 간척 사업은 가히 세계를 압도하는 수준이다. 하지만 간척 사업이 꼭 국익에 도움이 되는 것만은 아니다. 오늘은 일제의 식량 수탈 기지로 사용되었던 득량만 간척지를 찾아 그 명암을 살펴보자.

지리를 만나는 시간

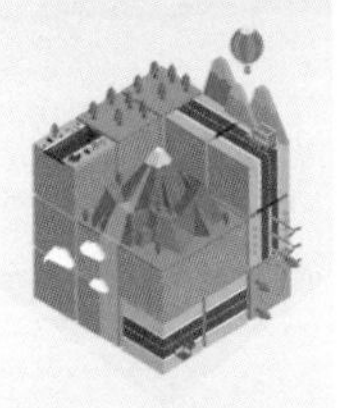

king of 지리

▶프로필 ▶쪽지 ▶친구 신청

카테고리 ▲

- 지리 + 여행
- 지리 + 사회
- 지리 + 역사
- 지리 + 음악
- 지리 + 세계사
- 지리 + 환경
  - 황사
  - 자연환경
  - 인문환경
- 지리 + 리빙
- 지리 + 미술
- 지리 + 맛집
- 지리 + 음식

방문자 통계

오늘 55 전체 410,121

이웃 블로거 ▼

공지 아름다운 댓글은 상대방을 향한 사랑입니다.

지리+여행 >일제 강점기

차창 너머 가득 밀려들어오는 초록의 기운 -전남 보성 득량만을 찾아서

2016년 4월 24일

봄을 맞아 싱그러운 초록 기운을 만끽하고 싶다면 꼭 경전선에 올라 보세요. 경전선은 일제 강점기에 건설되었는데 길이 구불구불하고 속도도 느릿느릿합니다. 그래서 정경을 바라보는 재미가 한층 더하죠. 차창 너머로 가득 밀려 들어오는 풍경의 감동은 열차의 속도만큼이나 제 마음을 서서히 메웠답니다. 광주 송정역에서 출발하여 한참을 달리면 보성역, 득량역을 지나 조성역에 이르는데요. 그럼 왼쪽 창가로 작은 마을들이 줄지어 나타나고, 오른쪽 창가로 초록 보리밭이 가득 메운 득량만 간척지가 모습을 드러냅니다. 고흥반도와 보성을 연결하는 약 5km의 방조제가 단번에 제 시선을 사로잡았지요…….

댓글 12 | 엮인 글 25

└ **여행일상** 보성, 정말 볼거리가 풍부한 곳이죠. 지난해 다녀왔던 남도 여행이 떠오르네요. 아, 다시 가고파~

HOME BLOG PHOTO 방명록

다녀간 블로거 ▲

DJ 빈이
궁궁귀요미
민서엄마♡
진격의솔로

최근 덧글 ▼

ㄴ 남도인 특히 겨울맞이 남도 여행길은 맛과 멋의 보증 수표죠.

ㄴ 여행일상 그중에서도 득량만 일대가 가장 좋았어요. 경전선 차창 밖의 넓은 들판을 마치 영화 속의 한 장면처럼 스쳐 지날 때의 느낌이 잊히지 않네요. 완행열차도 그때 처음 타 봤답니다. 큭큭.

ㄴ 남도인 전 득량만 일대도 좋았지만 그래도 보성 하면 녹차가… 보성 차밭은 국내에서 이국적 느낌을 받을 수 있는 유일한 곳이 아닐까요? 그 여행 이후로 커피를 끊고 차의 즐거움을 알게 되었죠.

ㄴ 딴지딴지 저는 그곳을 지날 때면 괜히 마음이 무거워져요. 선조들의 의도와는 상관없이 조급한 근대화가 진행되었기 때문이죠. 녹차든 득량만 간척든 일제가 개입하지 않은 게 없어요.

ㄴ 애국자 맞습니다. 득량만 간척지의 아름다움에 감추어진 선조들의 강제 노동도 잊지 말고 기억해야 합니다.

ㄴ 여행자 음, 듣고 보니 평소 여행하면서 공간에 새겨진 상흔을 너무 쉽게 잊거나 미화한 것 같네요.(반성 중!)

그 이름, 得粮灣(득량만)

예부터 호랑이는 죽어서 가죽을, 사람은 죽어서 이름을 남긴다고 했다. 이 때문에 대다수의 사람은 작명법을 통해 신생아의 운명을 점지하였고 혹여 좋지 않은 이름을 지었다고 판단되면 개명을 주저하지 않았다. 프랑스의 유명 디자이너 가브리엘 샤넬(Gabrielle Chanel)과 같이, 이름은 세계인의 기호를 사로잡는 브랜드가 되기도 한다. '이름을 불러 주었을 때 비로소 꽃이 되었다'는 어느 시인의 표현은 이름의 의미를 일깨우는 아름다운 수사다. 그래서 무엇이 되었든지 이름을 지을 때는 신중을 기하게 마련이다.

이러한 노력은 우리 국토의 '지명'에도 고스란히 반영되어 있다. 지명은 간단한 풀이만으로도 해당 지역의 특징과 이미지를 그려 볼 수 있게 훌륭한 밑그림을 제공한다. 선조들은 지명을 선정함에 있어 해당 지역의 공간적 특징과 역사적 누층을 반영하고자 노력하였다. 순우리말 지명인 '서울'은 본디 '나라의 수도'를 가리키는 보통 명사다. 우리는 서울이라는 이름에 수도라는 의미가 내포되어 있음을 맥락으로 이해하고 있다. 연장선에서 여러분에게 지리적 색깔과 이름이 잘 어울리는 전라남도 보성군의 '득량만(得粮灣)'을 소개하고자 한다.

득량만이라는 지명은 임진왜란 당시 이순신 장군이 일대의 득량도에서 식량을 구했다는 속설에서 유래한다. 하지만 필자는 속설을 차치하고 득량만의 한자 뜻만 풀이해도 그곳이 지니고 있는 공간의 심상을 이해하는 데 부족함이 없다고 생각한다. '식량을 구할 수 있는 만(灣)'이라는 공간적 이미지가 심상으로 오롯이 구현되기 때문이다. 이번에는 '득량만'의 이름에 초점을 맞춰, 그에 얽힌 자연 및 인문지리적 특징을 살펴보자.

식량을 구하는 만이 척박하다고?

득량만은 행정 구역상 전라남도 고흥군 고흥반도 북서쪽에 자리한다. 본래 장흥반도와 고흥반도 사이에 놓여 있는 보성만을 통칭하는 지명이었으나, 행정 구역의 변화와 맞물려 지금은 보성만의 깊숙한 구석 한 부분만을 지칭하게 되었다.

남해안의 산지는 거대한 태평양판과 한반도가 속한 유라시아 판 그리고 필리핀 판이 서로 힘겨루기를 하는 과정에서 탄생했다. 그뿐만 아니라 동해 및 일본 열도의 분리 과정에서 발생한 압력, 남중국을 거쳐 한반도까지 미치는 히말라야 조산 운동의 파장 등도 남해안의 현재 모습

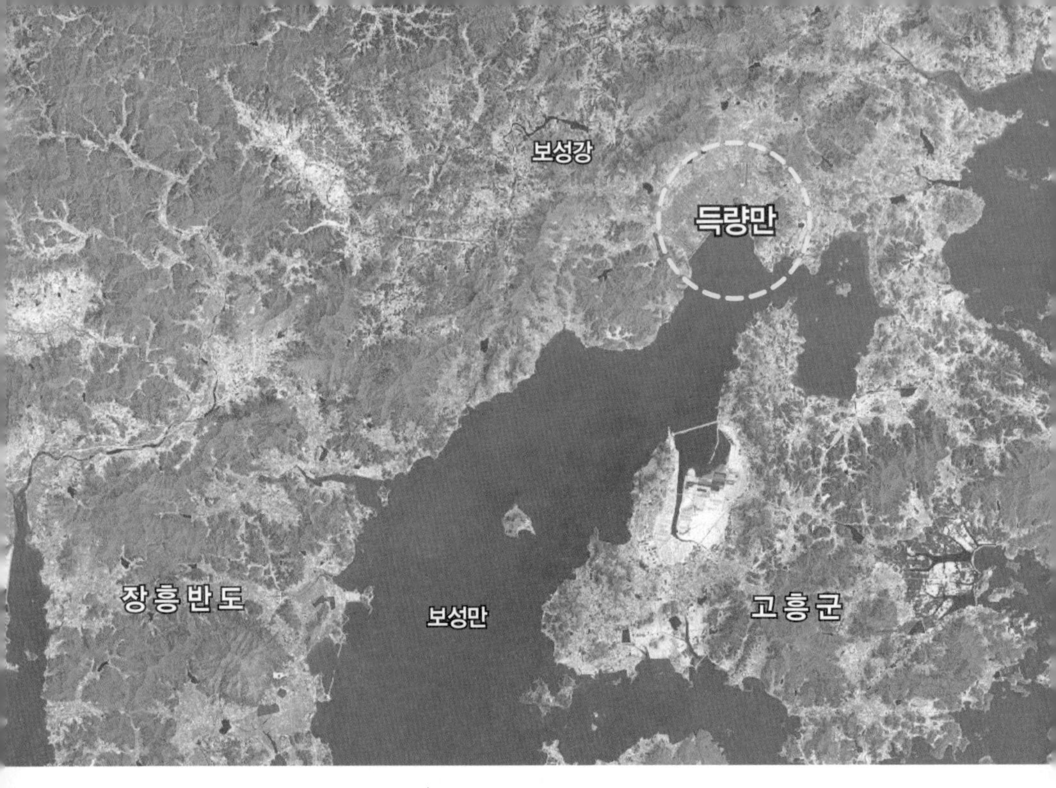

득량만 일대의 모습.

을 형성하는 데 영향을 미쳤다. 중요한 점은 남해안 일대의 산지는 생각보다 험준하며 특히 해안 쪽에 면한 산지 사면은 경사가 가파르다는 것이다.

득량만을 에워싸고 있는 존제산(703m), 초암산(576m), 대룡산(445m), 봉화산(476m) 등으로 이어지는 중간 규모의 산줄기 역시 이 같은 과정을 거쳐 탄생한 배후 산지이다. 또한 해안에 바짝 붙어 있기 때문에 일대에서 너른 평지는 구경하기 힘들다. 이러한 자연적 밑그림을 통해 읽어 낼 수 있는 메시지는 득량만 일대가 물 부족에 시달릴 가능성이 크다는 것이다. 어떤 면에서 그러한가?

산지는 하천의 분수계(물이 나뉘는 경계)로써 의미를 갖는다. 산지에 쏟아진 빗물은 정상의 능선을 기준으로 하여 양 갈래로 나뉘기 때문이다. 득량만을 에워싸고 있는 산지의 능선 역시 일대에 쏟아진 강수를 위쪽 지역과 아래쪽 지역으로 나누어 흘려보낸다. 그리고 해안선과 평행하게 발달한 배후 산지는 강수를 온전히 모아 득량만 일대에 공급하기 어려운 지형적 핸디캡으로 이어진다. 게다가 경사가 급한 산지 사면이 해안에 가까이 있어서 애써 모은 빗물도 빠른 속도로 바다로 유출된다. 이러한 이유로 득량만 일대는 수분 공급이 탁월한 해안에 면해 있음에도 물 부족에 시달리는 모순을 지니고 있다.

이처럼 득량만의 자연환경은 '식량을 구할 수 있는 만'이라는 지명의 풀이와 궁합이 맞지 않는다. 생존에 필수 불가결한 물의 부족은 많은 인구를 수용할 수 없음을 뜻하며 그래서 조선 후기까지도 득량만 일대의 생계는 마을 앞의 갯벌을 이용해 어업을 하고 소규모 간척 농경을 시도하는, 반농반어촌의 성격이 강했다. 그러나 일제 강점기인 1937년, 불리한 자연조건을 일거에 회복할 수 있는 인위적인 장치가 고안되었으니 바로 득량만 방조제와 보성강댐의 건설이었다.

리모델링으로 새롭게 태어난 득량만

일본 제국주의에 의해 건설된 득량만 방조제는 고흥군 대서면의 남정리와 안남리 경계에서 보성군 득량면 해평리를 연결해 준다. 길이 4.5km,

면적 1,700ha에 달하는 득량만 간척지는 당시의 기술력을 고려했을 때 상당한 규모의 사업이었다. 중장비가 요원했던 당시에 이렇듯 거대한 방조제를 건설한 이유는 무엇일까?

득량만은 남해안의 보성만 가장 안쪽에 자리하여 바닷물이 잔잔한 내해의 성격을 지닌다. 이런 곳에 큰 조수 간만의 차가 결합되면 바닷물의 간섭이 극소화되어 갯벌이 탁월하게 발달한다. 내륙의 득량천과 조성천이 상류에서 운반해 온 물질이 바다를 만나 급격히 힘을 잃는 지점, 즉 지금의 득량만 간척지 일대에 퇴적되어 거대한 갯벌이 되었다. 이러한 환경 조건에서 대량의 식량을 안정적으로 얻기 위해 필요했던 것은 바닷물의 침입을 인위적으로 차단할 수 있는 방조제의 건설이었다. 물론 방조제의 건설은 간척에 큰 도움이 되었다. 하지만 생각해 볼 점은 과연 방조제가 득량만 지역의 물 부족 해소에 도움이 되었는가 하는 것이다.

답은 같은 시기에 준공된 보성강댐에서 찾을 수 있다. 보성강은 득량만 배후 산지의 능선 너머에 위치하며, 댐이 들어선 곳은 득량만에 인접한 급경사의 산지 사면보다 상대적으로 완만한 경사면을 지니고 있다. 이는 보다 많은 물을 모을 수 있는 공간이 확보되었다는 얘기다. 또한 섬진강으로 흘러드는 보성강의 물을 막아 댐을 건설한 뒤, 상대적으로 물이 부족한 득량만으로 유도할 수 있다는 뜻이기도 하다. 요컨대 유역변경식(흐르는 하천의 물길을 막아 본래의 유역과 다른 곳으로 물길을 돌려 공급하는 방식) 물 대기가 가능하다는 말이다.

필요에 의해 고안된 인위적 간섭이 갯벌 및 산지 생태계에 악영향을 준 것은 사실이지만 안정적으로 식량을 확보할 수 있다는 점에서는 수

궁하지 않을 수 없다. 그럼에도 불구하고 미심쩍은 부분은 무리한 토목 공사를 통한 대량 식량의 확보가, 그 당시 득량만에 기대어 살아가던 사람들에게 꼭 필요한 것이었느냐 하는 점이다.

새만금 간척 사업의 치열한 찬반 논쟁 ★★★★★

간척 토지와 소호(늪과 호수)를 합쳐 4만 100ha에 이르는 새만금은 여의도의 약 140배에 이르는 엄청난 크기를 자랑합니다. 하지만 그만큼의 자연환경을 파괴하기 때문에 사업 진행의 찬반을 두고 치열한 논쟁이 계속되고 있죠. 사업을 찬성하는 입장에서는 대규모의 농지조성으로 인한 미곡 생산량의 증가와 인근 지역의 홍수 피해 방지, 교통 환경 개선, 관광권 형성 등을 그 이유로 듭니다.
한편 반대하는 입장에서는 바닷물의 담수화로 인한 수질 악화와 갯벌이 사라지면서 발생하는 생태계 파괴, 끝을 모르고 늘어나는 사업비 등을 근거로 제시하죠. 세계 최대 규모의 새만금 간척 사업, 여러분의 생각은 어떤가요?

누구를 위한 간척이었나

먼저 득량만 방조제와 보성강댐의 준공 연도가 탐탁스럽지 않다. 1937년, 일제 강점기 중·후반에 해당하는 이 시기는 일제가 노골적으로 민족 말살 정책과 식민지 수탈 정책을 강화하던 시점이다. 1931년의 만주 사변과 1937년 중일 전쟁의 도발로 불거진 병참 기지화 정책은 엄청난 규모의 인력, 식량, 자원의 수탈로 이어졌다. 급박한 대외 정세 속에서 마련된 대규모의 간척지는 산미 증식 계획•이라는 아름다운 덧옷을 입고 있었지만 실은 일본인을 위한 식량 수탈 정책의 일환이었음이 자명하다.

이에 대한 논거는 경전선의 비합리적 부설에서도 찾을 수 있다. 경전선은 경상남도 밀양시의 삼랑진역과 광주광역시의 송정역을 잇는 철도로, 광주와 득량만 일대를 연결하는 노선은 1922년 준공되었다. 그 당시 일제가 경전선을 부설한 이유는 전라남북도와 경상남도의 곡창 지대를 부산항과 연결하여 미곡을 자국으로 반출하거나, 중일 전쟁을 위한 군량미로 활용하기 위함이었다.

이 때문에 사람과 물자의 원활한 수송이라는 철도 본연의 목적에서 벗어나, 득량만 일대를 돌아 순천으로 이어지는 비합리적인 노선이 놓이게 되었다. 하지만 강수량이 적은 득량만 일대의 물 부족을 해결하고 오늘날의 비옥한 간척지를 조성하게 된 것은 실보다 득이 많은 결과가 아닐까?

결론부터 말하자면 그렇지 않다. 득량만 일대의 사람들은 조선 후기부터 부분적으로 간척을 진행하여 자급자족의 형태를 취하고 있었기 때

• 조선 총독부가 조선을 자국의 식량 공급 기지로 삼기 위해 1920년부터 3차에 걸쳐 추진한 경제 정책.

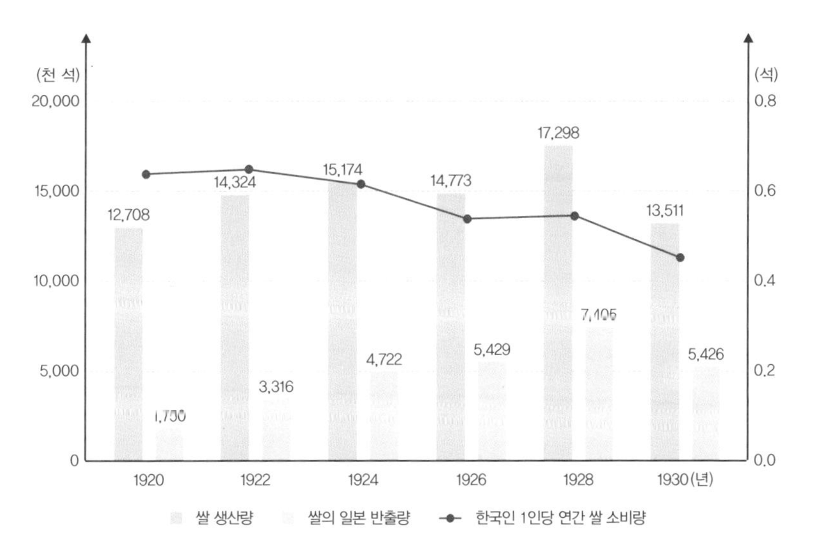

일제 강점기의 국내 쌀 생산량과 일본의 수탈량

문에 생존에 별다른 어려움을 겪지 않았다. 게다가 근처의 마을들은 방조제가 생기기 전에는 계곡 어귀까지 바닷물이 들어오는 어촌이어서 수산물을 쉽게 얻을 수 있었다.

오히려 뜻하지 않은 대규모의 간척과 개척촌의 형성은 전통 질서를 유지하던 공간에 큰 변화를 가져왔다. 특히 토목 사업에 필요한 노동력은 오롯이 강제로 징용된 선조들의 몫이었기에, 웅장한 득량만 방조제를 마냥 고운 시선으로만 바라보기는 힘들다.

이렇듯 일제 강점기에 이루어진 공간의 재편 과정에는 우리 민족의 땀과 피가 녹아 있다. 또한 땅을 일군 사람에게 공정한 대가가 돌아가지 않는 모순적인 구조 속에서, 수탈의 목적으로 놓인 철도는 수백 년 동안 이어져 온 공간의 질서를 일거에 무너뜨리고 말았다. 우리는 고즈넉한

어촌에서 식량 생산 기지로 탈바꿈한 득량만을 통해, 결코 달갑지 않은 근대화의 시작을 엿볼 수 있다. 득량만 지명의 의미는 그래서인지 더욱 애잔하다.

〈독백탄〉, 지리 돋보기로 들여다보기

: 그림에서 읽어 내는 지리학

사진은 정확하다. 눈에 보이는 그대로를 종이 위에 옮길 수 있다는 건 정말 대단한 일이다. 그러나 그만큼 사진은 무미하다. 담아야 할 것과 담지 말아야 할 것을 구분하지 못하기에 현실 그 이상도, 이하도 아니다. 여기 북한강과 남한강이 만나는 두물머리를 그린 정선의 〈독백탄〉이 있다. 이번에는 진경산수화가 지니는 사실성과 그 이상의 멋에 대해 알아보도록 하자.

지리를 만나는 시간

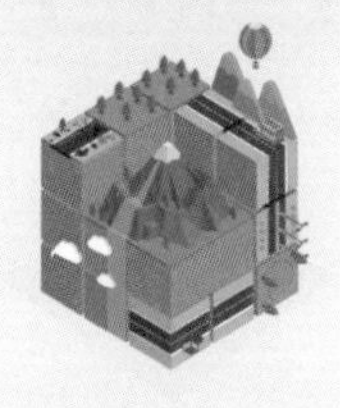

king of 지리

▶프로필 ▶쪽지 ▶친구 신청

카테고리 ▲

- 지리 + 여행
- 지리 + 사회
- 지리 + 역사
- 지리 + 음악
- 지리 + 세계사
- 지리 + 환경
  - 황사
  - 자연환경
  - 인문환경
- 지리 + 리빙
- 지리 + 미술
- 지리 + 맛집
- 지리 + 음식

방문자 통계

오늘 55 전체 410,121

이웃 블로거 ▼

공지 올바른 언어 사용, 당신의 인격입니다!

지리+여행 >진경산수화

두물머리를 가다

2016년 6월 24일

두물머리는 금강산에서 발원한 북한강과 강원도 금대봉 기슭 검룡소에서 시작된 남한강이 몸을 섞는 곳이다. 오래전 나루터였던 이곳은 강원도 정선, 충북 단양, 서울을 잇는 교통의 요지였다. 물길을 따라온 사람들이 늘 북적거렸으며 이들을 상대로 하는 장삿집만 해도 50가구가 넘었다.

1973년 팔당댐이 완공되면서 나루터는 물속으로 사라져 버렸다. 하지만 사람들은 아직도 두물머리를 찾는다. 그중에는 특히 새벽 풍경을 필름에 담으려는 사진 애호가가 많은데, 해 뜨기 직전 남한강에 피어 밀려오는 물안개는 아름다움의 극치를 보여 준다.

- 고지리 기자, 〈살림일보〉 2016년 6월 1일자

댓글 16 | 엮인 글 7

↳ **독백탄** 두물머리 출사. 생각만 해도 기분이 좋아지네요.^^ 지난 달 새벽안개를 보러 다녀왔던 기억이 생생합니다. 언제 가도 풍광이 뛰어난 곳이죠. 다들 출사 한번 갈까요?

HOME BLOG PHOTO 방명록

다녀간 블로거 ▲

DJ 빈이
궁궁귀요미
민서엄마♡
진격의솔로

최근 덧글 ▼

ㄴ 출사맨 두물머리 대단하죠! 독백탄 님은 어느 동호회에서 활동하세요? 기회가 된다면 함께하시죠! 전 '출사표'라는 사진 동호회에서 활동합니다.

ㄴ 독백탄 전 '겸재 사랑'에서 활동하고 있어요. 쪽지로 제 연락처 보냈습니다.

ㄴ 출사맨 그런데 질문 하나 해도 될까요? '겸재 사랑'에서 '겸재'가 <인왕제색도>로 유명한 그분인가요? 님의 ID도 혹시?!

ㄴ 독백탄 맞아요. <독백탄>은 정선이 두물머리 일대에서 그린 그림입니다. '독백탄'은 두물머리 일대에서 북한강과 남한강이 만나 굽이치는 여울이고요.

ㄴ 출사맨 그렇게 깊은 뜻이!! 갑자기 제 ID가 초라해지네요.ㅠㅠ

ㄴ 독백탄 얘기가 나온 김에 '독백탄'에 대한 흥미로운 사실을 알려 드릴까요? 참고로 제 전공은 '지리'입니다.

ㄴ 출사맨 좋죠!! 코올~~~~~~~~~~!

정선이 찾은 두물머리

조선 시대 4대 화가로 손꼽히는 겸재 정선. 그가 남긴 진경산수화•는 우리나라의 산천이 얼마나 아름다운지 느끼게 해 준다. 정선은 가난한 양반의 자손으로 태어났으나, 영조의 총애와 세도가 안동 김씨의 후원을 받으며 약 400점에 이르는 그림을 남겼다. 세간에 익히 알려진 〈인왕제색도(仁王霽色圖)〉와 〈금강전도(金剛全圖)〉는 국보로 등록되어 있을 정도다.

겸재가 남긴 『경교명승첩(京郊名勝帖)』에는 서울과 한강 주변의 다양한 풍광이 담겨 있다. 그 가운데 〈독백탄(獨栢灘)〉은 북한강과 남한강이 만나는 두물머리의 아름다움을 묘사한 그림이다. 현대인들이 다양한 디지털 장비에 두물머리의 아름다움을 담아내고 있다면, 조선 후기를 살았던 정선은 직접 붓을 들어 그 진경(眞景)을 그려 낸 셈이다.

• 산천(山川)을 직접 답사하고 그것을 소재로 그린 산수화. 정선에 의하여 형성되었으며, 화원들 사이에 한때 널리 추종되었다.

조선 후기 화가 정선의 〈독백탄〉. 현재 간송미술관에 소장되어 있다.

지리학을 공부하는 입장에서 진경을 화폭에 담은 겸재의 존재는 무척 반가운 일이다. 300여 년 전 자연의 모습을 고스란히 담아내고자 노력했다는 점에서 그렇다. 〈독백탄〉에 묘사된 경치를 보고 있으면 그 당시 두물머리의 지리적 특징을 아련하게나마 느낄 수 있다. 연장선상에서 자연 경관을 화폭에 옮기는 정선의 기법적 특징도 헤아릴 수 있다. 그렇다면 지리학의 프리즘으로 겸재의 화폭에 담긴 진경을 들여다보면 어떨까? 진경을 묘사했던 정선의 노력은 오늘날의 지리적 시각에서도 의미가 있을까?

정선이 그림을 그린 곳은 어디일까

300여 년 전의 그림을 지리적 시선으로 바라보기 위해서는 먼저 정선의 위치를 추적하는 흥미로운 작업을 거쳐야 한다. 정선은 어디에서 두물머리를 바라보았을까? 〈독백탄〉과 오늘날의 지형도를 교차 검토하면서 위치를 가늠해 보자.

그림을 근경, 중경, 원경으로 삼분하여 기술하면 다음과 같다. 근경의 좌측에는 진청색의 거대한 암반이 드러나 있고, 가운데에는 따로 떨어진 섬, 하단에는 나룻배가 물비늘 위에 놓여 있다. 그리고 중경의 좌측에는 진청색의 독립 암반이, 가운데에는 하천변 구릉대가 묘사되어 있다. 그림의 가운데를 중심으로 좌우에 산봉우리 두 개가 대칭으로 배치되어 있으며, 원경에는 중경의 산지보다 높고 험준한 규모의 산을 부분적으로 그려 놓았다. 이를 특징적인 부분만 떼어 따로 정리하면 정선의 위치 추적에 필요한 세 가지 단서를 알아낼 수 있다. 우선 정선의 지척에 꽤 거대한 암반과 섬이 있어야 한다. 그리고 시선의 중간쯤에 적당한 규모의 산지가 대칭을 이루어야 하며, 마지막으로 시선을 멀리 둘수록 높은 산지가 이어져야 한다. 이러한 조합을 가장 잘 만족시키는 장소를 지형도에서 찾아보면, 경기도 광주시 남종면 분원리 일대의 강변이라는 사실을 알 수 있다.

정선은 이 지점에 서서 주변을 둘러보며 산세와 몇 가지 인문적 경관을 머릿속에 담았을 것이다. 왼쪽에 그려진 거대한 암반은 마재 마을 동편 끝자락이며, 뒤편에 따로 솟은 암반은 지금의 조안면 사무소 자리에

해당한다. 중간 규모의 두 봉우리는 각각 운길산과 노적봉이고, 두물머리 일대로 흘러 들어오는 위쪽 강은 북한강, 아래 오른쪽 강은 남한강이다. 이들은 그림의 중간에 위치한 족자섬에 모여 독백탄('족자 여울'이라는 뜻)을 형성한 뒤 한강 본류의 팔당댐 부근으로 흘러간다. 다만 그림 오른쪽 하단에 위치한 조그만 바위는 찾아볼 수 없다. 아마도 이 바위는 정선이 화폭의 구도를 고려해 가상으로 꾸며 낸 섬이 아닐까 추측된다.

이제 정선의 시선을 알았으니 '지리 돋보기'로 그림을 들여다보자. 〈독백탄〉을 자세히 살피면 그가 왜 진경산수의 달인인지 이해할 수 있다.

지리 돋보기로 본 〈독백탄〉의 산세

아름답게 묘사된 정선의 그림에 '지리 돋보기'를 들이대면 먼저 화폭의 위쪽을 웅장하게 채운 산세가 눈에 들어온다. 두물머리 일대의 지질은 선캄브리아대에 형성된 편마암이 주를 이룬다. 편마암은 우리나라에서 흔히 볼 수 있는 암석이며 대체로 화강암과 대조되는 성질을 갖고 있다. 예를 들어 편마암 산지의 대표 격인 지리산은 암반의 노출 없이 부드럽고 웅장하다. 반면에 화강암 산지의 대표 격인 설악산은 곳곳에 기암괴석이 노출되어 있다. 이러한 차이는 편마암과 화강암의 풍화 특성에서 기인한다.

편마암은 오랜 시간 열과 압력을 받아 성질이 변한 암석이다. 본래의 암석이 억겁의 세월을 견디는 동안 대부분의 편마암은 '편리'를 가지게 된다. 편리는 얇은 조각이 겹쳐진 것처럼 줄무늬를 띠는 암석 구조이며 수평 모양으로 발달하기 때문에 지표의 수평적 풍화를 돕는다. 따라서

경기도 남양주시 운길산 중턱에 위치한 수종사(水鍾寺)에서 바라본 두물머리 일대의 전경.

편마암 산지의 능선은 평활하고 우아한 것이 특징이다. 이와 달리 화강암은 지하에서 굳은 마그마 덩어리가 지표로 노출된 암석이다. 지표의 압박을 벗어난 화강암은 활짝 기지개를 펴며 부피가 증가한다. 이때 땅이 갈라지면서 수분이 침투하는데 이 틈을 따라 풍화가 빠르게 진전되어 뾰족한 모양의 산세를 가지게 된다.

지금까지 살펴본 내용을 토대로 정선의 화폭을 다시 들여다보자. 앞시 이야기한 두 가지 산세 가운데 어느 쪽에 가까운가? 암괴의 노출이 없고 비교적 부드러운 능선을 지닌 것이 편마암 산지에 가까워 보인다. 하지만 자세히 비교해 보면 그림 속의 산세가 실제 두물머리 일대의 산세보다 약간 더 뾰족하게 보인다.

이는 정선이 다소 미약한 산세를 보완하기 위해 붓 터치로 보정했기 때문으로 보인다. 여하튼 〈독백탄〉의 산세는 지리 돋보기로 볼 때 사실에서 크게 어긋나지 않는다.

지리 돋보기로 본 〈독백탄〉의 섬

다음으로 정선이 화폭의 중심에 둔 섬을 살펴보자. 섬의 이름은 족자(簇子). 가늘고 긴 섬의 모양이 그림이나 글씨를 벽에 걸어 둘 수 있게 만든 족자와 비슷하다고 해서 붙여진 이름이다. 두물머리에 서서 족자섬을 바라보면 운길산에서 비롯된 산줄기가 마재 마을에 당도하는 모습을 살필 수 있다.

족자섬을 오늘날의 지리학 용어로 풀면 하천의 중간에 위치한 섬, 즉 하중도(河中島)다. 대개 하중도는 하천이 운반하던 물질이 쌓여 만들어진다. 그렇다면 하천의 운반 물질이 쌓이기 위해서는 어떤 조건이 필요할까?

물론 유속이 느려지는 지점이어야 할 것이다. 마침 족자섬이 자리한 두물머리는 남한강과 북한강이 만나서 유속이 감소되는 지점이다.

유속의 감소는 활발한 퇴적 작용으로 이어져 하중도를 형성하기 때문에 위치상으로 족자섬이 하중도임을 부인하기는 어렵다. 하지만 정선은 족자섬을 하중도라고 보기 어려울 정도로 고도를 높게 표현했다. 너른 바위섬의 느낌을 그린 것이다. 정선의 관찰이 잘못된 것일까? 정답부터 이야기하자면 정선의 묘사는 지리적으로 타당하다.

하중도를 형성하는 물질은 대부분 모래다. 서울의 여의도처럼 거대한 크기의 하중도도 대부분 하천이 퇴적시킨 모래로 구성되어 있다. 반면에 바위섬은 기반암이 수면 위로 노출된 곳에서만 관찰이 가능하다. 따라서 일반적으로 하천이 발달한 곳에서는 바위섬의 관찰이 용이하지 않다.

우리나라도 대부분의 바위섬은 하천이 아닌 바다에 있다. 후빙기에 들어 해수면이 상승했을 때 침수되지 않은 서해의 다도해가 대표적이다. 하지만 모든 일에 예외는 존재하는 법. 하천의 복판에서도 바위섬을 관찰할 수 있는 경우가 있다. 바로 지구 내부의 힘에 의해 지각이 갈라지는 과정에서 만들어진 하천이 그렇다.

수도권의 광역 지도를 살펴보면 북한강의 물길과 서해로 빠져나가는

자로 대고 그은 것처럼 직선 모양인 북한강의 물길과 서해로 이어지는 한강의 물길은,
기다란 단층대에 하천이 유도되었다는 증거이다.

한강의 물길이 자로 대고 그은 것처럼 직선 모양임을 알 수 있다. 이는 수도권 일대에 발달한 기다란 단층대에 하천이 유도되었기 때문이다. 족자섬이 위치한 두물머리 일대와, 밤섬과 노들섬이 자리한 한강 하류의 직선 하도(물길) 모두 단층이 발달한 자리다. 결국 정선이 마주한 족자섬은 바로 단층이 지나는 곳에서 상대적으로 고도가 높아 섬의 형태로 남은 독립 구릉이라 할 수 있다. 이 정도라면 정선의 독백탄은 지리학의 관점에서도 신뢰할 수 있는 '진경'을 담아낸 그림이라 할 수 있지 않을까?

마지막으로 옥의 티를 하나 지적하자면 족자섬에 묘사되어 있는 초가의 모습이다. 〈독백탄〉에서 초가는 그림에 사람의 온기를 입히는 도구로 사용되었다. 하지만 얕은 둔덕에 불과한 하중도에 사람이 산다면? 여름철 집중 호우로 불어난 거대한 수마를 이겨 낼 재간이 없을 것이다.

제아무리 제방을 탄탄하게 쌓는다 해도 하중도는 사람 살 곳이 되지 못한다. 한강 하류의 밤섬이나 노들섬 등에 사람이 살지 않는 이유도 이 같은 맥락이다.

이야기 한국지리 - 지루한 지리가 재밌어지는 교양 필독서

펴낸날 **초판 1쇄 2016년 7월 30일**
초판 5쇄 2022년 8월 26일

지은이 **최재희**
펴낸이 **심만수**
펴낸곳 **(주)살림출판사**
출판등록 **1989년 11월 1일 제9-210호**

주소 **경기도 파주시 광인사길 30**
전화 **031-955-1350** 팩스 **031-624-1356**
홈페이지 **http://www.sallimbooks.com**
이메일 **book@sallimbooks.com**

ISBN 978-89-522-3421-6 43980
978-89-522-4657-8 44980 (세트)

살림Friends는 (주)살림출판사의 청소년 브랜드입니다.

※ 값은 뒤표지에 있습니다.
※ 잘못 만들어진 책은 구입하신 서점에서 바꾸어 드립니다.
※ 이 책에 사용된 이미지 중 일부는, 여러 방법을 시도했으나 저작권자를 찾지 못했습니다.
추후 저작권자를 찾을 경우 합당한 저작권료를 지불하겠습니다.